数控技术实训教程

孟玲霞　张　志　主　编
王倪珂　韩凤霞　副主编
郑　军　主　审

国防工业出版社
·北京·

内 容 简 介

本书是根据教育部对高等工科院校数控技术实训教学的要求编写的。全书包括数控基本知识、数控车床编程与操作、数控加工中心编程与操作、数控电火花线切割编程与操作等内容。

本书从数控技术实训的要求出发，每一章节按照学习和认知规律，采用基础部分、中级部分和提高部分来进行内容的安排。结合典型实例，由浅入深地介绍了数控加工工艺、编程指令及方法，并注重实践操作地讲解，突出了实用性。

本书采用单元式教学模式编写，可作为高等学校的金工实习教材，也可用于成人教育及数控技术培训进修的教学用书。

图书在版编目(CIP)数据

数控技术实训教程/孟玲霞，张志主编．—北京：国防工业出版社，2014.2(2017.4重印)

ISBN 978-7-118-09211-0

Ⅰ.①数… Ⅱ.①孟… ②张… Ⅲ.①数控技术-教材 Ⅳ.①TP273

中国版本图书馆CIP数据核字(2014)第015563号

※

国防工业出版社出版发行

(北京市海淀区紫竹院南路23号 邮政编码100048)

三河市众誉天成印务有限公司印刷

新华书店经售

*

开本 787×1092 1/16 **印张** 12½ **字数** 285千字

2017年4月第1版第3次印刷 **印数** 5001—7000册 **定价** 32.00元

国防书店：(010)88540777 发行邮购：(010)88540776

发行传真：(010)88540755 发行业务：(010)88540717

前　　言

本书是根据教育部对高等工科院校数控技术实训教学的要求，同时综合考虑实践教学的特点，并结合编者在数控加工工艺和数控加工技术方面的教学与工作经验编写的。

数控机床是综合应用计算机、自动控制、自动监测及精密机械等高新技术的产物。它的出现以及所带来的巨大效益，引起世界各国科技界和工业界的普遍重视。随着科学技术的迅猛发展，数控机床的普及率越来越高，在机械制造业中得到了广泛的应用，数控机床已是衡量一个国家机械制造工业水平的重要标志。发展数控机床是当前我国机械制造业技术改造的必由之路。

数控机床的大量使用，必然需要大批能够熟练掌握现代数控设备编程和操作的技术人员。作为当代的工科大学生，仅仅学习书本知识是不够的，还必须具有较高的实践动手能力、完整的工程意识以及对先进数控设备相关知识技能的了解掌握，才能够在国际化的竞争浪潮中站稳脚跟。因此就需要加强高等院校数控技术实训教学环节的培养力度，规范教学内容体系，使数控技术实训教学成为高等教育知识体系中坚定有力的一个环节。

本书内容共分4章：第1章介绍数控加工基本知识，如数控刀具、切削用量、数控工艺等，第2~4章分别介绍数控车床、数控加工中心、数控电火花线切割机床，包括机床的结构、应用范围、实际操作和编程知识，并详细讲解相关的编程实例。

本书的编写具有以下鲜明特点：

(1) 目标明确。教材主要适用于高等工科院校本科生的数控技术实训教学环节，注重对实践技能的培养以及对工程素质意识的培养。

(2) 图文并茂。教材的使用者主要为大学一年级和大学二年级的本科生，采用生动形象的文字与图片相结合的方式编写，能够给他们最直观的视觉效果感受，提高学习兴趣，加强实训效果。同时，本教材注重跟踪前沿技术发展，力求反映新理论、新思想、新材料、新技术、新设备和新工艺。

(3) 采用单元式分层次教学模式编写。结合一般工科院校各学科特点以及不同专业学生数控实训时间长短不同的实际情况，每一单元的教学内容分基础部分、中级部分、提高部分，由浅入深，努力使不同专业、不同实训时间的学生都能够得到一个较为系统和完整的数控技术。学生既可将本教材用于数控技术实训学习使用，也可作为专业基础知识的参考用书。

本书第1章由王倪珂编写，第2章由韩凤霞、张志编写，第3章、第4章由孟玲霞编写。本书出版得到了北京信息科技大学大学工程训练中心同仁的大力支持，在此一并表示衷心感谢。限于编者水平有限，书中不足之处在所难免，恳请读者批评指正。

编　者

2013年10月20日

目　　录

第 1 章　数控基本知识

1.1　概述

现代微型计算机技术、微电子及信息技术的广泛使用，推动了数控技术在机械领域中的迅猛发展。由微型计算机的信息处理功能与机械装置的动力学结合而成的机电一体化技术正在使机械制造业发生一场革命，由手工设计绘图、试制、人工操作生产的传统制造业发展为计算机辅助设计（CAD）、计算机辅助制造（CAM）、柔性制造系统（FMS）、计算机集成制造系统（CIMS）至工厂自动化（FA）。数控技术正是这场革命的产物，它综合了计算机、自动控制、电动机、电气传动、测量、监控、机械制造等技术，是现代制造业中的关键一环。

1.1.1　数控技术基本概念

1. 数控

数控（Numerical Control，NC）是用数字化信息对机床的运动及其加工过程进行控制的一种自动控制技术。与模拟控制相对，其控制信号的存储、传输、计算等最终均转换为 0 和 1 的数字信号进行处理。

2. 数控设备

数控设备是一种装有程序控制系统的设备，该系统能逻辑地处理具有特定代码和其他符号编码指令规定的程序。简单来说，就是采用了数控技术的设备或者装备了数控系统的设备。

3. 数控系统

数控系统就是程序控制系统，它能逻辑地处理输入到系统中具有特定代码的程序，并将其译码，继而控制设备产生相应运动并加工或测量零件。

数控系统的发展经历了两个阶段：第一阶段为 NC 阶段（1952—1970 年），即逻辑数字控制阶段，数控的所有功能均由硬件（电子管、晶体管、小规模集成电路）来实现；第二阶段为计算机数字控制阶段（CNC）（1970 年至今），主要采用微型计算机与软件进行控制。目前市场应用的数控系统有华中世纪星（中国）、SIMENSE（德国）、FANUC（日本）、FAGOR（西班牙）、HEIDENHAIN（德国）、MITSUBISHI（日本）等 500 多种。

1.1.2　数控设备的特点

数控设备具有高度自动化及广泛的通用性，是实现柔性自动化的关键环节。与传统设备相比，具有以下特点：

（1）在结构上，数控设备进给传动机构简单，传动精度高，运动平稳。

(2) 在功能上,数控设备能够加工复杂型面,工艺复合化,功能集成化,柔性好,适应性强。

(3) 在精度上,数控设备加工精度高,质量稳定。脉冲当量可以达到 1μm 甚至 0.1μm。并且重复精度高,加工出的零件一致性好。

(4) 生产效率高。数控设备可以大大减少零件加工的机动时间与辅助时间,如可以选择最佳的切削用量,可以快速定位、自动换刀、自动装卸工件,减少工件测量检验时间等。

(5) 工人劳动强度低。工人经过程序检查及调试后,主要监视设备是否正常运行,操作简单,可以实现一人多机,劳动强度低,劳动条件得到大大改善。

(6) 便于实现自动化集中管理。数控设备采用数字信息进行运算、传输及处理,加工过程稳定,便于精确计算工时、成本,合理安排物流、进度等,实现计算机集成管理。

(7) 数控设备造价相对较高,为光、机、电、计算机、液压、气动一体化设备,维护比较复杂,需要专门的维修人员,以及高度熟练和经过培训的零件编程人员。

1.1.3 数控设备的加工工艺范围

由于零件的生产批量、精度、加工复杂程度等要求不同,因此并不是所有零件都适合在数控设备上加工。数控设备最适合加工具有以下特点的零件:

(1) 多品种、中小批量零件的加工、试制等。

(2) 几何形状复杂、手工操作等难于加工的零件。

(3) 需严格控制公差、精度要求高、全部检验的零件。

(4) 工艺设计需要频繁改型的零件。

(5) 加工过程中一次装夹后需要进行多道工序加工的零件。

(6) 在普通设备上加工需要昂贵的工装夹具等的零件。

(7) 加工过程中发生错误会造成严重浪费的贵重零件。

(8) 生产周期比较短的零件。

1.1.4 数控设备的发展趋势

随着计算机技术、微电子信息技术、自动控制技术等的发展,数控设备呈现以下发展趋势:

(1) 高精度:包括高进给分辨率、高定位精度和重复定位精度、高动态刚度、高性能闭环交流数字伺服系统等。

(2) 高速化:机床高速切削和高速空载运动,提高加工效率、减小零件加工热变形等。

(3) 多功能化:具有多种监控、检测及补偿功能等。如现场或远程的软、硬件及故障自诊断功能等,刀具磨损检测、刀具寿命管理、系统精度、热变形检测等,温度补偿、间隙补偿等。

(4) 集成化和复合化:将车、铣、钻、磨等多种加工工序集中在一台设备上一次装夹完成,从而提高加工精度和效率。

(5) 智能化:应用数据库技术、专家系统、自适应控制技术,实现最佳工作状态切削,从而提高加工精度、表面质量、刀具寿命及生产效率等。

（6）高可靠性：提高数控系统硬件的质量，采用模块化、标准化和通用化设计，便于生产和应用，以及维护和保养。

1.2 数控设备的结构组成及工作原理

1.2.1 数控设备的组成

由于数控设备的功能不同，其结构、运动形式等可能不同，但作为数控设备，都是根据预先编制的程序控制设备的加工或测量等，因此其主要组成及工作原理等基本相同。

数控设备是一种典型的机电一体化设备，主要由机械本体、伺服系统及数控系统组成，此外还包括一些周围的辅助装置等，如图1-1所示。

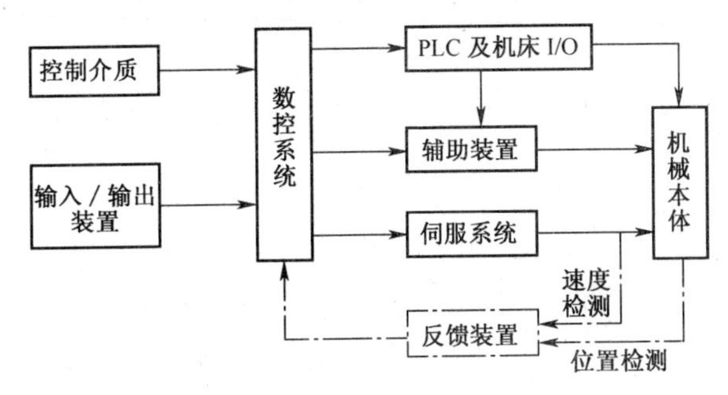

图1-1 数控设备基本组成

1.2.2 数控设备各部分的功能

1. 机床本体

机床本体是设备用来完成金属切削加工、尺寸测量等功能的机械部分，是数控设备的主体。与传统设备类似，由主传动系统、进给传动机构、工作台、床身以及立柱等部分组成。主轴通过变频器等来实现一定范围内的无级变速，简化了传统设备的复杂传动链；采用电主轴实现高速加工；采用滚珠丝杠、滚动导轨、静压导轨、斜导轨等，刚性好，传动高效平稳，传动精度高。

2. 伺服系统

伺服系统是实现机械本体动作自动化的电气驱动部分，包括驱动电路、驱动电动机以及测量反馈装置，是数控系统与机械本体之间的电气联系环节。伺服电动机是系统的执行元件，驱动控制系统则是伺服电动机的动力源。驱动电路将数控系统发出的指令信号进行滤波、功率放大后，驱动电动机运转，从而拖动工作台或刀架运动等。为了提高数控设备的精度，通常需要采用测量装置进行位移、速度等信号的测量，然后将测量所得信号反馈给数控系统，数控系统将其与指令信号进行比较后，作为实际控制指令，控制数控设备的动作。测量装置通常采用光栅尺、旋转变压器、光电编码器等非接触式测量装置。反馈比较系统中可以采用普通的PID控制，也可采用模糊控制、神经网络等智能算法进行控制运算，从而实现误差最小化，提高数控系统的精度。

采用细分电路可以达到一个脉冲信号驱动电动机旋转1min甚至1s，从而提高设备的定位及运动精度;采用直线电动机可以直接驱动工作台做直线运动,省去中间传动环节,提高系统的刚度,降低系统的惯量,从而提高数控设备的速度和加速度,实现高速、超高速加工;采用压电陶瓷直线电动机,可以实现高精度微量进给,进行加工及测量误差的在线补偿等,实现超精密加工与测量。

3. 数控系统

数控系统是数控机床实现自动加工的核心,主要由输入装置、监视器、主控制系统、可编程序控制器、输入/输出接口等组成。主控制系统由 CPU、存储器、控制器等组成,数控系统主要控制对象为位置、角度、速度等机械量,以及温度、压力、流量等物理量,其控制方式可分为数据运算处理控制和时序逻辑控制等。许多数控设备直接采用微型计算机、工业控制计算机等作为控制硬件,控制软件采用面向对象的 C++语言等进行开发,用户可以很方便地进行二次开发等,实现真正的开放式数控系统。

4. 可编程序控制器(PLC)

采用 PLC 进行电气开关的逻辑运算与顺序控制,通过继电器、电磁阀、行程开关、接触器等接收程序指令及操作面板发出的开关动作。

5. 控制介质与输入/输出装置

控制介质又称信息载体,是人机联系的中间媒介物质,反映数控加工的全部信息,如U 盘、PCMCIA 卡等。程序及参数的输入可以采用机床的输入面板手动输入,也可以采用计算机自动编程然后通过串行端口或局域网将程序传输至数控装置,对于比较大的程序可以进行直接在线加工(DNC)等。

6. 辅助装置

辅助装置主要包括自动换刀(ATC)装置、自动工作台交换(APC)装置、工件夹紧放松机构、回转工作台、液压控制系统、气动系统、润滑装置、切削液控制装置、排屑装置、过载和保护装置等。

1.2.3 数控设备的工作过程

数控设备是根据预先编制的程序控制设备的加工或测量等,其工作过程(图 1-2):

(1) 根据零件加工图进行工艺分析,确定加工方案、工艺参数等。

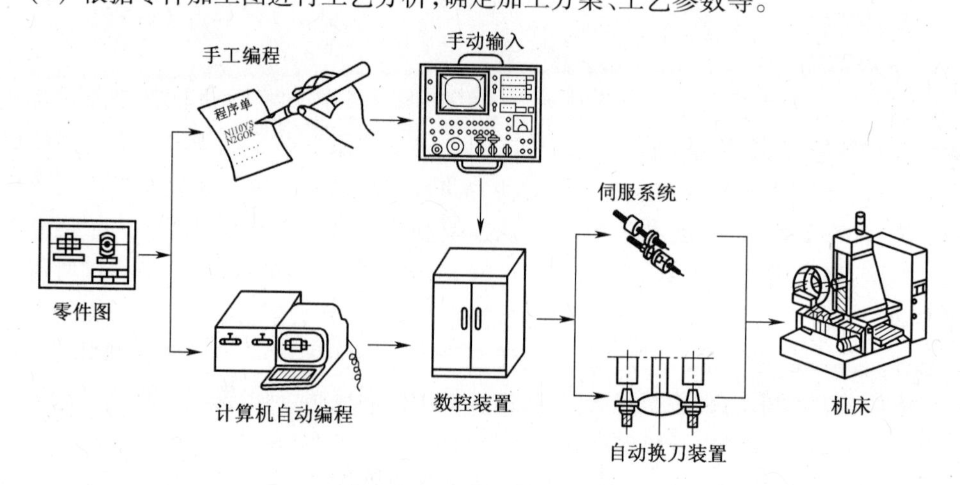

图 1-2 数控设备工作过程

(2) 用规定的代码和格式编写零件加工程序单,或用自动编程软件 CAD/CAM 直接生成零件的加工程序文件。

(3) 程序的输入或传输。由手工编写的程序可以从数控机床的操作面板输入,直接生成的程序文件可以通过数控设备的串行接口、网口或 PCMCIA 卡等传输到数控设备的控制单元(MCU)。

(4) 程序校验。可以通过刀具路径模拟、程序单段试运行等检查加工程序,发现错误并进行反复修改直到程序完全正确。

(5) 运行程序,完成零件的自动加工或测量等。

1.3 数控设备的分类

数控设备的种类繁多,根据其结构、功能不同,及控制方式不同,有多种分类方法。

1.3.1 按照伺服系统类型分类

1. 开环伺服系统数控设备

这类数控系统是将用户程序处理后,向伺服系统发出指令,直接驱动设备移动,没有速度、位移等测量装置及反馈信号。开环控制系统一般采用步进电动机驱动器和步进电动机。数控系统每发出一个脉冲信号,步进驱动器驱动步进电动机旋转一定角度(步距角),再经过齿轮或同步带等传动机构带动工作台移动一定距离(脉冲当量),如图 1-3 所示。由于没有测量反馈装置,该类系统加工速度及加工精度都较低,但比较经济,是早期比较典型的数控产品。

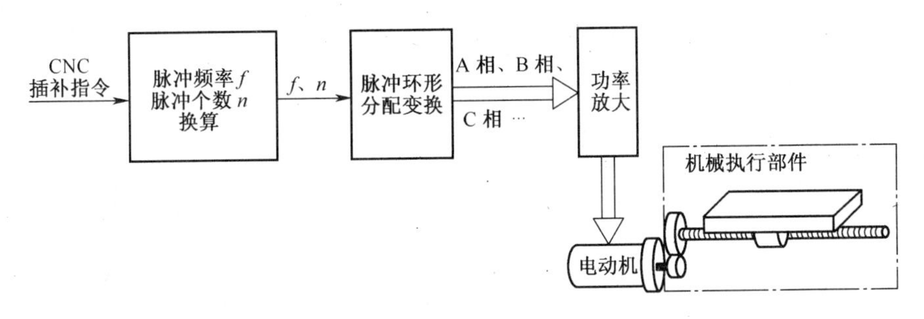

图 1-3　开环伺服系统

2. 闭环控制系统数控机床

闭环伺服系统带有位置检测装置,直接对工作台的位移量进行检测,并反馈到输入端,与输入信号比较后,驱动工作台向减小误差的方向移动,直至误差为零。由于从数控系统发出指令经过驱动单元驱动数控设备的工作台等做相应运动,再将其运动结果实时反馈给数控系统,是一个封闭环,因此称为闭环伺服系统,如图 1-4 所示。该类系统调节速度快、精度高,但由于机械传动各环节的刚度、变形、间隙等因素影响,调试难度比较高、成本也较高,因此多用于精密数控设备。

3. 半闭环伺服系统数控机床

半闭环伺服系统是介于开环伺服系统与闭环伺服系统之间的一种系统,采用安装在

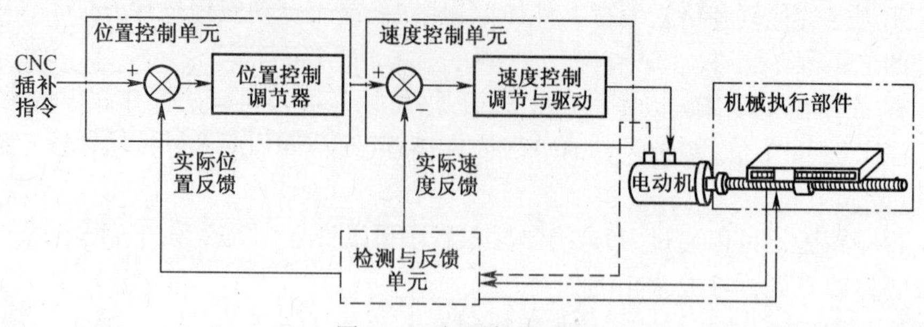

图 1-4　闭环伺服系统

机床进给电动机轴端的角位移测量元件如旋转变压器、脉冲编码器等，将测量信号反馈给控制系统进行比较处理，驱动电动机向减小误差的方向转动，直至误差为零，如图 1-5 所示。这类系统没有从执行单元进行信号反馈，未对齿轮传动、丝杠传动等进行间隙误差补偿等，因而精度不如闭环伺服系统高；但由于避开了传动装置等难调试、难补偿的机械环节，调试方便，控制特性稳定，应用广泛。

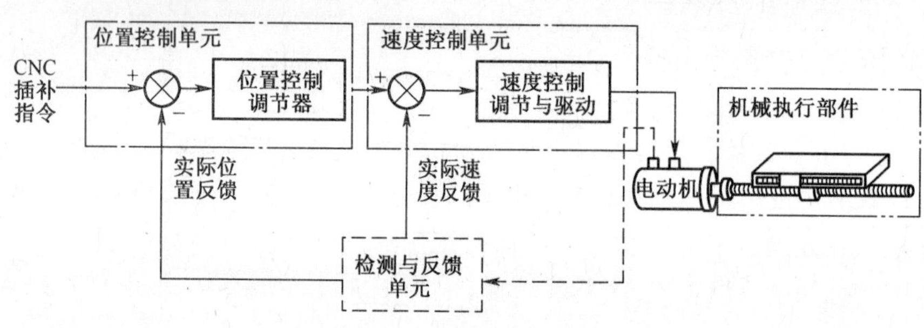

图 1-5　半闭环伺服系统

1.3.2　按照控制轨迹分类

1. 点位控制数控设备

点位控制数控设备只控制刀具从一个位置向另一个位置移动，对中间轨迹的精度、速度等没有要求，只要刀具最后能正确到达目标位置即可。刀具移动过程中，不进行任何加工，如图 1-6 所示。此类数控设备有数控钻床、数控冲床、数控坐标镗床、数控坐标测量机等。

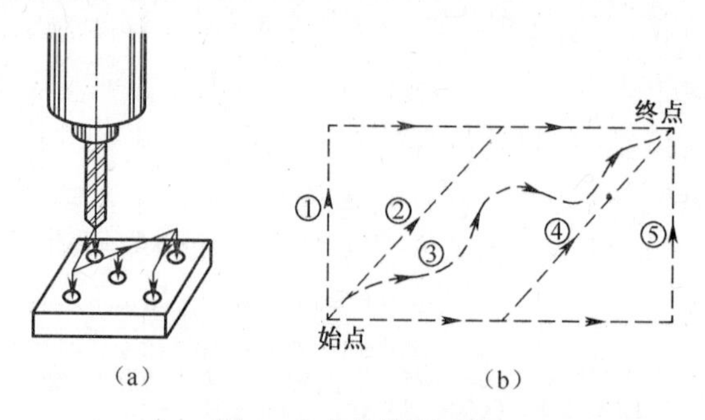

图 1-6 点位控制系统

(a) 点位控制数控钻床；(b) 点位控制加工路线。

2. 直线控制数控设备

直线控制设备除控制点到点的准确位置外，还要保证按某一速度从一个位置运动到另一个位置，这类数控设备可以控制 2 ~ 3 个轴，但同时控制的只有 1 个轴，两点之间的轨迹是一条直线，并且刀具在移动过程中进行加工，如图 1 - 7 所示。此类设备有简易数控车床、数控镗铣床等。

3. 轮廓控制数控设备

轮廓控制数控设备能够对两个或两个以上运动坐标的位移及速度进行连续相关的控制，不仅控制点到点的位置，还要控制点到点的坐标配合轨迹、速度等，可以进行曲线或曲面的切削加工，如图 1 - 8 所示。此类设备有数控镗铣床、加工中心等。

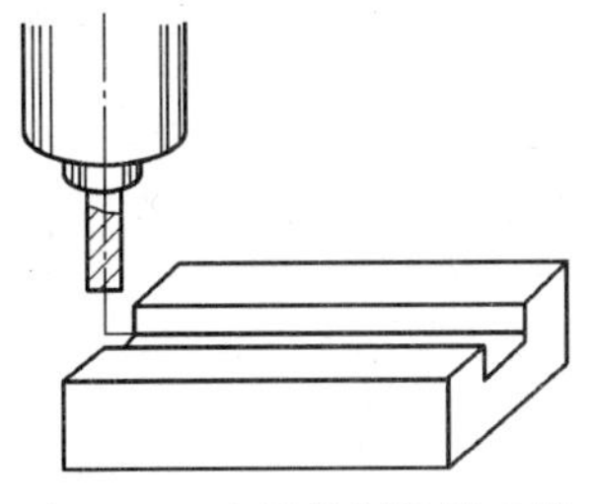

图 1 - 7　直线控制数控系统

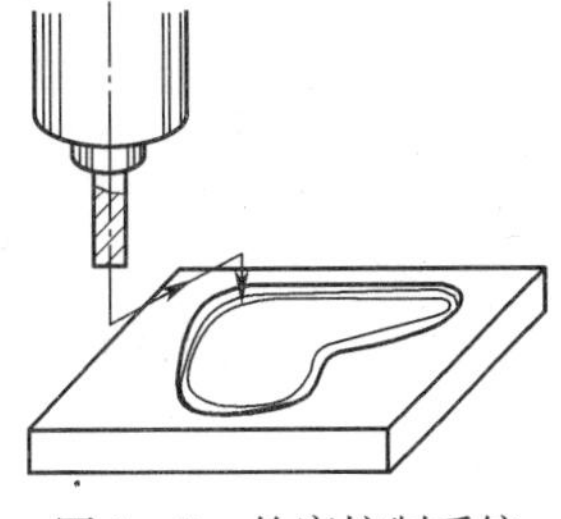

图 1 - 8　轮廓控制系统

1.3.3　按照工艺分类

1. 普通数控机床

普通数控机床为原有普通金属切削机床的数控化，与普通机床工艺性能相似，有数控车、铣、钻、镗、磨床等。

2. 数控加工中心

数控加工中心是在普通数控机床上安装刀库及自动换刀装置，可以在一台机床上一次装夹完成车(铣)、镗、钻、铰、攻螺纹等多工序加工。

3. 金属成形类数控机床

金属成形类数控机床为原有普通成形加工机床的数控化，如数控冲床、数控弯板机、数控弯管机等。

4. 数控特种加工机床

数控特种加工机床与传统的挤压切削原理不同，采用光、电、超声波等技术进行零件加工，如数控电火花加工机床(电腐蚀成形加工、线切割等)、数控激光切割机床、高压水射流切割机床、超声波加工机床等。

5. 其他类型数控设备

其他类型数控设备是除零件的切削或成形加工以外的设备，如数控三坐标测量机、工业装配运输机器人等。

1.3.4　按照联动轴数量分类

数控机床的功能不同，其控制的运动部件很多，每一个运动称为一个轴，随着计算机技术、电子技术与自动控制技术的发展，数控设备的控制轴数多达十几个甚至几十个轴。

轴与轴之间可以单独运动,也可以做相互配合的相关运动,即联动。空间一点的自由度有6个,因此,数控设备的联动轴数最多为6个轴,目前最多只有五轴联动数控设备。

1. 两轴联动数控设备

这类数控设备联动的轴数为2个轴,典型设备如数控车床,其刀具可以同时做径向(*X*轴)进给与轴向(*Z*轴)进给,这样除可以加工回转体零件的端面、外圆以外,还可以两轴联动加工锥面、球面等。

2. 两轴半数控设备

这类数控设备可以控制3个坐标轴的运动,但同时进行相关控制的轴数只有2个。如简易数控铣床,可以控制*X*、*Y*、*Z* 3个方向的运动,但只能在*XY*、*YZ*、*XZ*中的一个平面内进行相关运动,另外一个轴不能参与插补运算,只能做等距的周期步进运动,加工出曲面,如图1-9所示。

3. 三轴联动

这类数控设备可以实现3个坐标轴的相关运动控制,在*XYZ*三维空间内进行插补运算,进行零件的曲面加工,如图1-10所示。典型设备如数控铣床和三坐标测量机等。

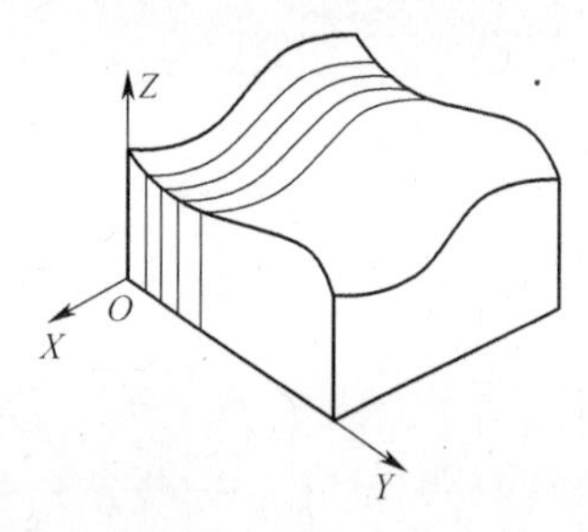

图1-9 两轴半数控铣床加工曲面

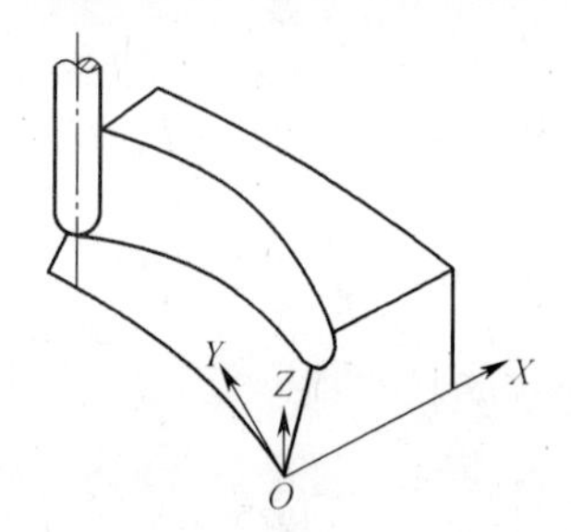

图1-10 三轴联动数控铣床加工曲面

4. 四轴联动

这类数控设备可以在同时控制*XYZ* 3个直角坐标移动外,还可以实现与1个旋转运动(如旋转工作台)的相关控制,用来加工叶轮、扇叶等,如图1-11所示。

图1-11 四轴联动数控机床

5. 五轴联动

这类数控设备可以同时进行*XYZ* 3个直角坐标的移动与2个轴的转动(如旋转工作

台或刀具的摆动等)的相关控制,有双摆头式、双专台式、转台加摆头式等。如图1－12所示的机床,用来加工复杂形状的螺旋桨、叶轮等。

(a)

(b)

图1－12　五轴联动数控机床

1.3.5　按照设备性能分类

我国常按照数控设备的性能如分辨率、伺服系统、控制轴数与联动轴数、主CPU及数控系统软、硬件功能等将数控设备分为高档、中档、低档,见表1－1所列。

表1－1　数控设备指标及分类

性能指标 / 档次	分辨率/μm	进给速度/(m/min)	伺服系统类型	联动轴数	通信能力	显示功能	PLC	CPU
高档	0.1	24～100	半闭环、闭环系统(直线电动机、伺服电动机)	5	网络、DNC	LED三维	强大功能PLC	32、64位
中档	1	15～24		2～4	串口、DNC	CRT、LED平面	简单PLC	16、32位
低档	10	8～15	开环(步进电动机)	2～3	无	数码管	无	8位

不同时期,高档、中档、低档的划分标准不同,现在高档的设备5年、10年后很可能成为中档甚至低档设备。因此,这种分类方法属于相对性的划分。

1.4　数控程序编制流程及方法

数控机床是根据用户所编制的零件加工程序进行控制加工的,零件加工程序中包含加工的工艺过程、刀具及其运动轨迹、工艺参数等信息。

1.4.1　数控加工程序编制过程

1. 零件图样分析

根据给定零件图样中尺寸、精度、材料及热处理要求等,分析零件的尺寸标注是否完整、工艺设计是否合理、轮廓间的连接关系是否明确等,选择零件适合数控机床加工的内容,分析采用什么样的工艺过程及工艺路线来满足零件的要求等。

2. 工艺过程分析

在零件图样分析后,确定零件加工中采用什么夹具,如何进行零件的定位、装夹;分析零件加工中采用的刀具及其参数;确定零件表面的加工顺序、加工路径以及切削用量等。

3. 数值计算

零件的数控加工程序的编制,主要是用系统指定的指令代码以及以坐标表示的加工轨迹与加工过程。而一般零件图样的尺寸标注主要表示对零件的最终尺寸要求等,其中一些轮廓基点的坐标并不一定能直接读取;此外,如使用带公差的尺寸编程时,如何避免超差等都需要编程人员在编程前进行数值处理。

4. 程序编制

在工艺分析及数值计算工作准备充分后,零件的数控加工程序的编制就会变得比较容易,只需将分析所得的加工过程、刀具轨迹、切削参数等用系统指定的指令代码及格式逐段编写出来即可。一些复杂零件的加工程序可以通过 CAD 软件辅助建模,然后将工艺过程及参数通过 CAM 设置并进行后置处理后自动生成。

5. 程序输入

数控程序由指定的字母及数字组合而成。在程序编制完成后,要将程序输入到数控系统的控制单元,其输入方法主要有手动输入、控制介质传输及通信端口传输等。一般数控设备都提供用户数据输入键盘,一些简短的程序用户可以通过手动输入完成。一些复杂零件采用 CAM 等自动生成的数控加工程序一般都比较长,手动输入比较困难,可以采用数控设备提供的控制介质端口进行传输,如 PCMCIA 卡、U 盘等。此外,随着信息技术、通信技术的发展,大多数数控设备都配备有 RS-232 或 RS-485 串行通信口、并行通信口或局域网接口,这样,用户可以将程序通过串行通信、并行通信或 Internet 进行程序的传输,甚至直接在线加工等。

6. 程序校验及试切

数控加工程序输入完成后,并不能直接启动机床进行自动加工。因为在程序编制、输入过程中可能出现差错,直接使用可能导致撞机甚至人身伤亡等事故,所以,一定要在运行前进行程序校验。程序校验常用的方法是:锁住机床各轴并空运行,通过图形方式观看程序运行轨迹,检验程序是否正确。在初步检查后,可以通过单段运行程序,以及零件的试切来进一步校验,直到确认程序完全正确,并将其进行存储后,方可自动运行程序进行零件的加工。

1.4.2 数控加工程序编制方法

目前,数控加工程序的编制方法主要有直接编程和计算机辅助编程两种方法。

1. 直接编程

对于一些零件的简单表面的加工,根据工艺分析及数值计算,由手工直接逐行编写其加工程序,称为直接编程。直接编程适合一些简单程序的编制,如形状比较简单的平面轮廓的加工程序编制。此外,对于简单的公式曲线或曲面的加工程序,可以采用宏程序方法编制。对于复杂零件的加工程序,如较多相切、相交等复杂关系的轮廓、复杂三维表面等,其节点以及中间尺寸的计算量非常大而且手工计算困难,则不适合直接编程。

2. 计算机辅助编程

随着数控技术、计算机图形处理技术的发展,加工的零件越来越复杂,可以使用的编程方法越来越多,也越来越智能化。数控编程技术朝着会话型自动编程系统、数控图形编程系统、数字化技术编程系统、语音数控自动编程系统、模块化的多功能编程系统等方向发展。

计算机辅助编程可以采用数控语言编程,也可以采用 CAM 软件,如 Pro/E、UG、Ideas、CATIA、Solidedge、Slidewoks、MasterCAM 及 CAXA 等进行图形交互式的编程。其中,数控语言编程系统如美国的 APT、AUTOSPOT 及德国的 EXAPT-1/2/3 等,采用特定的符号和数字来描述零件的形状、尺寸、几何元素之间的连接关系及进给路线、工艺路线等,然后由数控系统进行编译、处理生成加工程序。图形交互式编程即采用 CAD/CAM 软件建立零件平面或三维模型,然后采用人机对话式对工艺过程、加工方法及参数等进行设置并进行后置处理,最后由计算机辅助生成零件的数控加工程序。

1.5 常用的数控编程术语

1.5.1 数控机床坐标系

在数控设备上,为了描述及控制设备的成形运动与辅助运动,简化程序编制的方法及保证记录数据的互换性,数控设备的坐标系和运动方向均已标准化,国际标准化组织(ISO)和我国都拟定了命名的标准。

1. 坐标轴及其命名的标准

数控机床坐标系符合右手笛卡儿坐标系,基本坐标为 X、Y、Z 直角坐标,A、B、C 为相对于 X、Y、Z 的旋转运动坐标。

伸出右手的大拇指、食指和中指,互为 90°,并且 X 轴到 Y 轴为逆时针方向,则大拇指代表 X 坐标,食指代表 Y 坐标,中指代表 Z 坐标。大拇指的指向为 X 坐标的正方向,食指的指向为 Y 坐标的正方向,中指的指向为 Z 坐标的正方向。围绕 X、Y、Z 坐标旋转的旋转坐标分别用 A、B、C 表示,根据右手螺旋定则,大拇指指向 X、Y、Z 坐标轴的正向,则其余四指的旋转方向即为旋转坐标 A、B、C 的正向,如图 1-13 所示。

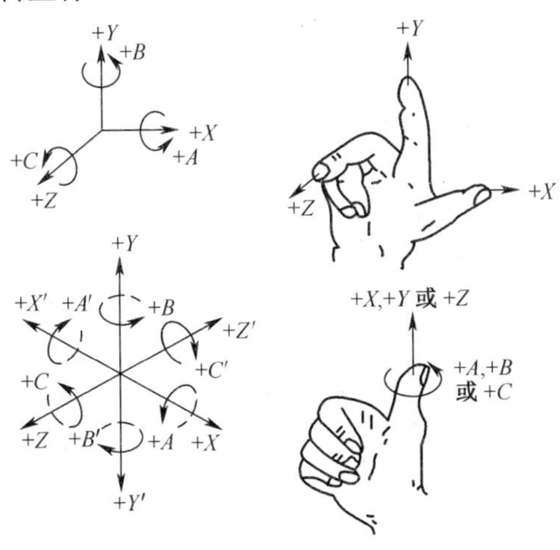

图 1-13 右手笛卡儿坐标系示意图

2. 相对运动的规定

数控机床的坐标运动指的是刀具相对于工件的运动。在机床上,始终认为工件静止而刀具是运动的,编程人员在不考虑机床上工件与刀具具体运动的情况下,就可以依据零件图样确定机床的加工过程。

3. 坐标轴正方向的规定

规定刀具远离工件的方向为坐标轴的正方向,如图1-13所示的$+X$、$+Y$、$+Z$、$+A$、$+B$、$+C$;反之,如果以工件相对于刀具的运动进行判断时,其方向如图1-13所示的$+X'$、$+Y'$、$+Z'$、$+A'$、$+B'$、$+C'$。

4. 数控设备各轴与右手笛卡儿坐标系的对应关系

(1) Z轴。Z坐标的运动方向是由传递切削动力的主轴所决定的,即平行于主轴轴线的坐标轴即为Z坐标,Z坐标的正向为刀具远离工件的方向。如果机床上有多个主轴,则选一个垂直于工件装夹平面的主轴方向为Z坐标方向;如果主轴能够摆动或无主轴,则选垂直于工件装夹平面的方向为Z坐标方向。

(2) X轴。X坐标定义为水平的、平行于工件装夹平面的坐标轴,并平行于主要的切削方向。如果工件做旋转运动(如数控车床),则刀具离开工件的方向为X坐标的正方向。如果刀具做旋转运动,则分为两种情况:Z坐标水平时(如卧式数控铣床),观察者沿刀具主轴向工件看时,$+X$运动方向指向右方;Z坐标垂直时(如立式数控铣床),观察者面对刀具主轴向立柱看时,$+X$运动方向指向右方。

(3) Y轴。在确定X、Z坐标的正方向后,可以根据X和Z坐标的方向,按照右手笛卡儿坐标系来确定Y坐标的方向。

常见数控设备坐标系如图1-14~图1-19所示。

1.5.2 坐标原点

在规定了数控设备坐标系后,还要规定其坐标原点,这样才能用坐标正确描述设备运动的过程及轨迹。在数控设备上常用的坐标原点有机床原点、机床参考点、编程原点(工件原点)等。

图1-14 卧式数控车床坐标系

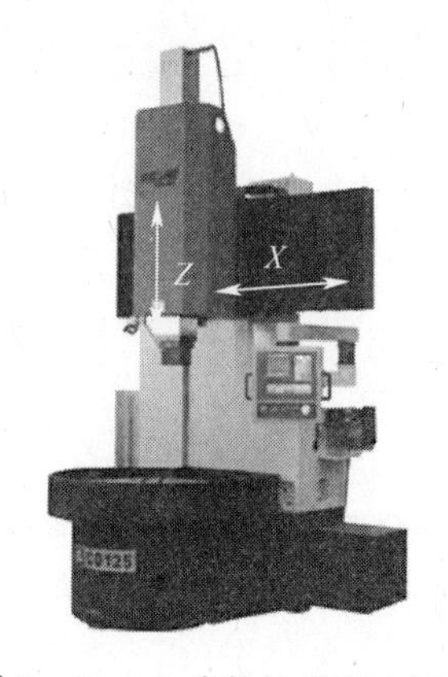

图1-15 立式数控车床坐标系

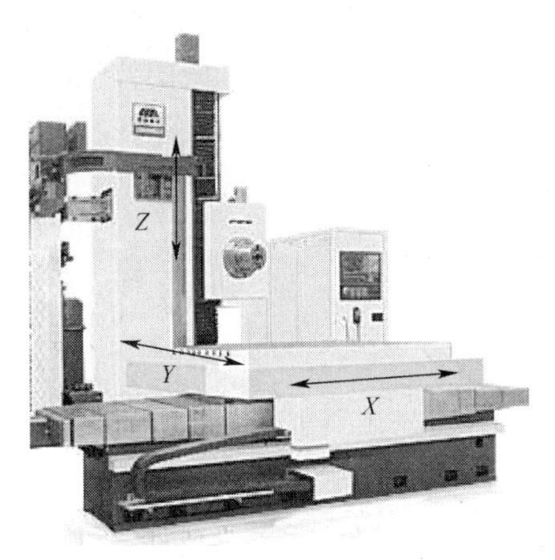

图 1-16　卧式数控铣床坐标系

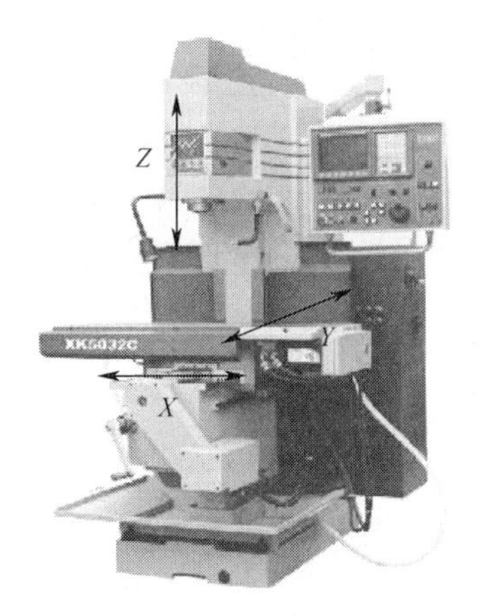

图 1-17　立式数控铣床坐标系

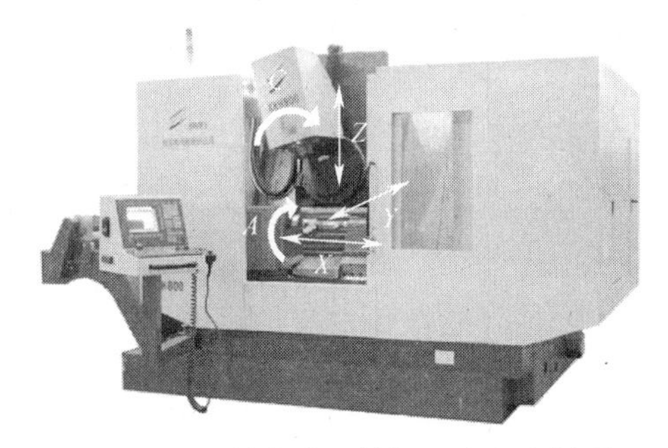

图 1-18　转台式五轴加工中心坐标系

图 1-19　摆头式五轴加工中心坐标系

1. 机床原点

数控机床一般都有一个基准位置，称为机床原点或机床绝对原点，是机床制造商设置在机床上的一个物理位置，其作用是使机床与控制系统同步，建立测量机床运动坐标的起始点。由机床原点确定的坐标系称为机床坐标系。

2. 机床参考点

机床参考点是用于对机床运动进行检测和控制的固定位置点，由机床制造厂家在每个进给轴上用限位开关精确调整好的，它与机床原点的相对位置在出厂后固定不变。通常，在数控铣床上机床原点和机床参考点是重合的，而在数控车床上机床参考点是离机床原点最远的极限点。当采用增量测量系统时，机床在开机后运行程序前要先进行回零（即返回机床参考点）的操作，而采用绝对测量系统时则不需要回零。

3. 编程原点（工件原点）

在编制数控加工程序时，为了编程及坐标计算方便，由编程人员设定的坐标原点称为编程原点。由编程原点确定的坐标系称为编程坐标系。编程原点在数控设备上进行对刀后的位置即为工件原点。由工件原点确定的坐标系称为工件坐标系。编程原点设定时主要考虑方便对刀、测量，简化程序编制中的计算等。

1.5.3　编程方式

数控加工程序编制中的坐标可以用绝对坐标表示，也可以用增量坐标表示。

1. 绝对坐标编程

刀具运动过程中，所有的刀具位置坐标以一个固定的程序原点为基准，即刀具运动的位置坐标都是刀具相对于程序原点的坐标。如图 1-20 所示，刀具在 A、B 两点的绝对坐标分别为 $A(3,2)$、$B(4,4)$。

2. 增量坐标编程（相对坐标编程）

刀具运动的位置增量坐标是指刀具从当前位置到下一个位置之间的增量。如图 1-20 所示，当加工直线 OA、AB 时，刀具的增量坐标分别为 $A(3,2)$，$B(1,2)$。

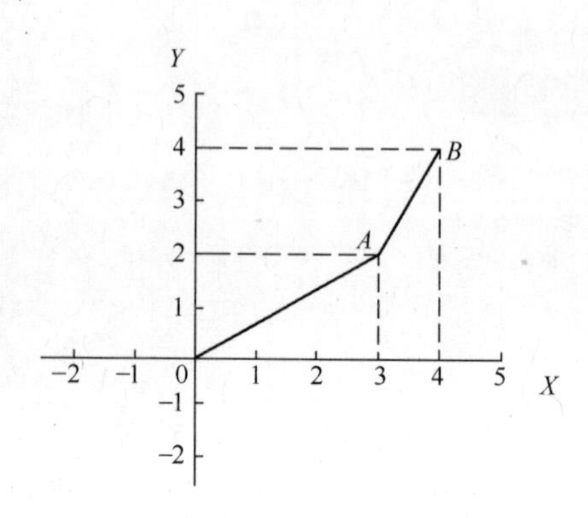

图 1-20　编程方式示意图

1.5.4　数控加工程序的结构组成及格式

1. 加工程序的结构组成

数控程序由程序名与一系列程序段和程序块组成。每一程序段用于描述准备功能、刀具坐标位置、工艺参数和辅助装置等。ISO 对数控程序的编码字符和程序段格式、准备功能及辅助装置等制定了若干标准和规范。但由于新型数控系统与数控机床不断出现，许多先进数控系统的很多功能实际上超出了目前国际上通用的标准，其指令格式也比较灵活。此外，不同厂商的数控系统采用的指令格式也有一定的差异，但基本的编码字符、准备功能和辅助功能代码对于绝大多数数控系统来说是相同的。以 FANUC 系统为例，其程序格式如表 1-2 所列。

表 1-2　数控程序格式

程序清单	含　义
O＊＊＊＊	程序名
N10 G40G99;	程序初始化
N10 M03S500;	启动主轴
N20 T0202	调用刀具
N30 G00X100Z100;	加工程序内容，由加工顺序、刀具运动轨迹及各种辅助动作等一个个程序段组成
…	
N130 M30;	程序结束

程序段由顺序号字、功能字、尺寸字以及其他指令字组成。指令字也称信息字，一般

由用字母表示的功能地址符与数据符组成。程序段末尾用“;”作为一段程序的结束以及与另一段程序的分隔,如“N0070 G01X50Z30F140S500T0101M08;”。

程序段格式及其含义如下:

N____ G____X(U)____Y(V)____Z(W)____F____S____T____M____;

N	G	X(U) Y(V) Z(W)	F	S	T	M
段序号	准备功能	坐标值	进给速度	主轴转速	刀具	辅助功能

2. 主程序与子程序

对于在一个零件或不同零件上有几处相同或相似的轮廓,可以将其中一处轮廓的加工程序单独作为一个程序,这个程序称为子程序。通过主程序重复调用子程序即可实现多处轮廓的加工,这样可以大大简化加工程序的编制。

子程序与主程序的格式基本相同,也由程序名与程序段组成,只是子程序结束时不能用 M02 或 M30 指令,而使用 M99 指令,用以返回到调用该子程序的程序,如图 1-21 所示。

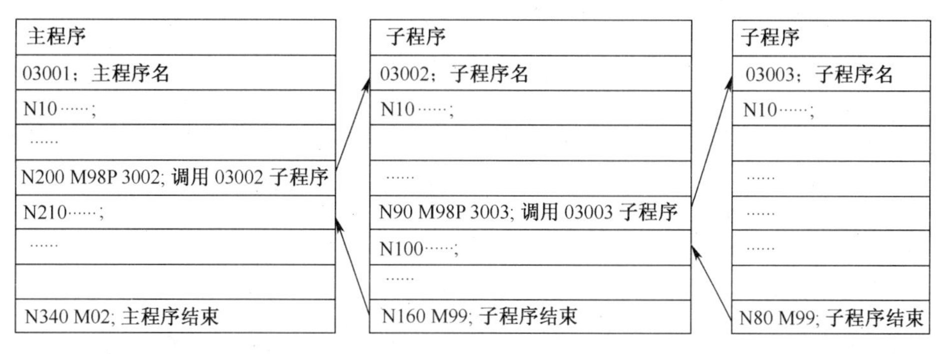

图 1-21 主程序与子程序

一般情况下,CNC 按照主程序运行。但当在主程序中遇到子程序调用指令时,控制转到子程序。而在子程序中遇到返回主程序的指令时,控制返回到主程序。在子程序中还可以调用其他子程序,一般数控系统最多可以实现子程序的四重嵌套。

3. 最小输入增量与最小指令增量

最小输入增量是程序指令中坐标值的最小单位,由输入系统的设计而定。最小指令增量是数控系统指令机床移动的最小单位(即脉冲当量),指的是数控系统的输出。当前,多数数控系统这两者设计为相同的值,即 0.001 或 0.0001mm,也有少数数控系统允许最小输入增量为 0.0001mm,而最小指令增量为 0.001mm。

4. 插补功能

数控加工程序提供了刀具的起点、终点和运动轨迹,刀具如何从起点沿运动轨迹走向终点则由数控的插补装置或插补软件来控制。实际加工中,采用一小段一小段直线去逼近零件轮廓曲线,常用的有直线插补和圆弧插补。

插补的任务是根据进给速度的要求,完成在轮廓起点和终点之间的中间点的坐标值计算,即“数据点的密化”。插补程序在每个插补周期运行一次,在每个插补周期内,根据指令进给速度计算出一个微小的直线数据段。经过若干次插补周期后,插补加工完一个程序段轨迹,即完成从程序段起点到终点的“数据点化”工作。插补的算法很多,有积分法、采样法、逐点比较法等,中间插入的小直线段越多,实际运行轨迹就越接近编程轨迹,但计算量也增加很多。插补的运行速度和运算精度直接影响到数控系统的性能。

1.6 常用的数控编程指令

数控机床常用的指令分为 G 代码和 M 代码两大类。G 代码是使机床准备好某种运动方式的指令,称为准备功能代码,如快速定位 G00、直线插补 G01、圆弧插补 G02/G03 等。G 代码为 G00 ~ G99,共 100 种。M 代码主要用于数控机床的开关量控制,称为辅助功能代码,如主轴启动 M03/M04、主轴停止 M05,切削液打开 M08、切削液关闭 M09,程序的结束 M30 等。M 代码为 M00 ~ M99,共 100 种。下面以 FANUC 0i 系统为例,列出其常用准备功能和辅助功能代码。

1.6.1 常用的准备功能代码

G 代码用于建立机床的加工机能,分为模态代码和非模态代码。

模态代码(续效代码)在指令同组其他代码前该代码一直有效,非模态代码(非续效代码)只在指令它的程序段中有效。常用的 G 代码见表 1-3 所列。

表 1-3 常用的 G 代码

G 代码	功 能	G 代码	功 能
G00	定位(快速移动)	G40	取消刀尖半径偏置
G01	直线插补	G41	刀尖半径偏置(左侧)
G02	顺时针(CW)圆弧插补	G42	刀尖半径偏置(右侧)
G03	逆时针(CCW)圆弧插补	G50	修改工件坐标;设置主轴最大转速
G04	暂停	G53	选择机床坐标系
G20	英制输入	G54 ~ G59	选择工件坐标系
G21	公制输入	G70 ~ G76	固定循环指令
G27	检查参考点返回	G80	取消固定循环
G28	参考点返回	G96	恒线速度控制
G29	从参考点返回	G97	恒线速度控制取消
G32	切削螺纹		

1.6.2 常用的辅助功能代码

常用的 M 代码见表 1-4 所列。

表 1-4 常用的 M 代码

M 代码	功 能	M 代码	功 能
M00	程序停止	M03	主轴正转
M01	选择停止	M04	主轴反转
M02	程序结束(复位)	M05	主轴停

2. 加工表面

在切削过程中,工件上有待加工表面、已加工表面和过渡表面三个不断变化着的表面:

(1) 待加工表面是指工件上有待切除的表面。

(2) 已加工表面是指工件上经刀具切削后产生的表面。

(3) 过渡表面是指工件上由切削刃形成的那部分表面,它在下一切削行程、刀具或工件的下一转里被切除,或者由下一切削刃切除。

3. 切削用量

切削用量是指加工中的背吃刀量、进给量与切削速度。切削用量的大小不仅会影响到加工的效率、加工质量与成本,程序也会因切削用量不同而有所不同。合理选择切削用量,可以提高效率与质量,降低成本,有效地发挥数控设备的优势。

合理选择切削用量的原则是:粗加工时,一般以提高生产率为主,但也应考虑经济性和加工成本;半精加工和精加工时,应在保证加工质量的前提下,兼顾切削效率、经济性和加工成本。具体数值应根据机床说明书、切削用量手册,并结合经验而定。

(1) 背吃刀量 a_p:又称切削深度,即通过切削刃基点并垂直于工作平面的方向上测量的吃刀量,一般指工件已加工表面和待加工表面间的垂直距离。在机床、工件和刀具刚度允许的情况下,背吃刀量等于加工余量,这是提高生产率的一个有效措施。若加工余量过大,设备与刀具无法一次加工,则可通过多次分层切削来完成。为了保证零件的加工精度和表面粗糙度,一般应留一定的余量进行精加工。数控机床的精加工余量可略小于普通机床。

(2) 切削速度 v_c:刀具切削刃上选定点相对于工件的主运动速度。切削速度是提高生产率的一个措施,但与刀具耐用度的关系比较密切。随着切削速度的增大,刀具耐用度急剧下降,故其选择主要取决于刀具耐用度。另外,切削速度与加工材料也有很大关系,例如,用立铣刀铣削合金钢时可采用 8m/min 左右,而用同样的立铣刀铣削铝合金时可选 200m/min 以上。

主轴转速与切削速度可以通过下式进行换算:

$$v_c = \frac{\pi d n}{1000}$$

式中:n 为主轴转速(r/min);d 为刀具或工件直径(mm);v_c为切削速度(m/min)。

数控机床的控制面板上一般备有主轴转速修调(倍率)开关,可在加工过程中对主轴转速进行百分比调整。

(3) 进给量 F:F 应根据零件的加工精度和表面粗糙度要求以及刀具和工件材料来选择,F 的增加也可以提高生产效率。加工表面粗糙度要求低时,F 可选择得大些。在加工过程中,F 也可通过机床控制面板上的修调开关进行人工调整,但是最大进给速度要受到设备刚度和进给系统性能等的限制。

随着数控机床在生产实际中的广泛应用,数控编程已经成为数控加工中的关键问题之一。在数控程序的编制过程中,要在人机交互状态下即时选择刀具和确定切削用量。因此,编程人员必须熟悉刀具的选择方法和切削用量的确定原则,从而保证零件的加工质量和加工效率,充分发挥数控机床的优点,提高企业的经济效益和生产水平。

1.7.3 工艺路线设计

工艺路线设计是制定工艺规程的重要内容之一，其内容主要包括加工方法的选择、加工阶段的划分、工序的划分、加工顺序的安排、热处理工序的安排以及其他辅助工序的安排等。设计者应采用从生产实践中总结出来的一些综合性的工艺原则，结合实际的生产条件提出几种方案进行分析对比，选择经济、合理的最佳方案。

1. 加工方法的选择

机械零件的结构形状是多样的，但它们都是由平面、外圆柱面、内圆柱面或曲面、成形面等基本表面所组成的。每一种表面都有多种加工方法，应根据零件的加工精度、表面粗糙度、材料、结构形状、尺寸及生产类型等选用相应的加工方法和加工方案。例如，外圆表面的加工方法主要是车削和磨削。当表面粗糙度 *Ra* 的值要求较小时，还要经光整加工。如图 1－22 所示为外圆表面的加工方案及所能达到的精度等级。

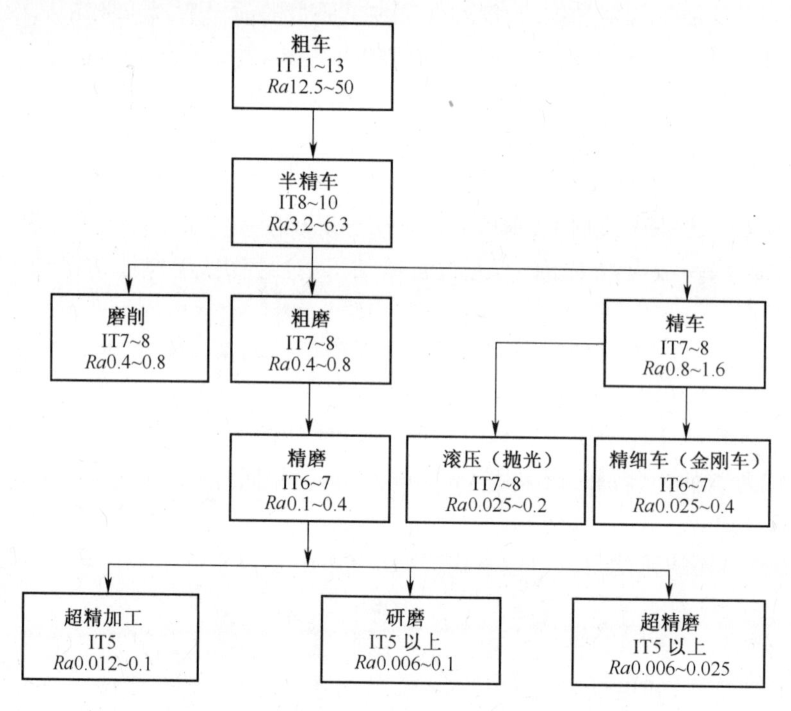

图 1－22　外圆表面的加工方案（*Ra* 单位为 μm）

2. 加工阶段的划分

当零件的加工质量要求较高时，应把整个工艺过程划分成几个加工阶段，一般分为粗加工、半精加工（细加工）和精加工三个阶段。有时在精加工之后还有专门的光整加工阶段。当毛坯余量特别大，表面非常粗糙时，在粗加工之前还要安排荒加工。

各加工阶段的任务可归纳为以下几个方面：

（1）荒加工的任务是及时发现毛坯的缺陷，使不合格的毛坯不能进入机械加工车间。为了减少运输量，荒加工阶段常在毛坯车间进行。

（2）粗加工阶段的任务是切除毛坯上大部分多余的金属，使毛坯在形状和尺寸上接近零件成品。因此,这个阶段的主要问题是如何获得高的生产率。

(3) 半精加工的主要任务是使主要表面达到一定的加工精度,保证一定的精加工余量,为主要表面的精加工(如精车、精磨)做好准备,并完成一些次要表面的加工(如扩孔、攻螺纹、铣键槽等)。半精加工阶段一般安排在热处理之前进行。

(4) 精加工阶段的任务是保证主要表面达到图样规定的尺寸精度和表面质量要求。在这个阶段中,各表面的加工余量都比较小,主要考虑的问题是获得较高的加工精度和表面质量。

(5) 光整加工阶段的主要任务是当零件的加工精度要求很高(尺寸精度 IT6 以上)和表面粗糙度要求很小($Ra \leqslant 0.2\mu m$)时,在精加工阶段之后还要进行光整加工。在这个阶段中,主要是提高尺寸精度,减小表面粗糙度,保证很高的加工精度和表面质量,但一般不用来提高位置精度。

3. 工序的划分

在制定工艺路线时,当选定了表面加工方法及划分加工阶段后,就可将同一加工阶段中各表面的加工组合成若干个工序。工序划分主要考虑生产纲领、现场生产条件、零件的结构特点和零件的精度要求等因素。

在数控机床上加工的零件,一般按工序集中的原则划分工序,划分的方法有下列四种:

(1) 按所用刀具划分,即以同一把刀具完成的那一部分工艺过程为一道工序。这种划分方法适用于工件的待加工表面较多、机床连续工作时间较长(如在一个工作班内不能完成)、加工程序的编制和检查难度较大等情况。加工中心常用这种方法。

(2) 按工件安装次数划分,即以工件一次安装完成的那一部分工艺过程为一道工序。这种方法适用于加工内容不多的工件,加工完成后就能达到质量检查状态。

(3) 按粗、精加工划分,即粗加工中完成的那一部分工艺过程为一道工序,精加工中完成的那一部分工艺过程也为一道工序。这种方法适用于加工后变形较大,需粗、精加工分开的零件,如毛坯为铸件或锻件的零件。

(4) 按加工部位划分,即完成相同型面的那一部分工艺过程为一道工序。对于加工表面多而复杂的零件,可按其结构特点划分成多道工序。

4. 机械加工顺序的安排

机械加工工序安排应遵循的原则如下:

(1) 先粗后精的原则。各表面的加工顺序按照粗加工—精加工—光整加工的顺序依次进行,这样才能逐步提高零件加工表面的精度。

(2) 先主后次的原则。先安排主要表面(零件上的工作面及装配精度要求较高的表面)的加工,后安排次要表面(自由表面、键槽、紧固用的螺纹孔和光孔及精度要求较低的表面)的加工。由于次要表面的加工工作量较小,而且它们和主要表面有位置要求,因此次要表面的加工一般放在主要表面达到一定的精度之后,在最后精加工或光整加工之前进行。

(3) 基面先行的原则。加工一开始,总是把用作精基准的表面加工出来。因为定位基准的表面越精确,装夹误差就越小,所以任何零件的加工过程总是首先对定位基准面进行粗加工和半精加工,必要时还要进行精加工。例如,轴类零件总是先加工中心孔,再以中心孔为精基准加工外圆表面和端面。箱体类零件总是先加工定位用的平面及两个定位孔，再以平面和定位孔为精基准加工孔系和其他平面。如果精基准面不止一个，则应该按照基面转换的顺序和逐步提高加工精度的原则来安排基准面的加工。

(4) 先面后孔的原则。对于箱体类、支架类、机体类等零件，平面轮廓尺寸较大，用平面定位比较稳定可靠，故应该先加工平面，后加工孔。这样，不仅使后续的加工有一个稳定可靠的平面作为定位基准面，而且在平整的表面上加工孔比较容易，并能提高孔的加工精度。

(5) 先内后外的原则。对于精密套筒，其外圆与孔同轴度要求较高，一般采用“先孔后外圆”的原则，即先以外圆定位加工孔，再以精度高的孔定位加工外圆，这样可以保证高的同轴度要求，并且使所用的夹具简单。

5. 辅助工序的安排

辅助工序包括检验、钳工去毛刺、特种检验和表面处理等。其中检验工序是主要的辅助工序，除在每道工序中需要进行检验外，为了保证产品质量，必要时还应安排专门的检验工序，即中间检验和成品检验。中间检验通常安排在粗加工全部结束后，精加工之前，或重要工序前后，或工件从一个车间转向另一个车间前后。成品检验安排在工件全部加工结束之后，应按零件图的全部要求进行检验。

钳工去毛刺工序一般安排在检验工序之前或易于产生毛刺的工序(如铣削、钻削、拉削等)之后，或下道工序作为定位基准的表面加工之后。对于形状复杂的工件，为了减少热处理变形，防止由于内应力集中而产生的裂纹，应在热处理之前安排钳工去毛刺工序。为了保证表面处理质量，在表面处理之前也应安排钳工去毛刺工序。

特种检验的种类较多，有无损检验、气密性检验、平衡性检验等。其中最常见的是无损检验，如射线探伤(安排在机械加工工序之前进行)、超声探伤(安排在粗加工阶段进行)、磁粉探伤(安排在精加工阶段进行)等。

为了提高零件的抗腐蚀性、耐磨性、疲劳极限以及外观的美观性等，还常采用表面处理的方法。表面处理工序一般安排在工艺过程中的最后阶段进行。表面处理后，工件的尺寸和表面粗糙度变化一般均不大。但当零件的精度要求较高时，应进行工艺尺寸链的计算。

6. 工序间的衔接

有些零件的加工是由普通机床和数控机床共同完成的，数控机床加工工序一般都穿插在整个工艺过程中，一定要注意解决好数控加工工序与非数控加工程序的衔接问题。例如：对毛坯热处理的要求，作为定位基准的孔和面的精度是否满足要求，是否为后道工序留有加工余量且留多少等，都应该衔接好，以免产生矛盾。

1.7.4 确定定位和夹紧方案

在确定定位和夹紧方案时应注意以下几个问题：

(1) 尽可能做到定位基准与设计基准、编程计算基准的统一。

(2) 尽量选用三爪卡盘、精密平口钳、压板螺钉等通用夹具及组合夹具。

(3) 尽量将工序集中，减少装夹次数，尽可能在一次装夹后能加工出全部待加工表面。

(4) 避免采用占机人工调整时间长的装夹方案。

(5) 夹紧力的作用点应落在工件刚性较好的部位。

1.7.5 刀具的选用

刀具的选用是数控加工工艺中的重要内容,它不仅影响数控机床的加工效率,而且直接影响加工质量,同时编程人员必须掌握刀具选择确定的基本原则,在编程时充分考虑数控加工的特点,才能编制实用的程序。

1. 刀具类型

应根据机床的加工能力、工件材料的性能、加工工序、切削用量以及其他相关因素正确选用刀具及刀柄。刀具选用总的原则是:安装调整方便,刚性好,耐用度和精度高。在满足加工要求的前提下,尽量选用较短的刀柄,以提高刀具的刚性。

在确定刀具的种类及尺寸时,首先要考虑被加工工件的表面形状与尺寸及要求等。例如,零件内外轮廓表面的加工,常采用立铣刀;铣削平面时,应尽量选用大直径盘铣刀;加工凸台、凹槽时,宜选用立铣刀;加工毛坯表面或粗加工孔时,可选用镶硬质合金刀片的玉米铣刀;对一些立体型面和变斜角轮廓外形的加工,常采用球头铣刀、环形铣刀、锥形铣刀等。而确定刀具材料及角度时,主要考虑被加工工件毛坯的材料及热处理情况;此外,还要考虑零件的形状与精度要求等。

为了提高加工效率,在安装与使用刀具时一般应遵循以下原则:

(1) 尽量减少刀具数量。

(2) 一把刀具装夹后,应尽可能完成其所能进行的所有加工部位。

(3) 粗、精加工的刀具应分开使用,即使是相同尺寸规格的刀具。

2. 刀具材料

刀具材料性能的好坏,是影响加工表面质量、切削效率、刀具寿命的基本因素。目前,在金属切削加工生产中,普遍选择的是最常用的刀具材料。但随着难加工材料的出现和生产率的不断提高,新型的、超硬的刀具材料正不断涌现。

在切削金属过程中,刀具切削部分的材料承受着较大的压力、较高温度和剧烈的摩擦作用,从而使刀具磨损。刀具使用寿命的长短和生产率的高低,取决于刀具材料是否具备应有的力学性能。此外,刀具切削部分材料的工艺性对制造刀具和刃磨刀具质量也有着显著的影响。

刀具材料必须具备如下性能:

(1) 高的硬度:刀具切削部分材料的硬度要高于工件材料的硬度。在室温下,刀具硬度应高于60HRC以上。

(2) 高的耐磨性:耐磨性通常取决于硬度,材料的硬度越高,耐磨性越好。含有耐磨性好的碳化物颗粒越多,晶粒越细,分布越均匀,耐磨性也越好。

(3) 足够的强度和韧性:刀具切削部分承受着各种应力和冲击,为了防止刀具崩刃和碎裂,必须具有足够的强度和韧性,通常用材料的抗弯强度和冲击韧度表示。

(4) 高的耐热性:耐热性是指在高温下刀具切削部分材料保持常温时硬度的性能,可以用热硬性和高温硬度表示。

(5) 良好的工艺性:为了便于制造,刀具切削部分材料应具有良好的锻造、焊接、热处理和磨削加工等性能。同时,还应尽可能满足资源丰富和价格低廉的要求。

(6) 抗黏结性:防止工件与刀具材料分子间在高温、高压作用下互相吸附产生黏结。

(7) 化学稳定性:指刀具材料在高温下,不易与周围介质发生化学反应。

数控机床刀具从制造所采用的材料可以分为高速钢刀具、硬质合金刀具、陶瓷刀具、立方氮化硼刀具、聚晶金刚石刀具。目前,数控机床普遍使用的刀具是硬质合金刀具。

1) 高速钢

高速钢是一种含钨(W)、钼(Mo)、铬(Cr)、钒(V)等合金元素较多的工具钢,它具有较好的力学性能和良好的工艺性,可以承受较大的切削力和冲击。高速钢刀具材料的品种已经从单纯的W系列发展到WMo系、WMoAl系、WMoCo系,其中WMoAl系是我国特有的品种。同时,由于高速钢刀具热处理技术的进步以及成形金属切削工艺的更新,使得高速钢刀具的热硬性、耐磨性和表面质量都得到了很大提高和改善。高速钢的品种繁多,按切削性能可分为普通高速钢和高性能高速钢,按化学成分可分为钨系、钨钼系和钼系高速钢,按制造工艺不同可分为熔炼高速钢和粉末冶金高速钢。

2)硬质合金

它是用高硬度、难熔的金属化合物(WC、TiC等)微米级的粉末与Co、Mo、Ni等金属黏结剂烧结而成的粉末冶金制品。其高温碳化物含量超过高速钢,具有硬度高(大于89HRC)、熔点高、化学稳定性好、热稳定性好的特点,但其韧性差、脆性大、承受冲击和振动能力低。其切削效率是高速钢刀具的5~10倍,因此,目前硬质合金是主要的刀具材料。

3) 新型刀具材料

(1) 涂层刀具:采用化学气相沉积(CVD)或物理气相沉积(PVD)法,在硬质合金或其他材料刀具基体上涂覆一薄层耐磨性高的难熔金属(或非金属)化合物而得到的刀具材料。该材料较好地解决了材料硬度和耐磨性与强度及韧性的矛盾。涂层刀具的镀膜可以防止切屑与刀具直接接触,减少摩擦,降低各种机械热应力。使用涂层刀具,可缩短切削时间,降低成本,减少换刀次数,提高加工精度,且刀具寿命长。

(2) 陶瓷刀具材料:常用的是以Al_2O_3或Si_3N_4为基体成分,在高温下烧结而成的。其硬度可达91~95HRA,耐磨性比硬质合金高十几倍,适于加工冷硬铸铁和淬硬钢,在1200℃高温下仍能切削,高温硬度可达80HRA,在540℃时为90HRA,切削速度比硬质合金高2~10倍;具有良好的抗黏结性能,使它与多种金属的亲和力小,化学稳定性好,即使在熔化时,与钢也不起相互作用,抗氧化能力强。陶瓷刀具最大的缺点是脆性大、强度低、导热性差。采用提高原材料纯度、喷雾制粒、真空加热、亚微细颗粒、热压静压工艺,加入碳化物、氮化物、硼化物及纯金属等以及AL_2O_3基成分(Si_3N_4)等,可提高陶瓷刀具性能。

(3) 超硬刀具材料:是具有特殊功能的一种材料,是金刚石和立方氮化硼的统称,用于超精加工及硬脆材料加工。它们可以用来加工任何硬度的工件材料,包括淬火硬度达65~67HRC的工具钢,有很好的切削性能,切削速度比硬质合金刀具提高10~20倍,且切削时温度低,超硬材料加工的表面粗糙度很低,切削加工可部分代替磨削加工,经济效益显著提高。

1.7.6 刀位点、对刀点与换刀点

1. 刀位点

每把刀具的半径与长度尺寸可能不同，刀具装在机床上后，应在控制系统中设置刀具的基本位置。刀位点是指刀具的定位基准点。在数控编程中，通常把刀具假想为一个点，这个点就是刀位点。常用刀具的刀位点如图 1－23 所示。

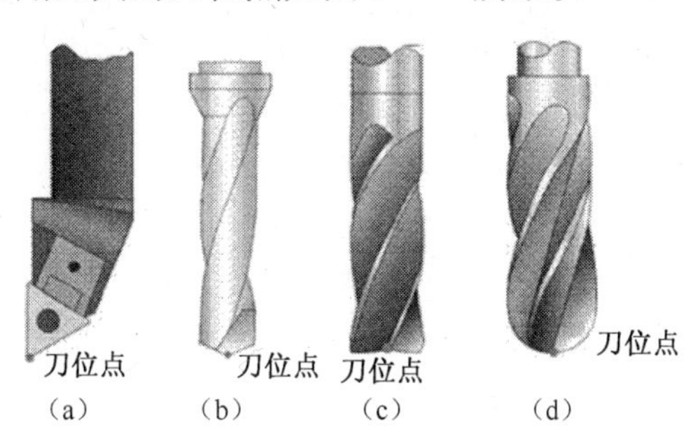

图 1－23　常用刀具的刀位点

(a)车刀；(b)钻头；(c)键槽铣刀；(d)球头铣刀。

2. 对刀点

对于数控设备来说，在加工开始时，要建立工件坐标系，即确定机床坐标系与工件坐标系的相对位置，这一相对位置是通过对刀来实现的。

对刀点是指通过对刀确定刀具与工件坐标系原点相对位置的基准点。对刀点可以设置在被加工零件上，也可以设置在夹具与零件定位基准有一定尺寸联系的某一位置，一般选择在零件的加工原点。对刀点的选择原则如下：

(1) 所选的对刀点应使程序编制简单。

(2) 对刀点应选择在容易找正、便于确定零件加工原点的位置。

(3) 对刀点应选在加工时检验方便、可靠的位置。

(4) 对刀点的选择应有利于提高加工精度。

3. 换刀点

换刀点是为加工中心、数控车床等采用多刀进行加工的机床而设置的，在加工过程中刀具回到换刀点进行自动换刀。对于手动换刀的数控铣床，也应确定相应的换刀位置。为防止换刀时碰伤零件、刀具或夹具，换刀点常设置在被加工零件的轮廓之外，并留有一定的安全量。如图 1－24 所示为数控车床换刀点示意图。

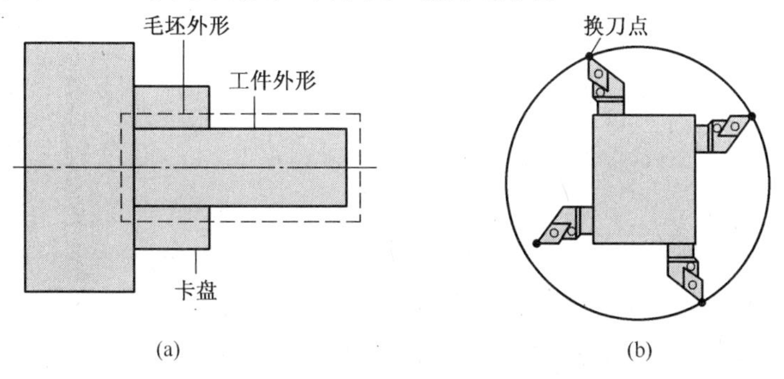

图 1－24　数控车床换刀点示意图

1.7.7 数控加工工艺文件的编写

将工艺规程的内容填入一定格式的卡片中，用于生产准备、工艺管理和指导操作者等的各种技术文件称为工艺文件。它是编制生产计划、调整劳动组织、安排物资供应、指导操作者加工操作及进行技术检验等的重要依据。

数控加工工艺文件比普通机床加工工艺文件复杂，作为编程人员在编制数控加工程序单时必须编制的技术文件，它不但是零件数控加工的依据，也是必不可少的工艺资料档案，更是操作者必须遵守、执行的规范。在实际数控加工中必须建立必要的数控加工工艺文件。目前，数控加工工艺文件尚无统一标准。下面介绍一套在实际中可行的数控加工工艺文件。

1. 编程任务书

编程任务书用来阐述工艺人员对数控加工工序的技术要求、工序说明、数控加工前加工余量，是编程人员与工艺人员协调工作、编制程序的重要依据之一，见表1-5所列。

表1-5 数控编程任务书　　　　年　月　日

<table>
<tr><td rowspan="3" colspan="2">工艺处</td><td rowspan="3" colspan="2">数控编程任务书</td><td colspan="2">产品零件图号</td><td colspan="2"></td><td colspan="2">任务书编号</td></tr>
<tr><td colspan="2">零件名称</td><td colspan="2"></td><td colspan="2">(例:18)</td></tr>
<tr><td colspan="2">使用数控设备</td><td colspan="2"></td><td colspan="2">共 页 第 页</td></tr>
<tr><td colspan="10">主要工艺说明及技术要求</td></tr>
<tr><td colspan="3">编程收到时间</td><td colspan="2">月　日</td><td colspan="3">经手人</td><td colspan="2"></td></tr>
<tr><td>编制</td><td></td><td>审核</td><td></td><td>编程</td><td></td><td>审核</td><td></td><td></td><td>批准</td></tr>
</table>

2. 数控加工工件安装和零点设定卡

数控加工工件安装和零点设定卡用以表达数控加工零件的定位方式和装夹方式，并应标明被加工零件的零点设置位置和坐标方向，以及使用的家具长度、编号等，见表1-6。

表1-6 数控加工工件安装和零点设定卡

<table>
<tr><td>零件图号</td><td></td><td rowspan="2" colspan="2">数控加工工件安装和零点设定卡</td><td>工序号</td><td></td></tr>
<tr><td>零件名称</td><td></td><td>装夹次数</td><td></td></tr>
<tr><td colspan="6"></td></tr>
<tr><td colspan="3"></td><td></td><td></td><td></td></tr>
<tr><td colspan="3"></td><td></td><td></td><td></td></tr>
<tr><td>编制日期</td><td></td><td>第　页</td><td></td><td></td><td></td></tr>
<tr><td>批准(日期)</td><td></td><td>共　页</td><td>序号</td><td>夹具名称</td><td>数量</td></tr>
</table>

3. 数控加工工序卡

数控加工工序卡与普通加工工序卡比较相同之处是，由编程人员根据被加工零件编制数控加工的工艺和作业内容;不同之处是,数控加工工序卡中还应该反映使用的夹具、刀具切削参数和切削液等。它是操作人员用数控加工程序进行数控加工的主要指导性文件。工序卡应该按照已经确定的工步顺序填写,格式见表1-7所列。

被加工零件的工步较少或工序加工内容较简单时,此工序卡也可以省略,但此时应将工序加工内容填写在数控加工工件安装和零点设定卡上。

表1-7 数控加工工序卡

<table>
<tr><td colspan="4" rowspan="2">数控加工工序卡</td><td colspan="2">工序号</td><td colspan="3">工序内容</td></tr>
<tr><td colspan="2"></td><td colspan="3"></td></tr>
<tr><td colspan="4" rowspan="2">外轮廓铣削</td><td>零件名称</td><td>材料</td><td colspan="2">夹具名称</td><td>使用设备</td></tr>
<tr><td></td><td></td><td colspan="2"></td><td></td></tr>
<tr><td>工步号</td><td>程序号</td><td>工步内容</td><td>刀具号</td><td>刀具规格</td><td>主轴转速/(r/min)</td><td>进给量/(mm/min)</td><td>背吃刀量/mm</td><td>刀具半径补偿号/补偿值</td></tr>
<tr><td></td><td></td><td></td><td></td><td></td><td></td><td></td><td></td><td></td></tr>
<tr><td></td><td></td><td></td><td></td><td></td><td></td><td></td><td></td><td></td></tr>
<tr><td>编制</td><td></td><td>审核</td><td colspan="3"></td><td colspan="2">第 页</td><td>共 页</td></tr>
</table>

4. 数控加工刀具卡

数控加工刀具卡主要反映刀具编号、刀具结构、刀杆型号、刀片型号及材料或牌号,是组装和调整数控加工刀具的依据,见表1-8。

表1-8 数控加工刀具卡

<table>
<tr><td colspan="2">零件图号</td><td></td><td colspan="4" rowspan="2">数控加工刀具卡</td><td>使用设备</td></tr>
<tr><td colspan="2">刀具名称</td><td></td><td></td></tr>
<tr><td colspan="2">刀具编号</td><td></td><td>换刀方式</td><td>自动</td><td colspan="2">程序编号</td><td></td></tr>
<tr><td></td><td>序号</td><td colspan="2">编号</td><td>刀具名称</td><td>规格</td><td>数量</td><td>备注</td></tr>
<tr><td rowspan="5">刀具组成</td><td>1</td><td colspan="2"></td><td></td><td></td><td></td><td></td></tr>
<tr><td>2</td><td colspan="2"></td><td></td><td></td><td></td><td></td></tr>
<tr><td>3</td><td colspan="2"></td><td></td><td></td><td></td><td></td></tr>
<tr><td>4</td><td colspan="2"></td><td></td><td></td><td></td><td></td></tr>
<tr><td>5</td><td colspan="2"></td><td></td><td></td><td></td><td></td></tr>
<tr><td colspan="8"></td></tr>
<tr><td colspan="2">备注</td><td colspan="6"></td></tr>
<tr><td colspan="2">编制</td><td></td><td>审核</td><td></td><td>批准</td><td></td><td>共 页 第 页</td></tr>
</table>

5. 机床刀具运行轨迹图

机床刀具运行轨迹图是编程人员进行数值计算、编制程序、审查程序和修改程序的主要依据,见表1-9。

表1-9　机床刀具运动轨迹图

<table>
<tr><td rowspan="2"></td><td rowspan="2" colspan="3">机床刀具运行轨迹图</td><td>比例</td><td>共　页</td></tr>
<tr><td></td><td>第　页</td></tr>
<tr><td>零件图号</td><td></td><td>零件名称</td><td></td><td colspan="2"></td></tr>
<tr><td>程序编号</td><td></td><td>机床型号</td><td></td><td colspan="2"></td></tr>
<tr><td>刀位号</td><td></td><td rowspan="5" colspan="4"></td></tr>
<tr><td>刀补号</td><td></td></tr>
<tr><td>刀尖半径</td><td></td></tr>
<tr><td>刀具半径补偿</td><td></td></tr>
<tr><td>刀具长度补偿</td><td></td></tr>
<tr><td>$O_1(X,Z)$</td><td rowspan="10" colspan="5"></td></tr>
<tr><td>$O_2(X,Z)$</td></tr>
<tr><td>①(X,Z)</td></tr>
<tr><td>②(X,Z)</td></tr>
<tr><td>③(X,Z)</td></tr>
<tr><td>④(X,Z)</td></tr>
<tr><td>⑤(X,Z)</td></tr>
<tr><td>⑥(X,Z)</td></tr>
<tr><td>⑦</td></tr>
<tr><td>⑧</td></tr>
<tr><td></td><td rowspan="2">备注</td><td rowspan="2" colspan="4"></td></tr>
<tr><td></td></tr>
<tr><td>编制</td><td></td><td>审核</td><td></td><td></td><td></td></tr>
</table>

6. 数控加工程序单

数控加工程序单是编程人员根据工艺分析情况，经过数值计算，按照数控机床规定的指令代码，根据运行轨迹图的数据处理而编写的。它是记录数控加工工艺过程、工艺参数、位移数据等的综合清单，用来实现数控加工，见表1-10。

表1-10　数控加工程序单

<table>
<tr><td>程序名</td><td></td><td>工序/工步号</td><td></td><td>刀具</td><td></td><td>刀具半径补偿</td><td></td></tr>
<tr><td></td><td></td><td>工步名称</td><td></td><td>装夹</td><td></td><td>刀具长度补偿</td><td></td></tr>
<tr><td colspan="3">程序</td><td colspan="5">注释</td></tr>
<tr><td colspan="3"></td><td colspan="5"></td></tr>
<tr><td colspan="3"></td><td colspan="5"></td></tr>
<tr><td colspan="3"></td><td colspan="5"></td></tr>
<tr><td>备注</td><td></td><td></td><td colspan="5"></td></tr>
<tr><td>编制</td><td></td><td>审核</td><td colspan="2"></td><td>日期</td><td colspan="2"></td></tr>
</table>

思考题

1. 试述数控设备的特点。
2. 简述数控设备的加工工艺范围。
3. 数控设备的发展趋势如何?
4. 简述数控设备的结构组成及工作原理。
5. 数控设备按照伺服系统类型、控制轨迹及工艺类型各分为哪几类?
6. 简述数控程序编制的流程及方法。
7. 简述机床原点、工件原点、机床参考点的含义与区别。
8. 简述 M02 与 M30 指令的区别。
9. 判断如图 1-25 所示四轴加工中心的坐标系。
10. 简述模态指令与非模态指令的区别。
11. 简述工艺处理的内容。

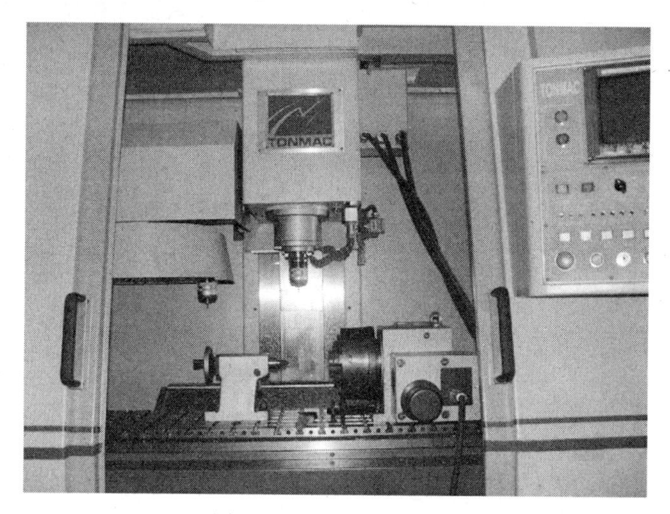

图 1-25　四轴加工中心

第2章　数控车床实习编程与操作

数控车床即用计算机数字控制的车床，也是目前使用较为广泛的数控机床之一，数控车床是将编制好的加工程序输入到数控系统中，由数控系统通过 X、Z 坐标轴方向上的伺服电动机控制车床进给部件的动作顺序、移动量和进给速度，再配以主轴的转速和转向，便能加工出各种不同的轴类或盘类回转体零件。普通卧式车床靠手工操作机床来完成各种切削加工。数控车床从原理上讲与普通车床基本相同，但由于它增加了数字控制功能，加工过程中自动化程度高，比普通车床具有更强的通用性、灵活性以及更高的加工效率和加工精度。

数控车削加工工艺的实质是，在分析零件精度和表面粗糙度的基础上，对数控车削的加工方法、装夹方式、切削加工进给路线、刀具使用以及切削用量等工艺内容进行正确与合理的选择。

本章以宝鸡机床厂数控车床 SK40P 和 FANUC Series Oi Mate - TC 数控系统为主，首先介绍数控车削的基本知识和工艺，然后将数控车床操作和编程的入门阶段、进阶阶段、提高阶段三个部分由浅入深地介绍数控车床实习过程中所要掌握的相关知识和技能。

2.1　数控车床简介

2.1.1　SK40P 数控车床结构和主要性能参数

1. 数控车床的外形及主要操作部件如图 2-1 所示。

（a）

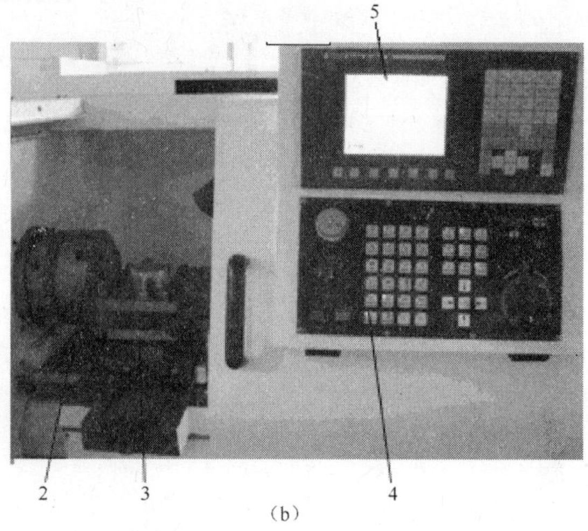

（b）

图 2-1　SK40P 数控车床外观及主要部件

1—主轴变速挡位手柄；2—三爪自定心卡盘；3—刀架；4—控制面板；5—显示器。

各部分功能如下:

(1) 主轴变速挡位手柄用于机械变速挡位(分高挡位 H、中挡位 M、低挡位 L)。

(2) 三爪自定心卡盘用于装夹工件。

(3) 刀架用于安装车刀。

(4) 显示器和 MDI 键盘区用于输出显示设备和程序输入、编辑。

(5) 控制面板用于数控车床的操作。

2. SK40P 数控车床主要性能参数和作用

SK40P 数控车床的主要性能和参数见表 2-1 所列,了解和读懂机床的性能参数,有助于了解机床性能、加工性能和加工范围,是选择机床的主要依据。

表 2-1 SK40P 数控车床的性能参数

主要性能参数	参 数 值	作 用
床身上最大回转直径/mm	ϕ400	工件最大回转直径
床鞍上最大回转直径/mm	ϕ200	工件在拖板上最大回转直径
最大切削直径/mm	ϕ400	工件可加工最大直径
最大工件长度/mm	960	工件可安装最大长度
最大切削长度/mm	820	工件可加工最大长度
主轴孔径/mm	ϕ77	通过主轴工件的最大直径
主轴转速/(r/min)	共有 3 个挡位(单位 r/min) 高速挡 H(162~1620) 中速挡 M(66~660) 低速挡 L(21~210)	加工中可设置的转速范围
主轴最大扭矩/(N·m)	800	可切削产生的最大扭矩
最大快进速度/(mm/min)	6000(X 轴),8000(Z 轴)	刀架运动的最大速度
刀架装刀容量	4	装刀数量
刀架最大截面/(mm×mm)	25×25	安装刀柄的尺寸规格
尾座套筒锥度	MT No. 5	锥柄钻头或顶尖安装规格

2.1.2 数控车床的工作原理和加工特点

数控车床的切削运动由主运动和辅助运动组成。

主运动是指工件的旋转运动,它是提供切削动力和切削可能性的运动。

辅助运动,也称进给运动,是指刀具相对工件的运动,它使连续切削成为可能。加工过程中辅助运动可能有一个或几个。

1. 数控车床的工作原理

数控车床的加工过程是:操作者将零件加工过程中的主运动、辅助运动和工艺信息编制成加工程序输入到数控装置,经过数控装置对其信息进行处理反馈,由驱动电动机带动相应的执行机构完成指定的运动,将零件加工出来的过程。

2. 数控车床的加工特点

数控车床加工适用于中小批量生产,具有如下特点:

(1) 生产效率高。

(2) 可以减轻工人劳动强度，改善劳动条件。

(3) 适用于加工复杂曲线组成的回转体零件。

(4) 对零件加工的适应性强，灵活性好。

(5) 加工精度高，质量稳定。

(6) 有利于现代化生产管理。

3. 数控车床的加工内容

数控车床可以完成回转成形面的加工（图 2-2），也可以使用成形刀具钻中心孔、钻孔、铰孔、攻内螺纹等（图 2-3）。

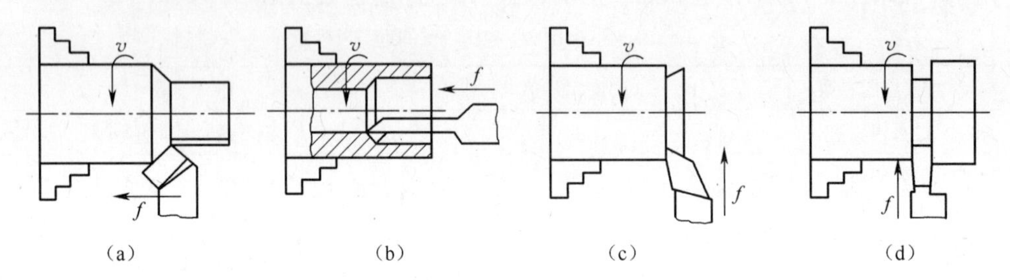

图 2-2　数控车床回转面的零件类型

(a)车外圆；(b) 镗孔；(c)车端面；(d)切槽。

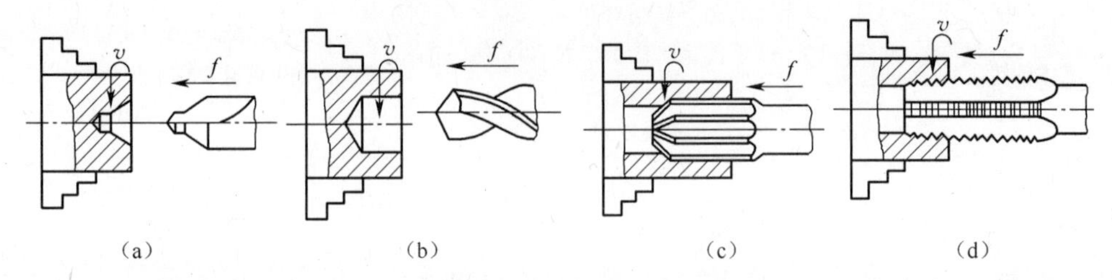

图 2-3　数控车床成形刀加工的零件类型

(a)钻中心孔；(b)钻孔；(a)铰孔；(d)攻内螺纹。

4. 数控车床的加工工艺范围

(1) 轴套类零件，长度大于直径。

(2) 轮盘类零件，直径大于长度。

(3) 其他类零件，加工其他形状零件上的圆柱或孔结构，如箱体、支架等。

2.2　数控车床的加工工艺

在一般数控车加工中，常见零件的加工流程：图纸—工艺分析—选择夹具—选择刀具—编程—上机加工。

2.2.1　分析图纸和选择机床

首先了解零件的外形和全部技术要求（包括尺寸、形位公差、表面粗糙度和其他要求），选择合理的加工方案，确定使用的机床类型。

（1）数控车床的运动关系保证加工零件表面的形成，如外圆柱、圆锥面、内孔、内外螺纹、平面等。

（2）零件的外形尺寸和加工面尺寸必须满足数控车床安装及运动的性能参数，例如，零件的回转直径和长度必须小于机床最大回转直径和长度，加工面尺寸必须在机床的加工范围内。

（3）数控机床的运动参数满足加工工艺，例如，主轴的最高、最低转速和进给速度在设定的范围内。

2.2.2 数控车床夹具的选择

1. 夹具的作用

（1）保证被加工工件的定位精度。

（2）夹紧工件以满足加工过程中承受切削力。

2. 数控车床常用夹具

1）三爪自定心卡盘

三爪自定心卡盘一般随机床附带或购买，是数控车床最常用夹具，其结构如图2－4所示。

使用时，用三爪扳手转动小锥齿轮，带动大锥齿轮转动，大锥齿轮另一个端面螺纹带动三个卡爪移动同时张开或并拢。它常用于圆柱外表面的圆周定位，具有自动定心、夹持范围大、装夹速度快等优点，适用于圆柱形（圆形棒料）、正三角形、正六方形等工件。

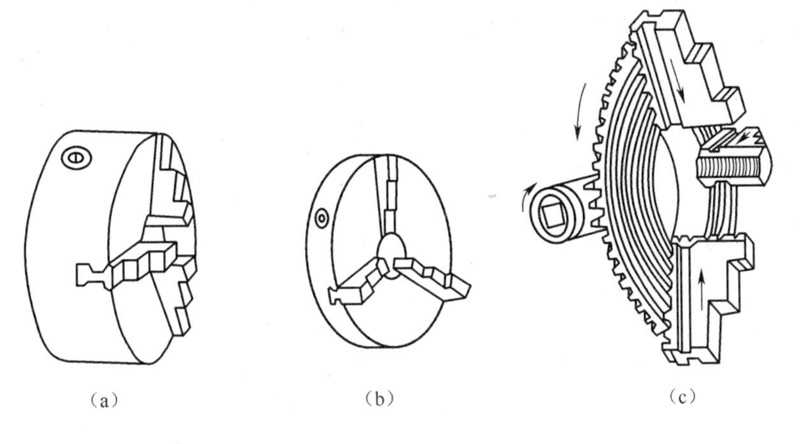

图2－4 三爪自定心卡盘
(a)外形；(b)反爪形式；(c)内部构造。

三爪自定心卡盘是圆形棒料工件常用的装夹方式。这种方式没有轴向定位，通过测量毛坯右端面到三爪端面的距离来确定轴向位置，用三爪的夹紧力限制毛坯的轴向移动。

2）四爪单动卡盘

四爪单动卡盘如图2－5(a)所示，常用于安装圆形、矩形、椭圆形等某些形状不规则的工件，工件可用划线找正（图2－5(b)）和百分表找正（图2－5(c)），找正精度高。

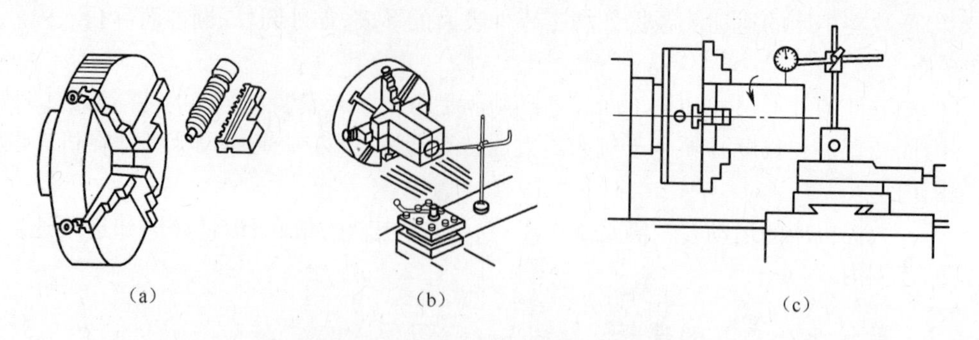

图 2-5　四爪单动卡盘及其找正

(a)四爪单动卡盘;(b)划线找正;(c)百分表找正。

2.2.3　数控车刀的选用

常用的数控车刀是机夹式可转位车刀,由刀杆、刀垫、刀片和夹固元件组成。根据刀库的安装尺寸选择刀柄的尺寸,刀片是可转换位置和可更换的。

1. 常用数控车刀

(1) 外圆车刀:外圆车刀结构及主要参数如图 2-6 所示。外圆车刀用于加工如图 2-7 所示的零件轮廓,不适宜如图 2-8 所示的零件轮廓。

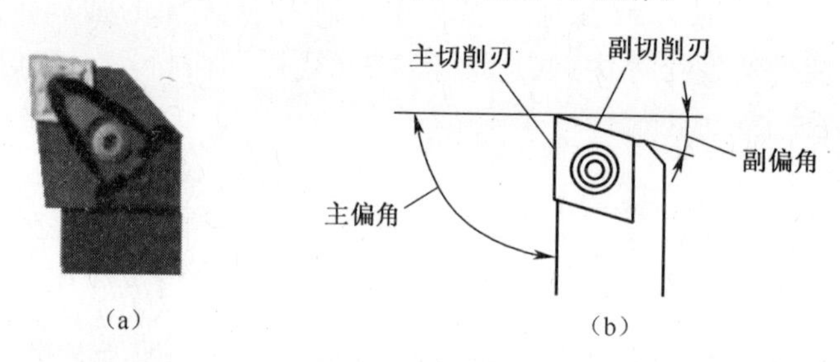

图 2-6　外圆车刀

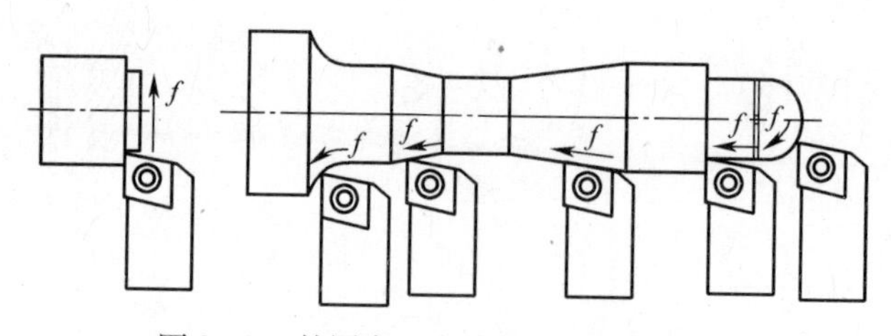

图 2-7　外圆车刀主要加工的表面类型

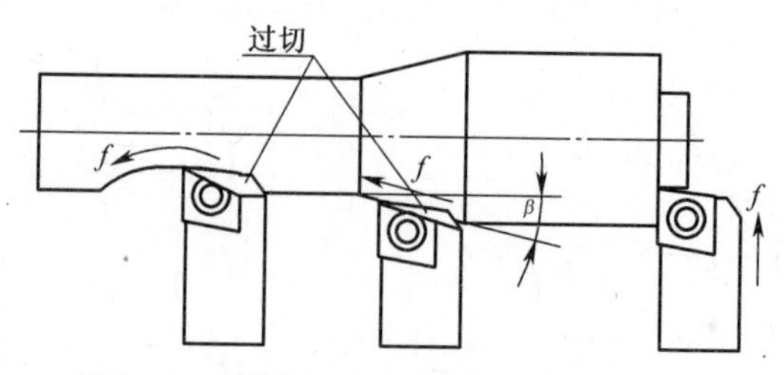

图 2-8　外圆车刀不适宜加工的表面类型

（2）切槽切断刀：以横向进给为主，纵向进给时刀杆刚度很差，用于切槽和切断工件，如图2－9所示。

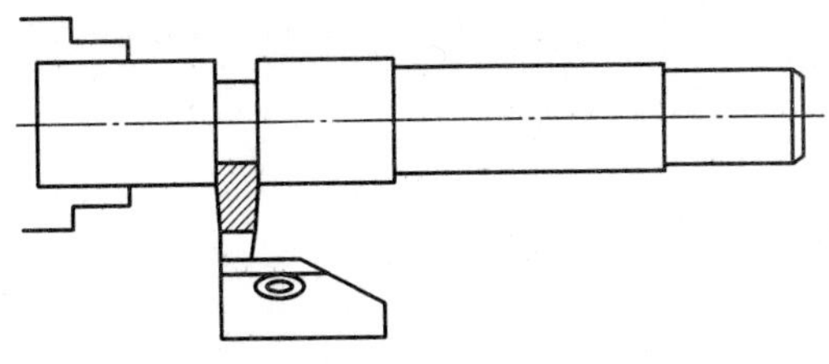

图2－9　切槽切断刀

（3）60°三角形外螺纹车刀：用于加工三角形螺纹，如图2－10所示。

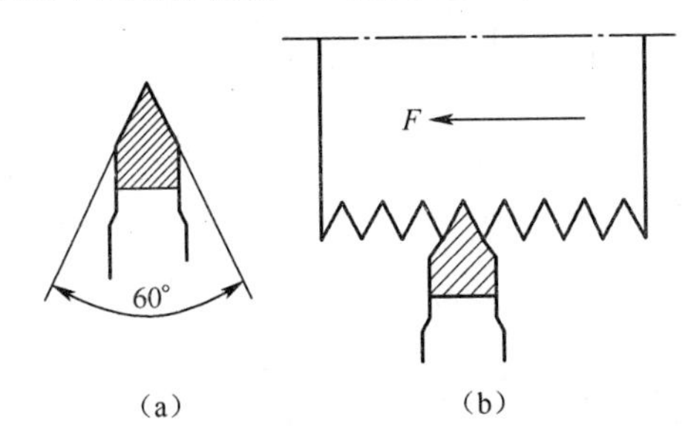

图2－10　螺纹车刀

（4）V形外圆车刀：用于加工曲面外形，特别是小半径的凹圆弧曲线，背吃刀量不能太大，多用于精车和半精车，如图2－11所示。

（5）球形刀：如图2－12所示，一般用于加工外表面，适合外形连续光滑的成形面。注意：刀具的圆弧半径要小于或等于零件外形曲线的最小曲率半径；否则，会发生干涉。

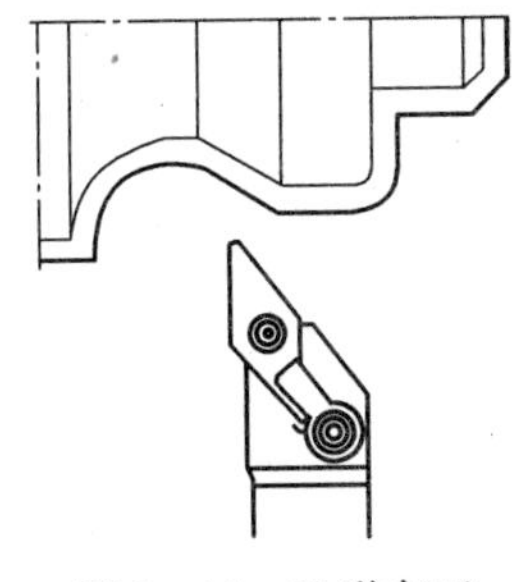

图2－11　V形车刀

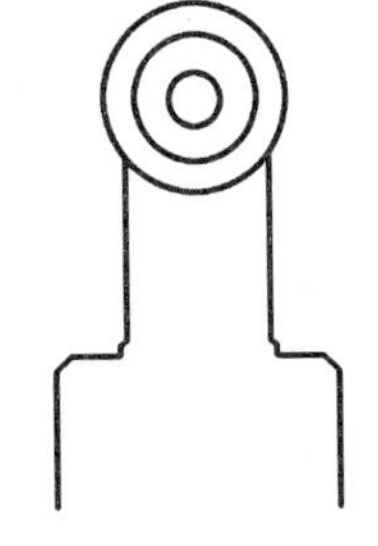

图2－12　球形刀

1）数控车床刀具选用需考虑的因素

（1）工件形状：分析工件图纸来选取刀片的形状需满足图纸外形的加工要求。

（2）工件材质：加工材料按照不同的机加工性能、硬度、塑性、韧性、可能形成的切屑类型，分成6个工件材料组，它们分别用一个字母和一种颜色对应，以确定被加工工件的材料组符号代码进行选择，见表2－2所列。

（3）毛坯类型：棒料、锻件、铸件等。

（4）工艺系统刚性：机床夹具、工件、刀具等。

（5）表面质量。

（6）加工精度。

（7）背吃刀量。

（8）进给量。

（9）刀具耐用度。

表2－2　工件材质代码

加工材料组		代码
钢	钢和合金钢，高合金钢	P（蓝）
不锈钢	奥氏体 铁素体-奥氏体	M（黄）
铸铁	可锻铸铁，灰口铸铁，球墨铸铁	K（红）
有色金属	有色金属和非金属材料	N（绿）
钛合金和耐热合金	钛，钛合金及难切削加工的高合金钢	S（棕）
高硬材料	淬硬钢，淬硬铸件和锰钢	H（白）

2）刀位点

刀位的坐标值表示刀具的位置，尖形车刀和成形车刀的刀位点通常指刀具的刀尖；圆弧形车刀的刀位点是指圆弧刃的圆心。常用车刀刀位点如图2－13所示。

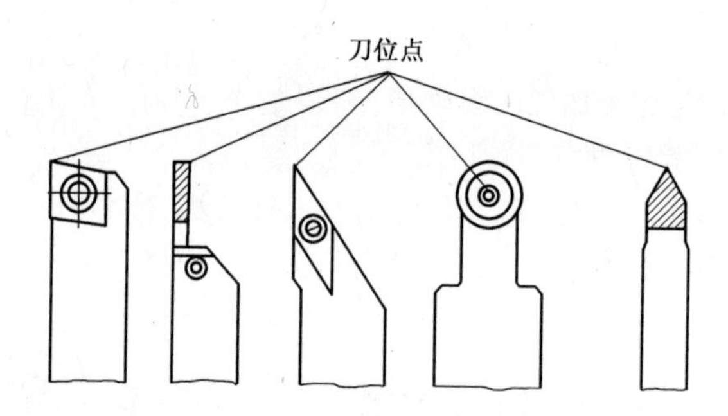

图2－13　常见车刀刀位点

3）数控车刀的安装

车刀安装在四刀位回转刀架上，车刀刀尖应与工件轴线等高，刀杆中心线应与车床主轴垂直，刀体安装在刀架上，伸出长度要合适，至少要用两个螺钉压紧在刀架上，并逐个轮流拧紧。对于刀杆尺寸与刀架安装尺寸一致的标准数控机夹刀，刀尖与工件轴线等高，刀杆靠刀架的侧面即可。

4）对刀方法

数控车削编程中，应首先确定零件的编程原点，以建立准确的工件坐标系，同时考虑刀具的不同尺寸对加工的影响，这些都需要通过对刀来解决。

（1）试切法对刀：不需要任何的辅助设备，通过每一把刀对工件的外圆和端面进行试切削，分别测量出其切削部位的直径和轴向尺寸，计算出各刀具刀尖在机床坐标系 X 轴和 Z 轴的相对位置矢量，从而确定工件坐标系的原点，是常用的一种对刀方法。试切对刀法对刀与传统车床的“试切—测量—调整”的对刀模式完全相同。

（2）自动对刀：自动对刀是通过刀尖检测系统实现的，刀尖以设定的速度向接触式传感器接近，当刀尖与传感器接触并发出信号时，数控系统立即记下该瞬间的坐标值，并自动修正刀具补偿值。

2.2.4 数控车削加工工艺路线的拟定

1. 数控车床加工顺序的安排原则

(1) 基准先行：用作基准的表面的先加工出来，以减少二次装夹的定位误差。

(2) 先粗后精：各个表面的加工顺序按照粗加工—半精加工—精加工的顺序进行。

(3) 先近后远：通常离刀架近的部位先加工，远离刀架的部位后加工，以便缩短刀具移动距离，保持工件刚度。

2. 加工路线的确定

加工路线是指数控车床加工刀具运动轨迹，它与零件的外形、质量和加工效率相关。

加工中应选用合理的切削用量，保证被加工零件质量。应有较高的效率，使加工路线最短，既减少程序段又减少空走刀。同时使数值计算简便，减少工作量。

2.2.5 数控车床编程切削用量的选用

在数控车床加工过程中每一道工序都应选择合理的切削用量，既要提高生产效率、降低生产成本又要保证产品质量。

在加工中影响切削条件的因素如下：

(1) 机床、工具、刀具和工件的刚性。

(2) 切削速度、背吃刀量和切削进给量。

(3) 工件精度和表面粗糙度。

(4) 刀具预期寿命和最大生产率。

(5) 切削液的种类和冷却方式。

(6) 工件材料的硬度和热处理状况。

(7) 工件数量。

(8) 机床的寿命。

1. 切削用量的选择原则

1) 粗加工

以提高生产效率为主，充分发挥机床潜力和刀具的切削性能，同时保证刀具耐用度。由于切削速度对刀具的耐用度影响最大，背吃刀量对刀具的耐用度影响最小。选择切削用量时应首先采用尽可能大的背吃刀量和进给量，最后根据刀具的耐用度确定合理的切削速度。

2) 精加工

应保证零件的加工质量为主，在此基础上尽量提高生产效率。首先选择合适的进给速度，在保证刀具的耐用度的情况下选用较高的切削速度。

2. 切削用量的选用

1) 背吃刀量的选择

在机床夹具、刀具、零件刚度以及机床功率允许的情况下，尽可能选择较大的背吃刀量。可根据实际经验确定或参考切削手册。一般推荐选择的粗加工背吃刀量:铝合金,小于或等于4mm;45钢,小于或等于3mm。精加工余量应根据零件精度要求选择,一般为0.1~0.5mm。

2）切削速度的确定

决定切削速度的因素很多,主要有刀具材质、工件材料、刀具寿命、背吃刀量与进给量、刀具的形状、切削液使用和机床性能。

根据零件的加工直径,并按零件和刀具材料允许的切削速度,结合实践经验参考或查切削手册选用。粗加工和难加工材料切削速度较低,精加工和易加工材料切削速度较高。

切削速度的计算:

$$v_c = \frac{3.14 \times D \times n}{1000} \tag{2-1}$$

式中:v_c 为切削速度(m/min);D 为零件待加工直径(mm);n 为主轴转速(r/min)。

切削速度确定后可根据式(2-1)确定主轴转速。

表2-3列出了外圆车削切削速度。

表2-3　外圆车削切削速度

工件材料	热处理状态	硬度/HB	硬质合金车刀			高速钢车刀
			a_p=0.3~2 f=(0.08~0.3)mm/r	a_p=2~6 f=(0.3~0.6)mm/r	a_p=2~6 f=(0.6~1)mm/r	
			切削速度 v_c/(m/min)			
低碳易切钢	热轧	143~207	140~180	100~120	70~90	25~45
中碳钢	热轧	197~255	130~160	90~110	60~80	20~30
	调制	200~250	100~130	70~90	50~70	15~25
合金结构钢	热轧	221~269	100~130	70~90	50~70	20~30
	调制	200~293	80~110	50~70	40~60	10~20
灰铸铁	—	<190	90~120	60~80	50~70	20~30
	—	190~220	80~110	50~70	40~60	15~25
铝及铝合金	—	—	300~600	200~400	150~300	100~250

3）进给量的确定

进给量f是刀具移动的速度,主运动的一个循环或单位时间内刀具或工件沿进给方向移动的距离。车削加工进给量为主轴转一圈刀具沿进给方向移动的距离。进给量有mm/r或mm/min两个单位,一般采用mm/r。

(1）粗加工时,在保证零件质量,以及工件、刀具强度和刚度许可的情况下,进给量f选择较大,f为0.2~0.4mm/r。

(2）精加工时,按表面粗糙度的要求,进给量f应选择较小,f为0.05~0.10mm/r。

(3）切断时,进给量f应选择较小,f为0.1~0.2mm/r。

2.3 基础部分

2.3.1 编程基础知识

1. 坐标系和机床部件

SK40P 数控车床参考点，各坐标系，工件、夹具、刀具、机床部件的位置关系如图2－14所示。

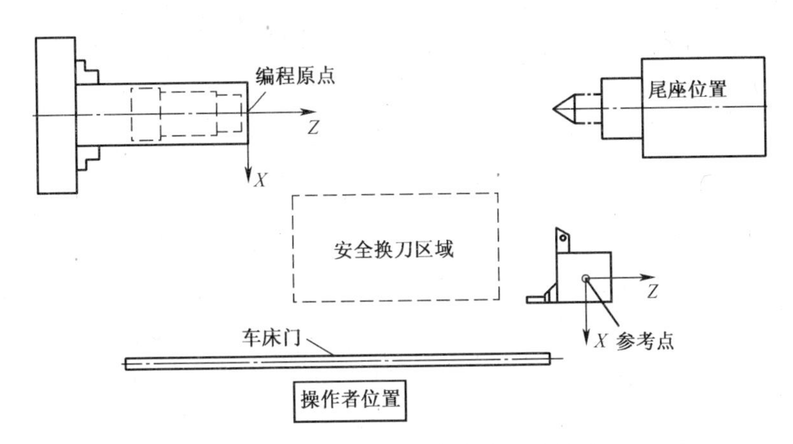

图2－14 数控车床各部件之间的关系

1）编程坐标系

编程坐标系是为方便编制加工程序和检查、计算尺寸而针对某一零件建立的坐标系。编程坐标系的原点即编程原点，是编程前人为设定的，通过对刀来实现。编程坐标系的 X 轴原点一般选在加工零件的回转中心，Z 轴原点一般选在加工零件完成后的左端面或右端面，如图 2－15 所示（图中虚线为工件，实线为毛坯）。

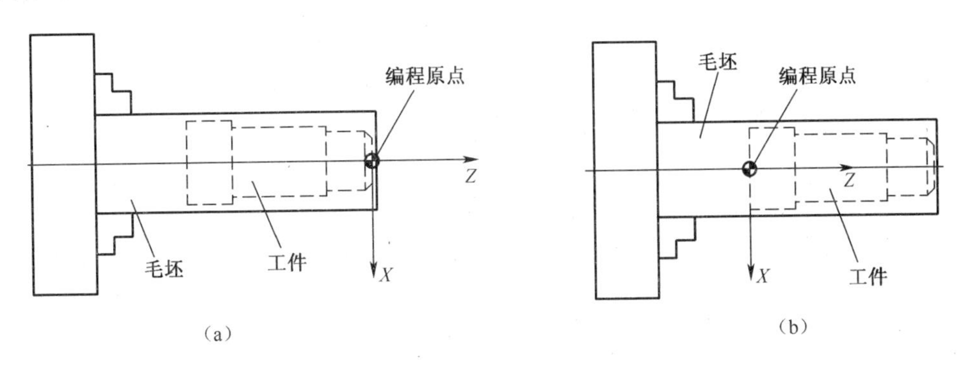

图 2－15 工件坐标系

(a)工件坐标系原点在工件右端；(b)工件坐标系原点在工件左端。

2）安全换刀区域

安全换刀区域是指换刀的安全位置（图 2－16），在该区域换刀可以防止刀架转动与工件、尾座、机床防护门相互碰撞；它常作为加工前的起刀点及加工完成后的返回点，根据不同的工件其位置有所变化。

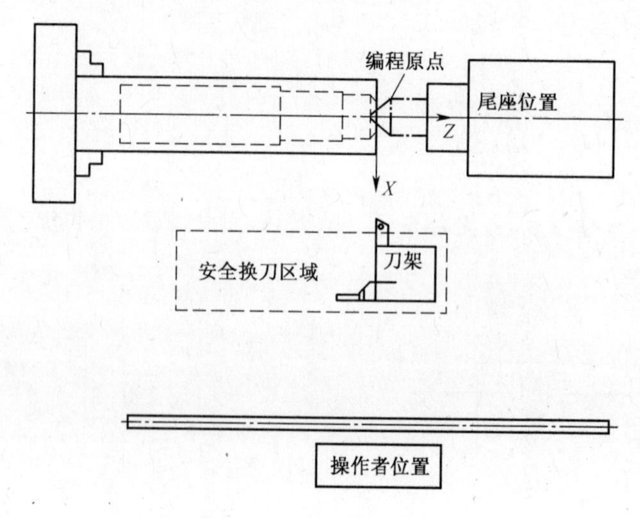

图 2-16　安全换刀区域

3）参考点

参考点由机床生产厂家设定，出厂后不能随意变动；否则，会影响机床的精度甚至不能正常运行。开机回参考点后才能运行程序。

2. 程序的结构和组成

数控加工中，为使机床运行而送到 CNC 的一组指令称为程序。每一个程序都是由程序号、程序内容和程序结束三部分组成。程序的内容则由若干程序段组成，程序段是由若干指令组成，每个指令又由字母和数字组成。即字母和数字组成指令，指令组成程序段，程序段组成程序。

程序如下：

```
O2001;                  程序号
N10 G21 G99;            程序段
N20 M43;                程序段
N30 M03 S600;           程序段
N40T0101;               程序段
N50 G00 X150 Z150;      程序段
⋮
N270 M05;               程序段
N280 M30;               程序结束
```

程序名称用于区别零件加工程序的代号，FANUC 系统程序的书写格式为 O * * * *，其中，O 为地址符，其后跟四位数字，数值从 0000 ~ 9999。O0000 是在 MDI 方式下程序默认的名称，用于运行 5 个程序段内的临时程序，不能存储。

程序内容由多个程序段组成，包含一个或多个指令，用于描述工件、刀具运动和其他辅助动作。

指令 M30 代表零件加工主程序结束，写在程序的结尾。

程序段格式如下：

N__	G___	X(U)__	Z(W)___	F___	S___	T___	M___;	
程序段号	准备功能	尺寸字功能		进给功能	主轴功能	刀具功能	辅助功能	结束标记

其中：程序段号，N 为程序段地址，其后跟若干位数字，程序段号可以由编程人员设定或数控系统自动生成。程序段号的次序可颠倒和省略，程序的执行是按照程序段存放的先后次序。程序段号仅作为"跳转"或"检索"的目标。当其省略时，不能作为"跳转"或"检索"的目标。

功能指令字，用来控制数控机床的运动和其他辅助动作。

结束标记，用";"表示，用键盘中的【EOB】输入。

3. 常用功能指令的属性

1）指令分组

指令分组即将系统中不能同时执行的 G 指令分为一组。如果同一程序段出现同组指令时，以最后输入的指令为准。例如，G00、G01、G02、G03 同为 01 组指令，如在同一个程序段中出现"G01、G00、G03、G02"这样的指令时，则只执行 G02 指令。不同组 G 指令可以在同一程序段执行。

2）模态指令

模态指令在同组其他指令没出现前，一直保持有效。

模态指令可以简化，括号内的指令可以省略。

例如：G00 X30 Z3；		G00 X30 Z3；
(G00) X26 (Z3)；	简化后程序	X26；
G01 (X26) Z-65 F0.2；	⇨	G01 Z-65 F0.2；
(G01) X30 (Z-65) (F0.2)；		X30；

3）开机默认指令

数控系统电源接通后或系统复位后默认有效的指令，允许在程序中不编写，由系统参数设定。开机后默认指令有 G00、G21、G40、G54、G97、G99 等。

2.3.2 基本编程指令

2.3.2.1 准备功能

准备功能又称 G 功能或 G 指令，用于规定机床某些动作或定义某些坐标系、平面、刀具补偿、范围等操作，由地址 G 和后面的数字组成。

1. 编程单位的设置

坐标值和尺寸可选用英制或公制编程。G20 设定为英制，G21 设定为公制。G20 或 G21 指令必须在程序设定坐标系之前，于一个单独的程序段中指定，绝对不允许在程序执行中切换 G20 和 G21。注意公英制转换后下列值的单位也要随之变更：

（1）F 指令的进给速度。

（2）位置指令。

（3）工件坐标原点。

(4) 刀具补偿值。

(5) 手摇脉冲发生器的刻度单位。

(6) 增量进给中的单位。

2. 插补功能

1) 快速定位(快速移动)指令(G00)

指令格式:G00 X(U)__ Z(W)__;

其中:X__Z__为刀具目标点的绝对坐标;

U__W__为刀具目标点相对于前一点的增量坐标。

使用 G00 指令时,刀具的运动轨迹有两种方式:一种是线性插补定位,轨迹是直线 *AC*;另一种是非线性插补定位,刀具轨迹通常不是直线,由轨迹 *AB* 和 *BC* 组成,如图2-17所示。运动轨迹可通过系统参数设定。因此,当使用 G00 指令时,要注意刀具移动的折线轨迹路径位置,避免刀具与工件和机床部件碰撞。

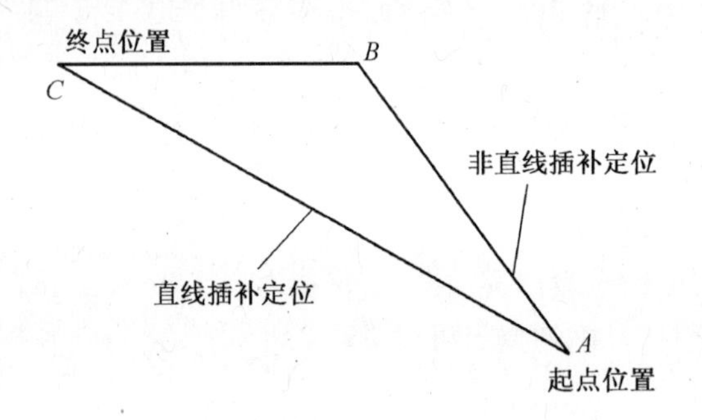

图 2-17　G00 指令刀具运动的轨迹

指令说明:G00 指令不用指定刀具移动速度,其速度由机床决定(见数控车床主要性能参数)。可以通过机床面板上的倍率开关快速倍率【F0】、【25%】、【50%】和【100%】对 G00 指令时的刀具移动速度进行调节。

2) 直线插补指令(G01)

指令格式:G01 X(U)__ Z(W)__F__;

其中:X__Z__为刀具终点绝对坐标;

U__W__为刀具目标点相对于前一点的增量坐标;

F__为刀具沿直线运动的进给量,F 设定的数值在后续程序段中一直有效,直到出现新的 F 数值为止,因此对具有相同进给量的程序段,设定一次 F 值即可。

指令说明:G01 指令是直线运动指令,刀具在 G01 指令下的运动轨迹是以连接起点和终点的一条直线插补联动方法进行移动。

例如:

(1) 车削如图 2-18 所示外圆的编程指令,要求刀具运动轨迹从 *A* 到 *B*。

绝对编程:

G01X24 Z-65 F0.2;

增量编程:

G01U0 W-68 F0.2;

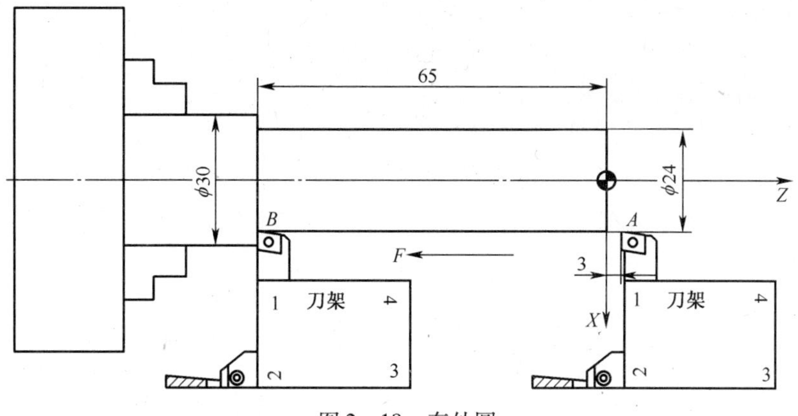

图 2-18　车外圆

（2）车削如图 2-19 所示端面的编程指令。

绝对编程：

G01 X0 Z0 F0.2；

增量编程：

G01 U-36 W0 F0.2；

（3）车削如图 2-20 所示锥面的编程指令。

绝对编程：

G01 X30 Z-30 F0.2；

增量编程：

G01 U10 W-30 F0.2；

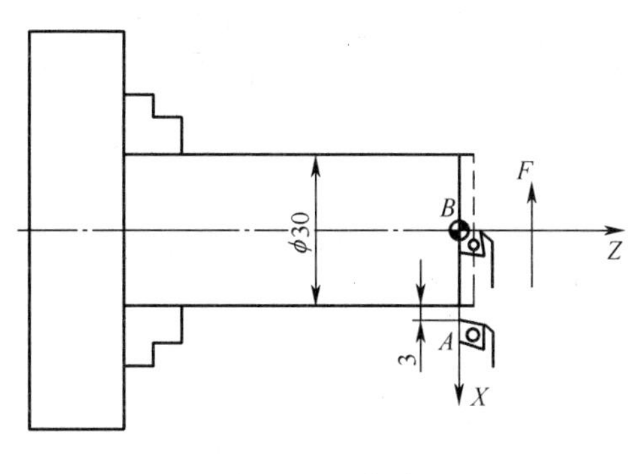

图 2-19　车端面

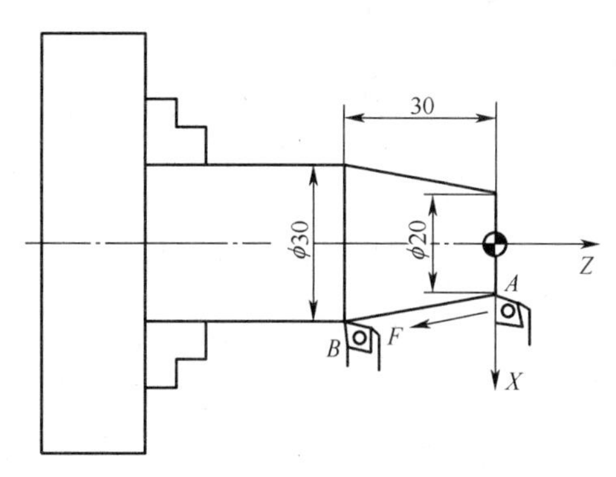

图 2-20　车锥面

（4）粗车如图 2-21 所示的圆锥有两种走刀轨迹可选：一种是平行车削法，如图 2-21（a）所示，这种方法加工路线最短，切削的背吃刀量相等，效率高，用于批量加工，但计算坐标较繁琐；另一种是终点车削法，如图 2-21（b）所示，这种方法便于计算坐标，但背吃刀量是变化的，适宜单件编程。

3）圆弧插补指令（G02，G03）

G02（G03） X（U）__ Z（W）__ R__ F__；

G02（G03） X（U）__ Z（W）__ I__ K__F__；

其中：X__ Z __ 为圆弧的终点绝对坐标值；

U__ W__为圆弧的终点相对于圆弧起点的增量值；

I__K__为圆弧圆心相对于圆弧起点的增量坐标，其中 I 为半径值；

R__为圆弧半径的绝对值；

F__为沿圆弧的进给量。

指令说明：圆弧的插补方向，*XOZ* 平面的"顺时针"（G02）和"逆时针"（G03）是在直角坐标系中从 *Y* 坐标的正到负方向来观察圆弧而定义的，如图 2－22 所示。

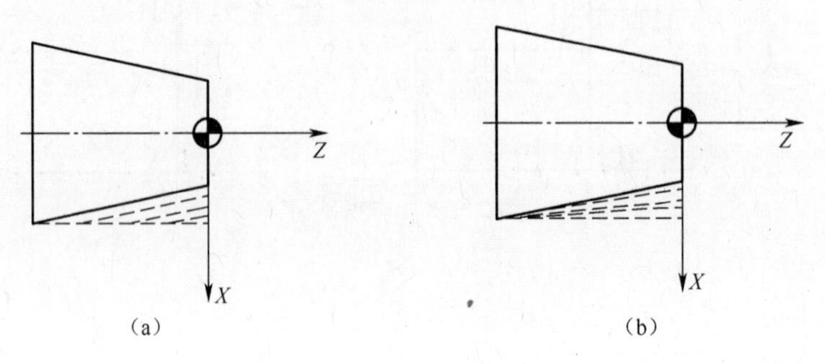

图 2－21　圆锥粗车走刀路线

(a)平行车削法；(b)终点车削法。

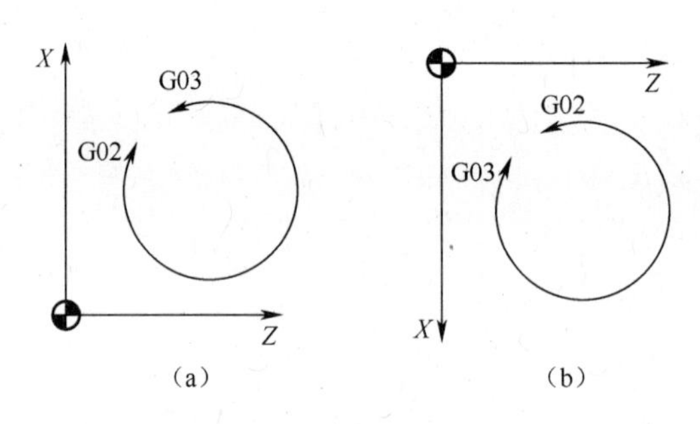

图 2－22　圆弧的插补方向示意图

(a)后置刀架；(b)前置刀架

在数控车床加工中：一般圆弧的圆心角 *R* 必须小于 180°，此时程序中半径 *R* 选正值；若圆弧的圆心角 *R* 大于或等于 180°则分段进行编程。

例如：

(1) 车削如图 2－23 所示的圆弧，刀具从 *A* 到 *B* 顺时针运动。

G02 X30 Z－30 R10 F0.1；

或

G02 X30 Z－30 I10 K0 F0.1；

车削如图 2－24 所示的圆弧，刀具从 *A* 到 *B* 逆时针运动。

G03 X30 Z－15 R15 F0.1；

或

G03 X30 Z－15 I0 K－15 F0.1；

(2) 圆弧粗车加工方法，图 2－25 为常用圆弧粗车加工方法。

图 2－25(a)为圆锥法，加工效率高，编程计算繁琐；图 2－25(b)为移圆法，编程计算简便；图 2－25(c)为同心圆法，空行程多。

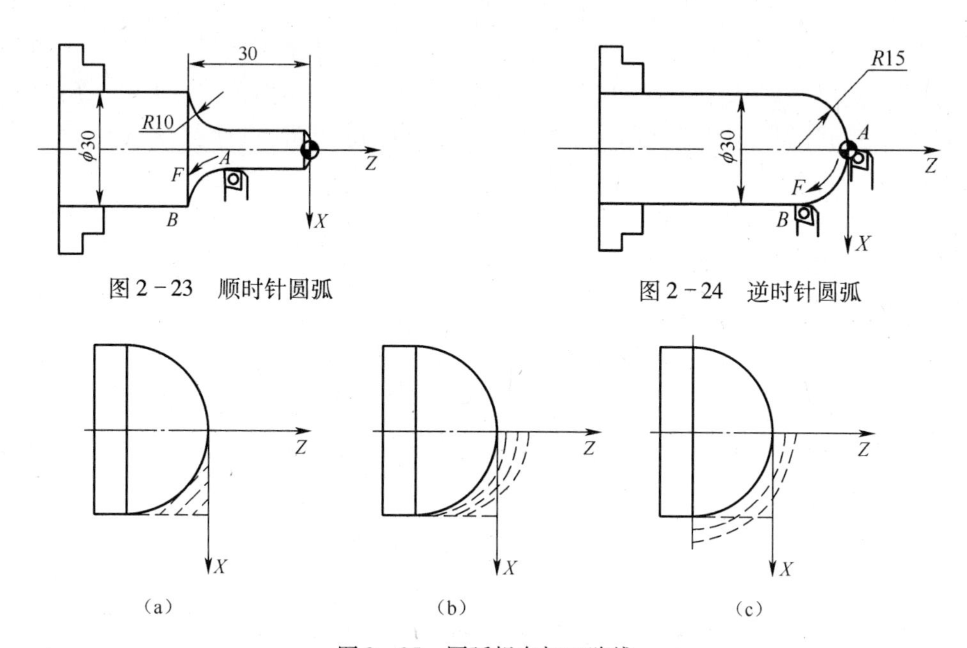

图 2-23　顺时针圆弧

图 2-24　逆时针圆弧

图 2-25　圆弧粗车加工路线

(a)圆锥法;(b)移圆法;(c)同心圆法

3. 暂停指令(G04)

G04 X__;或 G04 P__;

指令格式:

其中:X__指定时间,允许使用小数点;

P__指定时间,不允许使用小数点,P 后面的数字为整数,单位是 ms。

该指令可以使刀具做短时间的无进给光整加工,一般在车槽、钻镗孔时使用。例如,在车削环槽时,用暂停指令 G04 可以使工件空转几秒,光整槽底表面,空转 1.5s 时其程序段为 G04 X1.5 或 G04 P1500。

2.3.2.2　辅助功能

辅助功能也称 M 功能或 M 指令,由地址 M 和后面的两位数组成。它主要控制机床或系统的开、关等指令,如主轴正/反转、开/停冷却泵、程序的结束等。由于数控系统及生产厂家的不同,其 M 指令的功能也不尽相同。因此,操作者在进行数控编程时,应按照机床说明书的规定进行。

M 代码指定的功能见表 2-4 所列。

表 2-4　M 代码指定的功能

M 代码	功　能	M 代码	功　能
M00	程序暂停	M09	切削液关
M01	程序选择停止	M30	程序结束循环
M02	程序结束停止	M41	主轴低挡速度
M03	主轴正转启动	M42	主轴中挡速度
M04	主轴反转启动	M43	主轴高挡速度
M05	主轴停止	M98	子程序调用
M08	切削液开	M99	子程序返回

1）程序暂停指令（M00）

执行 M00 后，机床所有的动作均暂停，可进行某种手工操作，例如用卡尺校核工件尺寸。完成所需手工操作后，重新按下【循环启动】按钮，机床会继续执行后面的指令。

2）程序选择停止指令（M01）

M01 的执行过程和 M00 类似，不同的是，只有按下机床控制面板上的【选择停】开关后，该指令才有效；否则机床会跳过该指令，直接执行后面的程序。

3）主轴功能

M03：主轴正转（对于 SK400P，从尾座方向看主轴，为逆时针旋转）

M04：主轴反转（对于 SK400P，从尾座方向看主轴，为顺时针旋转）

M05：主轴停止

4）M30（M02）程序结束

执行 M30 后，机床显示屏上的执行光标返回程序起始段，为加工下一个工件做好准备。

执行 M02 后，机床显示屏上的执行光标停在程序末尾，不返回起始段。

5）主轴变速挡位

主轴变速挡位是数控机床 SK40P 生产厂家规定的。其主轴变速系统是机械变速+调频电机。

M41：主轴低挡转速，转速范围为 21 ~ 210r/min；

M42：主轴中挡转速，转速范围为 66 ~ 660r/min；

M43：主轴高挡转速，转速范围为 162 ~ 1620r/min。

6）切削液开、关

M08：切削液开；

M09：切削液关。

2.3.2.3　坐标功能（尺寸功能）

坐标功能用来设定机床各坐标的位移量，表示刀具或某基点的位置。

X__Z__为绝对坐标编程；

U__W__为相对坐标编程；

I__K__为圆心坐标点增量位置尺寸。

如图 2－26 所示刀具从 A 点到 B 点时，B 点绝对坐标为（X28，Z－30）、增量坐标为（U8，W－30）。

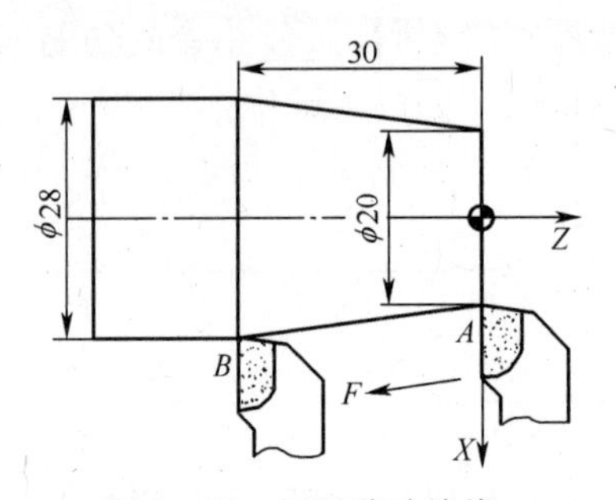

图 2－26　刀具移动路线

编程数值的小数表示数值可以用小数点输入，如距离、时间和速度的输入，X 、Z 、U、W、I、K、R 和 F 地址可用小数点。

输入小数点时有两种表示法：一种是计算器型表示法，若数值不带小数点，其单位默认为 mm（公制）；另一种是标准型表示法，若数值不带小数点，其单位为最小输入增量（SKP40 的最小输入增量单位 0.001mm）。编程中具体选择哪种表示法可由系统参数确定。带小数点和不带小数点的值可在一个程序中指定，见表 2－5 所列。

表 2-5 小数点类型表示法

程序指令	计算器型小数点编程	标准型小数点编程
X30	30mm	0.03mm
X30.0	30mm	30mm

由表 2-5 可以看出,在数控编程时,为保证编程的正确性最好不要省略小数点的输入。

2.3.2.4 刀具功能

刀具功能是指系统进行选刀或换刀的功能,也称 T 功能。用 T 后面跟 4 位数,前 2 位是刀具号,后 2 位是指刀具的偏置号。刀具的偏置包括刀具几何偏置补偿、刀具磨损补偿及刀尖圆弧半径补偿。如 T0204,其中,02 表示选用刀架 2 号位刀具,04 表示选用 04 刀具的偏置号。

2.3.2.5 进给功能

进给功能指刀具的运动速度,也称 F 功能。F 后跟数字。进给速度的单位有如下两种:

(1) 每分钟进给,速度单位为 mm/min,用 G98 来指定。

(2) 每转进给,用主轴每转来指定进给速度,单位为 mm/r,用 G99 来指定。

2.3.2.6 主轴功能

主轴功能是用来控制主轴转速的功能。由 S 和其后缀数字组成。

(1) 主轴转速 S:单位为 r/min,用准备功能 G97 来指定,其值大于 0,开机后默认 G97 有效。

(2) 恒表面切削速度 v_c:用准备功能 G96 来指定,为执行恒表面切削速度,必须设定工件坐标系,工件的回转轴与 Z 轴重合,单位为 m/min。

2.3.3 综合实例

例 2-1 加工如图 2-27 所示销轴,材料为铝合金 6061,毛坯为 ϕ28。

1. 工件的装夹

用三爪自定心卡盘,毛坯右端面距离三爪端面 40mm。工件坐标系选择工件右端面的中心,原点距离三爪端面 39mm,如图 2-28 所示。

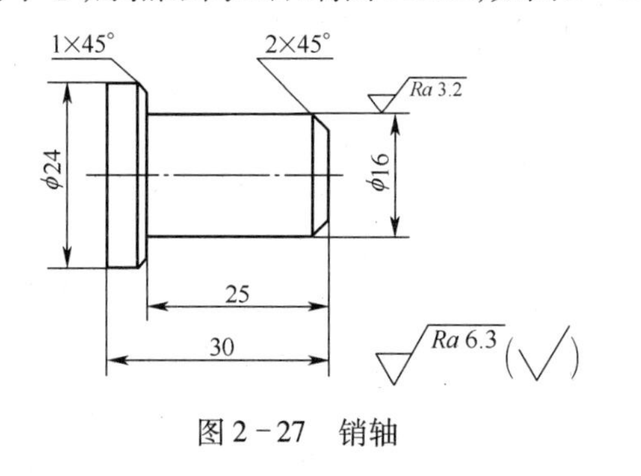

图 2-27 销轴

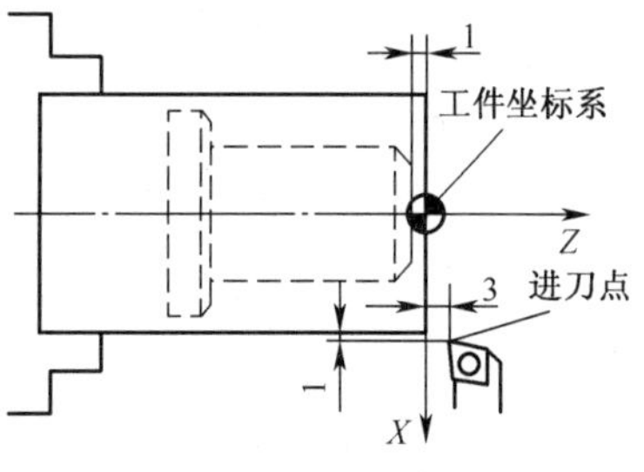

图 2-28 工件的装夹位置图

2. 刀具的选择

(1) 1 号车刀:端面和外圆采用 90°硬质合金机夹车刀,作为 T01。

(2) 2 号车刀:切断采用切槽切断刀,刀宽 4mm,作为 T02。

3. 加工顺序和切削用量

加工时采用分层切削,先粗加工后精加工。粗加工时背吃刀量为 2mm,精加工余量为 0.5mm,见表 2-6 所列。

表 2-6 加工顺序和切削用量

序号	工序	刀具号	主轴转速 /(r/min)	背吃刀量 /(mm)	进给量 /(mm/r)
1	精车端面	T0101	1000	1	0.1
2	粗车 $\phi 25\times35$	T0101	600	1.5	0.3
3	粗车 $\phi 17\times25$	T0101	600	2	0.3
4	精车倒角 2×45°	T0101	1000		0.1
5	精车 $\phi 16\times25$	T0101	1000	0.5	0.1
6	精车倒角 1×45°	T0101	1000		0.1
7	精车 $\phi 24\times35$	T0101	1000	0.5	0.1
8	切断长度 30.5mm	T0202	600	4	0.1
9	切断后精车左端面(省略)				

4. 加工参考程序

加工参考程序如下:

程序段号	FANUC0i TC 程序	简化程序	程序说明
	O0001;	O0001;	
N10	G21 G99;	G21 G99;	公制,进给 mm/r
N20	M43;	M43;	高挡位
N30	M03S1000;	M03S1000;	主轴正转,转速 600r/min
N40	T0101;	T0101;	选 90°车刀 1 号刀补
N50	G00 X150 Z150;	G00 X150 Z150;	换刀点
N60	G00 X30 Z2;	X30 Z2;	快速定位,车削起刀点
N70	G00 Z0 ;	Z0	
N80	G01 X0 Z0 F0.1;	G01 X0 F0.1;	精车端面
N90	G00 X25 Z2 S600;	G00X25 Z2 S600;	
N100	G01 X25 Z-35 F0.3;	G01 Z-35 F0.3;	粗车 $\phi 25\times35$ 并退刀
N110	G01 X30 Z-35 F0.3;	X30;	
N120	G00 X30 Z2;	G00 Z2;	
N130	G00 X21;	X21;	
N140	G01 X21 Z-25 F0.3;	G01 Z-25;	
N150	G01 X26 Z-25 F0.3;	X26;	
N160	G00 X26 Z2;	G00 Z2;	粗车 $\phi 17\times25$,分两次加工
N170	G00 X17 Z2;	X17;	
N180	G01 X17 Z-25 F0.3;	G01 Z-25;	
N190	G01 X22 Z-25 F0.3;	X22;	
N210	G00 X22 Z0;	G00 Z0;	

N220	S1000;	S1000;	主轴转速 1000r/min
N230	G01 X12 Z0;	G01X12;	
N240	G01X16 Z-2 F0.1;	G01 X16 Z-2 F0.1;	精车倒角 2×45
N250	G01X16 Z-25 F0.1;	Z-25;	精车 ϕ16×25
N260	G01X22 Z-25 F0.1;	X22;	
N270	G01X24 Z-26 F0.1;	X24 Z-26;	精车倒角 1×45°
N280	G01X24 Z-35 F0.1;	Z-35;	精车 ϕ24×35
N290	G01X30 Z-35 F0.1;	X30;	
N300	G00 X150 Z150;	G00 X150 Z150;	刀架返回到换刀点
N310	T0202;	T0202;	换切槽刀
N320	S600;	S600;	主轴转速 600r/min
N330	G00X30 Z-34.5;	X30 Z-34.5;	定位到切断点
N340	G01X0 Z-34.5 F0.1;	G01 X0;	切断工件长 30.5mm
N350	G00 X150 Z150;	G00 X150 Z150;	安全退刀
N360	M05;	M05;	主轴停
N370	M02;	M02;	程序结束

2.3.4 数控车床操作面板

SK40P 数控车床控制面板如图 2-29 所示。本节以 FANUC 0i-TC 系统 SK40P 数控车床为例介绍基本操作。

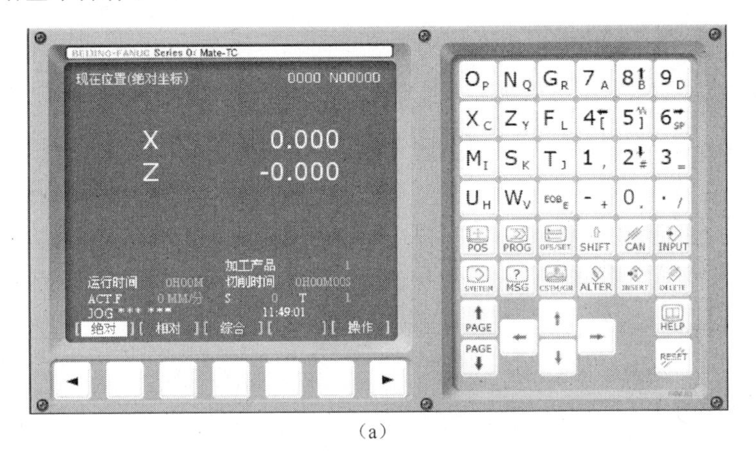

(a)

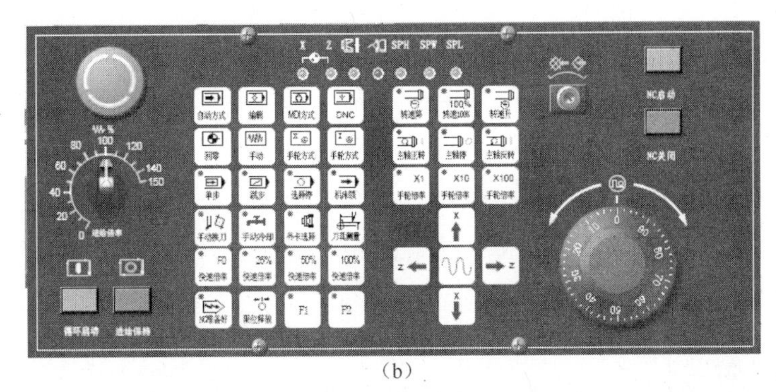

(b)

图 2-29 数控车床操作面板

操作按钮名称、功能及使用方法见表2-7。

表2-7 数控车床控制面板各按钮功能及使用方法

按 钮	名 称	使 用 方 法
NC启动	NC启动按钮	在电柜右侧主电源闭合后，按钮该钮，就可启动NC系统电源
NC关闭	NC关闭按钮	机床停止工作后，按下该钮，就可关闭NC系统电源
	急停按钮	机床在手动或自动操作方式时，发生紧急情况时按下此按钮机床立刻停止运转
循环启动	循环启动按钮	在自动或MDI操作方式下，按下此按钮，按钮灯亮，程序开始执行
进给保持	进给保持按钮	在自动或MDI方式下，按下此按钮，按钮灯亮，机床停止移动。当再一次按循环启动时，进给保持被解除，其灯灭，程序继续执行
0 20 40 60 80 100 120 140 150	进给倍率波段开关	程序自动运行期间，用来手动调节进给量的大小，机床最终执行的倍率为程序中设定的倍率和此开关所选的百分比的乘积。倍率变化间隔10%，0%～150%，共16挡
	手摇脉冲发生器	在手轮X（或手轮Z）方式下，可沿X轴（或Z轴）移动坐标轴
×1 手轮倍率 ×10 手轮倍率 ×100 手轮倍率	手摇修调倍率按钮（手轮倍率）	用手摇脉冲发生器可进行微进给。方式开关旋到【手轮方式】位置时，当在手摇进给期间，手轮旋转一步（一个格），刀具在相应方向的移动量，共有三种选择：1μm（×1）、10μm（×10）、100μm（×100）
F0 快速倍率 25% 快速倍率 50% 快速倍率 100% 快速倍率	快速倍率按钮	选择刀具移动的快慢

4）循环启动按钮

在自动或 MDI 操作方式下，按下【循环启动】按钮，【循环启动】按钮灯亮，程序开始执行。

5）进给保持按钮

在自动或 MDI 方式下，按下【进给保持】按钮，【进给保持】按钮灯亮，机床停止移动。当再一次按循环启动时，进给保持被解除，其灯灭，程序继续执行。但对螺纹指令无效，需待其执行完才会停止。

6）进给倍率波段开关

程序自动运行期间，用来手动调解进给量的大小，机床最终执行的倍率为程序中设定的倍率和此开关所送的百分比相乘积。倍率变化间隔 10%，为 0% ~150%，共 16 档。

7）手摇脉冲发生器

在手轮 X（或手轮 Z）方式下，可沿 *X* 轴（或 *Z* 轴）移动坐标轴。

8）手摇修调倍率按钮（手轮倍率）

用手摇脉冲发生器可进行微进给。方式开关旋到【手轮方式】位置时，作为手摇进给期间，手轮旋转一步（一个格），刀具在相应方向的移动量，共有 1μm（×1）、10μm（×10）、100μm（×100）三种选择。

注意：输入系统移动量/脉冲（×1）0.001mm（公制）或 0.0001in（英制）；直径编程时，*X* 轴实际移动量为 0.0005mm 或 0.00005in；如果以大于 5r/s 的转速转动手柄，会出现机床移动量和手柄转动量不同步的现象。

9）快速倍率按钮

快速进给的速度见表 2-8 所列。

表 2-8　快速进给的速度

开关位置	*X* 轴方向速度/（mm/min）	*Z* 轴方向速度/（mm/min）
F0	400	400
25%	1500	3000
50%	3000	6000
100%	6000	12000

10）程序保护

自动运行过程中，此开关可用来保护程序不丢失。当此开关位于左边位置时，程序既不能输入也不能修改。

11）方式选择按钮

机床共有 7 种操作方式可被选择，见表 2-9 所列。

当按下任一方式按钮后，其上指示灯亮，该方式选通一直有效，直到其他方式选择按钮被选通。

表 2-9　方式选择按钮

方　式	功　　能	按　钮
编辑	将程序存入存储器 对程序进行修改、增加或删除	编辑

（续）

方　式		功　　能	按　钮
自动方式		执行存储器里的程序 可执行程序号搜索	自动方式
MDI		通过 MDI 可进行手动数据输入	MDI 方式
手轮	*X*	可进行 *X* 轴手轮进给	X 手轮方式
	Z	可进行 *Z* 轴手轮进给	Z 手轮方式
手动		可进行手动进给	手动方式
回零		可进行手动返回参考点	回零方式

12）冷却泵启停开关【手动冷却】

设置方式选择开关处于手动方式或手轮方式位置；按下【手动冷却】按钮，其上指示灯亮，冷却泵开始运转。如果再按一下【手动冷却】按钮即关闭切削液，同时指示灯熄灭。

如果是 MDI 或自动运行方式，需要用辅助代码 M 操作：M08；切削液开；M09；切削液关。

13）选择停按钮

在自动或 MDI 状态下，按下【选择停】按钮，指示灯亮。

若程序中有 M01，NC 执行 M01 后停止。若要继续执行下面的程序，按【循环启动】按钮即可。

14）程序段跳按钮

在自动状态下，按下【程序段跳】按钮，指示灯亮，若程序执行到有反斜杠“/”的程序段时，NC 自动跳过该段而执行下一个没有反斜杠的程序段。

注意：跳过的信息（字或程序段）不存入寄存器，但当整个程序段被跳转时此程序段就被存入寄存器，此功能在自动方式下使用。

15）机床锁按钮

按下【机床锁】按钮，指示灯变亮，机床停止移动，但坐标显示继续随着程序或手动的执行而变化，此功能一般用来检查程序正确与否。

注意：此功能只对移动指令有效，而对 M、S、T 命令无效。

当【机床锁】有效时，空运行功能也有效。即机床锁住后系统是以空运行的速度执行程序。

空运行是机床以进给倍率的最大速度移动，而程序中的 F 指令无效。

机床锁定功能使用完后必须重新回参考点，否则会有刀架与机床碰撞的危险。

16）单段按钮

在自动状态下，按下【单段】按钮，指示灯亮，正在执行的程序段结束后，程序停止执行，当需要继续执行下一段程序时，请按循环启动按钮（每按一次，程序就自动往下执行一段），若放开【单段】按钮，程序就会自动连续执行。

注意：当执行G32或G92螺纹切削时，即使【单段】开关打开，进给也不能在当前位置停止。如果停止，主轴还会继续旋转，易导致部分丝扣和刀尖相碰。因此，当螺纹切削结束后，下一个非螺纹切削程序执行时，进给才停止。

17）主轴正转按钮

指定主轴转速后；在手动方式，按【主轴正转】按钮，按钮灯亮，主轴正转。

18）主轴反转按钮

指定主轴转速后，在手动方式，按【主轴反转】按钮，按钮灯亮，主轴反转。

19）主轴停按钮

在手动方式，按【主轴停】按钮，按钮灯亮，主轴停止。

20）手动换刀

将设置方式选择开关换到手动、手轮、回零位置；若点按【手动换刀】按钮一次，刀架自动换到下一个刀位；若直接按住【手动换刀】按钮不放，刀架将连续转动。直到放开【换刀】按钮后，刀架将换到当前刀位。

21）主轴倍率按钮

当按下【转速100%】按钮，指示灯亮时，主轴以程序指定转速运行。

每按一下【转速升】按钮，主轴转速递增10%，最高到120%；

每按一下【转速降】按钮，主轴转速递减10%，最低到50%。

22）限位释放开关按钮

机床移动中，当发生超程报警时，即硬限位开关动作时，屏幕显示“NOT READY”，这时可以在手动方式下，按住按钮不放，同时按住反方向的按钮，将机床移到行程极限内，机床退出限位，使报警系统解除。

23）*X*正方向点动按钮。

手动方式下，用于*X*轴的正方向移动。

24）*X*负方向点动按钮。

手动方式下，用于*X*轴的负方向移动。

25）*Z*正方向点动按钮。

手动方式下，用于*Z*轴的正方向移动。

26）*Z*负方向点动按钮。

手动方式下，用于*Z*轴的负方向移动。

27）快速移动按钮

同时按住快速移动按钮及*X*、*Z*轴正或负方向点动按钮，机床将向所选的方向快速移动。

28）主轴高挡灯SPH、中挡灯SPM、低挡灯SPL

执行M43、M42、M41，则相应的指示灯亮。

29）刀具测量按钮

此按钮用来测量和输入工件坐标系的位移量及刀偏值。

2. MDI 键盘功能输入面板如图 2－30 所示，介绍见表 2－10 所列。

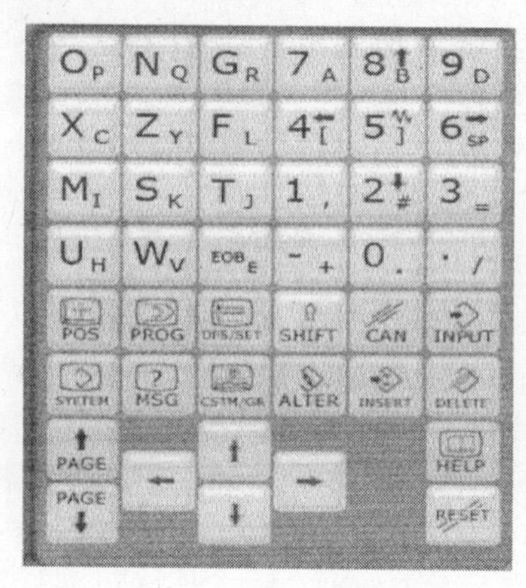

图 2－30　MDI 键盘功能操作面板

表 2－10　MDI 键盘功能

名称	功能键图例	功　　能
字母键	OP NQ 等	用于 X、Z、、I、K、R、O 等字母的输入
数字键	7A 8B 等	用于数字 0～9 的输入
运算键	- +	运算符+、-、*、/等的输入
程序段结束	EOB E	用于程序段结束符“;”的输入
位置显示	POS	用于显示刀具的坐标位置
程序显示	PROG	用于显示“EDIT”模式下存储器的程序；在“MDI”模式下输入及显示 MDI 数据；在“AUTO”模式下显示程序指令值
刀具设置	OFS/SET	用于设定并显示刀具补偿值、工件坐标系、宏程序变量
系统	SYETEM	系统参数的显示
报警信号键	MSG	显示 NC 报警信息和记录
图形显示	CSTM/GR	显示刀具轨迹图形

(续)

名称	功能键图例	功　　能
上挡键	SHIFT	上挡键功能
字符取消键	CAN	取消最后一个输入的字符或符号
参数输入键	INPUT	参数和补偿值的输入
替代键	ALTER	程序编辑过程中程序字的替代
插入键	INSERT	程序编辑过程中程序字的插入
删除键	DELETE	删除程序字、程序段及整个程序
复位键	RESET	使 CNC 复位,用以消除警报等
向前翻页键	↑ PAGE	向程序开始的方向翻页
向后翻页键	PAGE ↓	向程序结束的方向翻页
光标移动键	↑ ← → ↓	使光标上下或左右移动

2.3.5 数控车床的基本操作

1. 电源的接通开机

(1) 将电柜门侧面的钥匙打到解锁状态,空气开关扳到“ON”状态,此时电柜侧面内的风扇运转,工作灯亮。

(2) 按下机床操作面板上的绿色【NC 启动】按钮系统上电启动。

开电源后观察屏幕画面信息是否正常,若系统无报警信息,则系统正常工作。若出现 NO. 2012　SERVO NOT READY 画面,按【NC 准备好】键,完成开机操作。

关电源与开电源次序相反。

2. 手动返回参考点

返回参考点前,应确定刀架在参考点正方向 100mm 以上的距离,否则需手动移动刀架到上述区域。按【回零方式】键后松开,紧接着按【+X】键后松开,再按【+Z】键后松开。刀架到达参考点后,参考点指示灯亮。

3. 主轴的操作

1）主轴换挡

选择主轴变速挡位，分为三挡：

主轴高挡位　主轴转速为162～1620r/min（执行M43），高挡灯（SPH灯）亮。

主轴中挡位　主轴转速为66～660r/min（执行M42），中挡灯（SPM灯）亮。

主轴低挡位　主轴转速为21～210r/min（执行M41），低挡灯（SPL灯）亮。

换挡时，先停止主轴转动，采用手动机械换挡，换挡时与主轴点动按钮配合使用以确保换挡完全到位。

2）主轴的转动

MDI方式下的主轴转动（变换主轴变速挡位为高挡位）

（1）按【MDI方式】键+按【PROG】键，屏幕上方出现“O0000”。

（2）按【EOB】+【INSERT】（EOB键表示分号“;”）。

（3）输入“N10 M43”+【EOB】+【INSERT】（输高挡位）。

（4）输入“N20 M03 S600”+【EOB】+【INSERT】（以600r/min正转启动主轴）。

（5）用⬆键将光标放在“O0000”处。

（6）按【循环启动】后主轴正转，转速为600r/min。

4. 建立一个新程序

（1）按【编辑方式】按钮。

（2）按下【PROG】键。

（3）输入程序号“O＊＊＊＊”按【INSERT】键，完成新程序建立。

（4）按【EOB】+【INSERT】键后出现程序号N10后，即可输入程序，在输入一个程序段后按【EOB】+【INSERT】键，下一个程序段号出现，可以继续输入。

5. 调用内存中存储的程序（程序的检索）

（1）按【编辑方式】按钮。

（2）按下【PROG】键。

（3）输入程序号“O＊＊＊＊”，按【O搜索】键，即可完成程序的调用。

6. 程序段的操作

1）删除程序段

（1）选择编辑程序，按【编辑方式】按钮。

（2）用光标键⬇或⬆键检索或扫描到要删除的程序段“N＊＊＊＊”处。

（3）按下【DELETE】键即将光标所在的程序段删除。

2）程序段的检索

（1）选择编辑程序，按【编辑方式】按钮。

（2）输入地址N及要检索的程序段号，用光标键⬇或⬆键即可找到要检索的程序段。

7. 字的插入、修改和删除字

1）字的检索

（1）选择编辑程序，按【编辑方式】按钮。

（2）按光标键⬅或➡时，则光标在屏幕上向前或往后逐字移动，光标在被选择字处显示;持续按下光标键←或→则连续扫描字。

(3) 按光标键↓或↑时,下一个程序段或前一个程序段的第一个字被检索。持续按下光标键↓或↑则光标连续移动到程序段的开头。

(4) 按翻页键【↓ PAGE】或【↑ PAGE】显示下一页或上一页并检索到该页的第一个字。

2) 指向程序开始段的操作

(1) 选择编辑程序,按【编辑方式】按钮。

(2) 按【RESET】键光标返回到程序的开始处。

3) 插入字的步骤

将光标放在插入字前,键入要插入的地址和数据,按【INSERT】键。

4) 修改字的步骤

首先检索或扫描要修改的字,然后键入要修改的地址和数据,按【ALTER】键完成修改。

5) 删除字的步骤

检索或扫描要删除的字,按【DELETE】键。

6) 输入过程中字的取消步骤

在程序字符的输入过程中,如发现当前字符输入错误,则按【CAN】键删除最后一个字符或符号

8. 机床上程序的试运行

程序编写输入完成并认真检查后,在老师的指导下才能上机试运行,不能擅自运行程序。试运行步骤如下:

(1) 选择要运行的程序。

(2) 按下【单段】执行按钮。

(3) 选择方式选择按钮【自动方式】,按下软键【检视】,使屏幕显示正在执行的程序及坐标。

(4) 按下【循环启动】按钮启动程序,执行一个程序段。注意,此后每按一下【循环启动】按钮,车床执行一个程序段。此时检查将要执行的程序段是否正确。

9. 机床上程序的自动运行

(1) 选择要运行的程序,确认试运行后程序正确无误。

(2) 选择方式选择按钮【自动方式】,按下软键【检视】,使屏幕显示正在执行的程序及坐标。

(3) 按下【循环启动】按钮,自动执行加工程序。

2.4 中级部分

2.4.1 FANUC 数控系统功能指令

G 代码 A 系统(本章所使用)见表 2-11 所列。

表2-11　G代码功能和程序格式及说明

G代码	组别	功能	程序格式及说明
G00	01	快速定位	G00X_. Z__
G01		直线插补	G01 X__ Z__ F__
G02		顺时针圆弧插补	G02 X__ Z__ R__ F__
G03		逆时针圆弧插补	G03 X__ Z__ R__ F__
G04	00	暂停	G04 X1.5;G04 U1.5或G04 P1500
G07.1 (G107)		圆柱插补	G07.1 IPr(有效);G07.1 IP0(有效)
G10		可编程数据输入	G10 P__ X__ Z__ R__ Q__
G11		可编程数据输入取消	G11
G12.1 (G112)	21	极坐标指令	G12.1 G112
G13.1 (G113)		极坐标指令取消	G13.1 G113
G17	16	选择*XY*平面	G17
G18		选择*XZ*平面	G18
G19		选择*YZ*平面	G19
G20	06	英寸输入	G20
G21		毫米输入	G21
G22	09	存储器行程检测接通	G22 X__ Z__ I__ K__
G23		存储器行程检测断开	G23
G27	00	返回参考点检测	G27 X__Z__
G28		返回参考点	G28 X__Z__
G30		返回第2、3、4参考点	G30 P3 X__ Z__
G31		转跳功能	G31 IP_
G32	01	螺纹切削	G32 X__ Z__ F__(F为导程)
G34		变螺距螺纹切削	G34 X__ Z__ F__ K__
G36	00	自动刀具补偿*X*	G36 X__
G37		自动刀具补偿*Z*	G37 Z__
G40	07	刀尖半径补偿取消	G40
G41		刀尖半径左补偿	G41 G01 X__ Z__
G42		刀尖半径右补偿	G42 G01 X__ Z__
G50	00	坐标系设定或最高限速	G50 X__ Z__或G50 S_
G50.3		工件坐标系预置	G50.3 IP0
G50.2 (G250)	20	多边形车削取消	G50.2 G250
G51.2 (G251)		多边形车削	G51.2P_ Q_; G251P_ Q_

（续）

G 代码	组别	功能	程序格式及说明
G52	14	局部坐标系设定	G52 X__ Z__
G53		选择机床坐标系	G53 X__ Z__
G54		选择机床坐标系 1	G54
G55		选择机床坐标系 2	G55
G56		选择机床坐标系 3	G56
G57		选择机床坐标系 4	G57
G58		选择机床坐标系 5	G58
G59		选择机床坐标系 6	G59
G65	00	宏程序非模态调用	G65 P_ L_<自变量指定>
G66	12	宏程序模态调用	G66 P_ L_<自变量指定>
G67		宏程序模态调用取消	G67
G70	00	精加工循环	G70 P_ Q_
G71		外圆粗车复合循环 粗车外圆	G71 U_ R_ G71 P_ Q_ U_ W_ F_
G72		端面粗加工复合循环 粗车端面	G72 W_ R_ G72 P_ Q_ U_ W_ F_
G73		封闭切削粗加工复合循环 多重车削循环	G73 U_ W_ R_ G73 P_ Q_ U_ W_ F_
G74		端面切槽复合循环	G74 R_ G74 X(U)_ Z(W)_ P_ Q_ R_ F_
G75		外圆切槽复合循环	G75 R_ G75 X(U)_ Z(W)_ P_ Q_ R_ F_
G76		复合螺纹切削循环	G76 Pmra Q_ R_ G76 X(U)_ Z(W)_ R_ P_ Q_ F_
G80	10	固定循环取消	G80
G83		钻孔循环	G83 X_ C_ Z_ R_ Q_ P_ F_ M_
G84		攻丝循环	G84 X_ C_ Z_ R_ P_ F_ K_ M_
G85		正面镗孔循环	G85 X_ C_ Z_ R_ P_ F_ K_ M_
G87		侧钻孔循环	G87 Z_ C_ X_ R_ Q_ P_ F_ M_
G88		侧攻丝循环	G88 Z_ C_ X_ R_ F_ K_ M_
G89		侧镗孔循环	G89 Z_ C_ X_ R_ P_ F_ K_ M_
G90	01	内外径车削循环	G90 X_ Z_ F_ G90 X_ Z_ R_ F_
G92		螺纹车削循环	G92 X_ Z_ F_ G92 X_ Z_ R_ F_
G94		端面车削循环	G94 X_ Z_ F_ G94 X_ Z_ R_ F_

(续)

G 代码	组别	功能	程序格式及说明
G96	02	恒线速度	G96 S100 (100m/min)
G97		每分钟转数	G97 S600 (600r/min)
G98	05	每分钟进给	G98 F100 (100mm/min)
G99		每转进给	G99 F0.1 (0.1mm/r)
注:1. G 代码系统有三种,本表只叙述 G 代码系统 A 的使用。 2. 模态 G__代码在第二个 G__代码设定以前一直有效。 3. 不同组的 G 代码能够在同一程序段中指定。如果同一程序段中指定了同组 G 代码,则最后指定的 G 代码有效。 4. 当电源接通时,该数字单元处于 G00、G40、G54、G97、G99。 5. 当电源接通或复位而使系统为清除状态时,原有的 G20 或 G21 保持有效。 6. 在 G20 代码里,每个输入语句和刀具偏置用英制指定,在 G21 代码里,每个输入语句和刀具偏置用公制指定			

2.4.2 常用数控车床编程指令

1. 设立工件坐标系的方法

1) 用 G50 设定

指令格式:G50 X__ Z__ ;

其中:X、Z 后的数值为刀具当前位置相对于新设定的工件坐标系的新坐标值。

指令说明:用 G50 设定的工件坐标系,由当前的位置及 G50 指令后的坐标值反推出,如图 2-31 所示的指令格式:G50 X90 Z42;

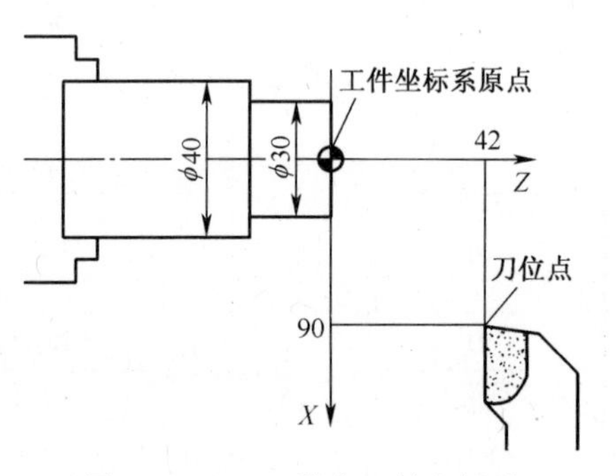

图 2-31 G50 设定工件坐标系

采用 G50 设定的工件坐标系,如出现停电或关机,坐标系即刻消失。因此,在实际加工中,不用 G50 来设定工件坐标系,而用系统默认的 G54 工件坐标系,采用几何偏置的对刀操作设定工件坐标系。对刀操作的目的是调整每把刀的刀位点,使其尽量重合于某一理想基准点——工件坐标系的原点。

2) 自动设定

开机后用于手动返回参考点,系统默认的 G54 工件坐标系,零件长度改变,可通过手动输入键盘改变其零点的位置,避免重新设定工件坐标系。

2. 螺纹切削指令

1) 等螺距直螺纹指令

格式:G32 X(U)__ Z(W) __ F__ Q__;

其中:X__Z__为直线螺纹的终点绝对坐标;

U__W__为刀具前一点到该点的增量坐标；

F__为直线螺纹的导程，如果是单线螺纹，则为直线螺纹的螺距；

Q__为螺纹起始角，该值为不带小数点的非模态值，其单位为 0.001°，如果是单线螺纹，则该值不用指定，此时该值为 0。

指令说明：

（1）G32 切削前的进刀和切削后的退刀是通过其他程序来实现的。

（2）螺纹切削应注意留有足够的升速进刀段 δ_1 和降速段 δ_2，为防止机床震动，刀具在进给的开始和结束时，自动实施加速和减速，如图 2－32 所示。

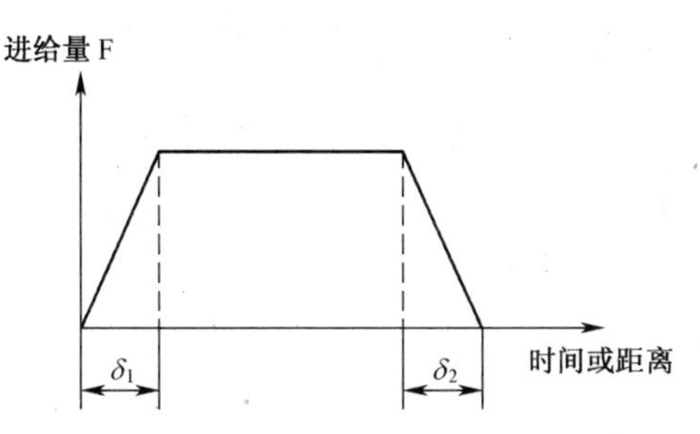

图 2－32　进给量与时间或距离图

（3）车螺纹时主轴转速的限制，在切削螺纹时车床的主轴转速受到螺纹的导程大小等因素的影响，主轴的转速将受到限制。对大多数经济型车床数控系统，车螺纹时主轴转速为

$$n \leqslant \frac{1200}{P} - K \qquad (2-2)$$

式中：P 为工件螺纹导程（mm）；K 为保险系数，一般取 80。

2）操作时的注意事项

（1）在螺纹切削过程中，进给速度倍率无效，主轴倍率无效。

（2）在螺纹切削过程中，进给暂停功能无效，如果按下进给暂停按钮（或单段），刀具将在执行非螺纹的程序段后停止。

3）G32 指令的适用范围

该指令适用于圆柱螺纹、圆锥螺纹、端面螺纹（X 向进给，Z 向不运动）、多头螺纹、连续螺纹切削等。

4）螺纹切削时的问题

（1）螺纹牙型高度：

普通螺纹牙型理论高度 $h=0.866P$；

工作高度 $h=5H/8=0.5413P$；

在实际加工中，由于螺纹车刀半径的影响，螺纹牙型高度可按下式计算：

$$h_1=H-2(H/8)=0.6495P$$

车削螺纹时用来计算总的背吃刀量。

（2）螺纹需经过多次走刀才能完成加工，每次进给的背吃刀量呈递减分配，见表 2－12 所列。

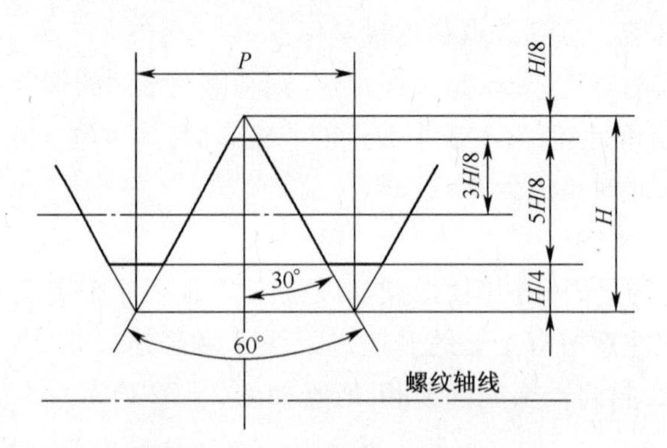

图 2-33　三角形螺纹部分尺寸图

表 2-12　常用公制螺纹切削的进给次数与背吃刀量

螺　距		1.0	1.5	2.0	2.5	3.0	3.5	4.0
牙　深		0.649	0.974	1.299	1.624	1.949	2.273	2.598
背吃刀量和切削次数	1 次	0.7	0.8	0.9	1.0	1.2	1.5	1.5
	2 次	0.4	0.6	0.6	0.7	0.7	0.7	0.8
	3 次	0.2	0.4	0.6	0.6	0.6	0.6	0.6
	4 次		0.16	0.4	0.4	0.4	0.6	0.6
	5 次			0.1	0.4	0.4	0.4	0.4
	6 次				0.15	0.4	0.4	0.4
	7 次					0.2	0.2	0.4
	8 次						0.15	0.3
	9 次							0.2

3. 简化编程功能

FANUC 为了简化编程，制定了一系列简单循环指令。

1）内、外圆切削循环指令（G90）

指令格式：

G90 X(U)__ Z(W) __ F__ ;　　　（圆柱面切削循环）

G90 X(U)__ Z(W) __R__ F__;　　（圆锥面切削循环）

其中：X(U)__Z(W)__表示循环切削终点处的坐标；

U 和 W 后面的数值的符号取决于轨迹 *AB*、*BC* 的方向。

F__表示循环切削过程中的进给量，可沿用循环程序前已有的 F 数值。

R__表示圆锥面切削起点处 *X* 坐标减终点处 *X* 坐标之值的 1/2，起点坐标大于终点坐标时 $R>0$，反之 $R<0$。对于 FANUC 数控车床有时也用 I 来执行 R 的功能。

指令说明：外圆切削循环运动的轨迹是矩形，如图 2-34 所示，G90 是将 *AB*、*BC*、*CD*、*DA* 四条直线指令合成一条指令，从而达到简化编程的目的。

（1）圆柱面切削循环，如图 2-34 所示圆柱面切削的程序如下：

序号	用 G90 循环编程	用简单语句 G00、G01 编程
N100	G00 X42 Z3;	G00 X42 Z3;

```
N120    G90  X20  Z-30  F0.1;    X20;
N130                             G01 Z-30 F0.1;
N140                             X42
N150                             G00 Z2
```

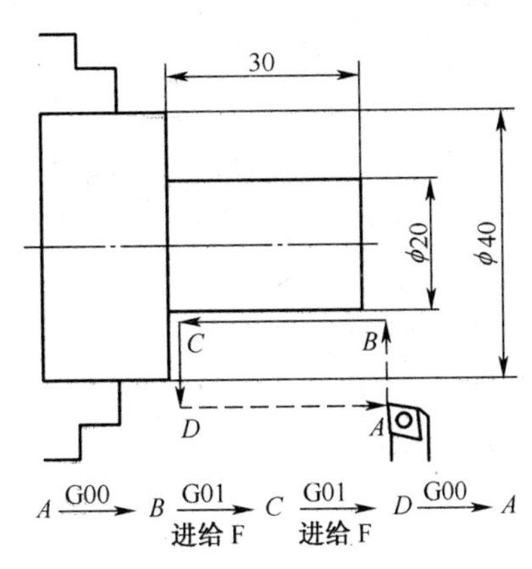

图 2-34　外圆切削循环

（2）圆锥面切削循环，如图 2-35 所示的圆锥面切削的程序如下：

```
G00 X42 Z3;
G90 X40 Z-30 R-12 F0.1;(注意 R 值按实际走刀路线定)
```

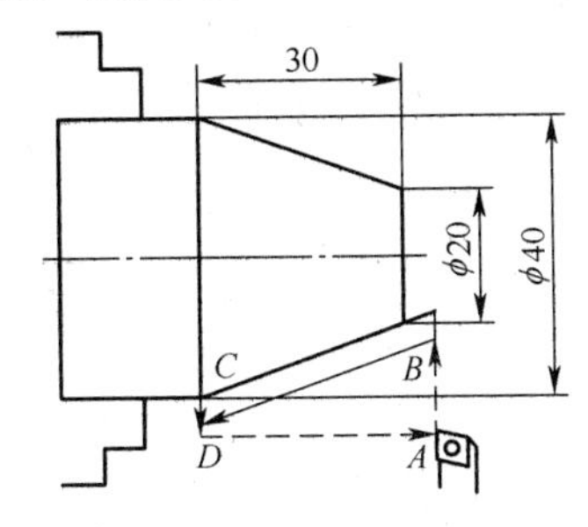

G90 的轨迹：A $\xrightarrow{G00}$ B $\xrightarrow{G01}$ C $\xrightarrow{G01}$ D $\xrightarrow{G00}$ A

图 2-35　圆锥面切削循环

（3）内孔加工刀具运动的轨迹如图 2-36 所示。

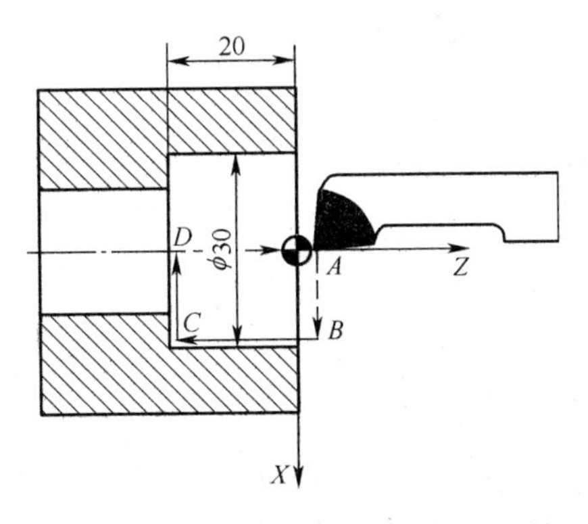

G90 的轨迹：A $\xrightarrow{G00}$ B $\xrightarrow{G01}$ C $\xrightarrow{G01}$ D $\xrightarrow{G00}$ A

图 2-36　内孔加工刀具运动的轨迹

其加工指令：

G00 X0 Z2；

G90 X30 Z－20 F0.1；

2）端面切削循环指令(G94)

指令格式：

G94 X(U)__ Z(W) __ F__ ；　　　　(端面切削循环)

G94 X(U)__ Z(W) __R__ F__；　　　(锥端面切削循环)

其中:X(U)__Z(W)__表示循环切削终点处的坐标,U 和 W 后面的数值的符号取决于轨迹 AB、BC 的方向；

F__表示循环切削过程中的进给量；

R__为锥端面切削起点处的 Z 坐标减去其终点处的 Z 坐标值,R 有时用 K 代替。

指令说明:端面切削加工刀具运动的轨迹如图 2－37 所示,与 G90 类似。

端面切削的程序如下：

G00 X62 Z2；

G94 X25 Z－5 F0.2；

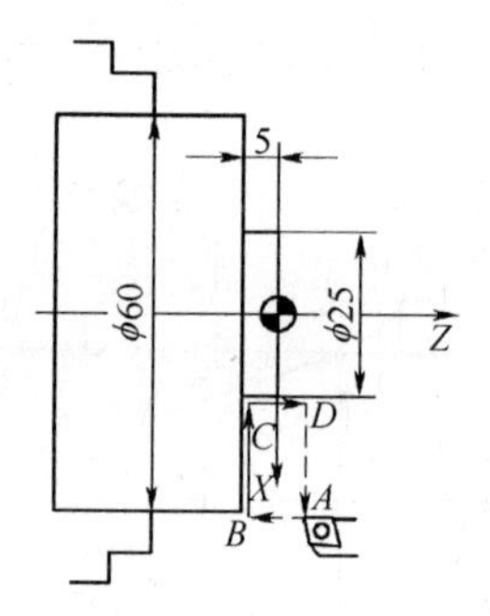

G94 的轨迹：$A \xrightarrow{G00} B \xrightarrow{G01} C \xrightarrow{G01} D \xrightarrow{G00} A$

图 2－37　端面切削循

3）螺纹切削单一固定循环指令

指令格式：

G92 X(U)__ Z(W) __F__ ；　　　　(圆柱螺纹)

G92 X(U)__ Z(W) __ R__ F__；　　(锥螺纹)

其中:X(U)__Z(W)__表示循环切削终点处的坐标,U 和 W 后面的数值的符号取决于轨迹 *AB*、*BC* 的方向；

F__为螺纹的导程,如果是单线螺纹,则为直线螺纹的螺距；

R__为圆锥螺纹切削起点处的 *X* 坐标减去其终点处的 *X* 坐标值的 1/2。

螺纹切削加工刀具运动的轨迹如图 2－38 和图 2－39 所示,与 G90 类似。

螺纹切削的程序如下：

G00 X32 Z5；(起刀点)

G92 X28.8 Z－39 F1.5；

X28.3；

X28.05；

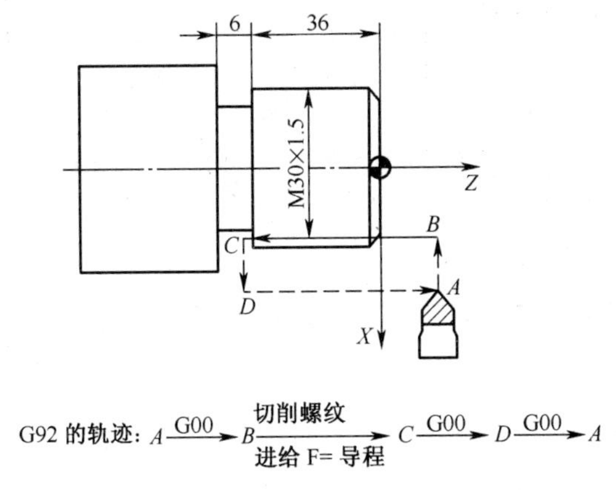

图 2-38　螺纹切削单一固定循环

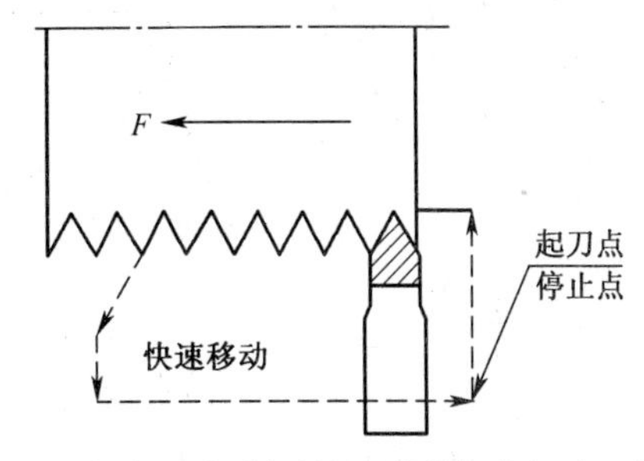

图 2-39　螺纹切削时按下进给暂停钮走刀轨迹

指令说明:

(1) 用 G92 时,注意选择正确的循环起点,X 向取离外表 1～2mm,Z 向根据的大小来选取,一般大于 1.5 倍的导程。

(2) 在螺纹切削期间按下进给暂停钮时,刀具立即按斜线回退,然后先回到 X 轴起点再回到 Z 轴起点,如图 2-39 所示。

(3) 用 G92,在螺纹切削的退尾处,沿近 45°斜向退刀,Z 向退刀距离 $r=(0.1\sim12.7)P$(P 为导程,r 由系统参数设定)。

在执行 G92 中,进给速度倍率和主轴速度倍率均无效。

4. 刀尖圆弧半径补偿

1) 刀尖圆弧半径补偿的目的

在实际加工中的车刀,由于工艺或其他要求,切削刃往往不是一个理想点,而是一段圆弧,如图 2-40 所示,切削加工时,实际切削点为切削刃圆弧的各切点,实际切削点与理想状态下的切削点之间的位置有偏差,会造成过切或少切,影响零件的精度。

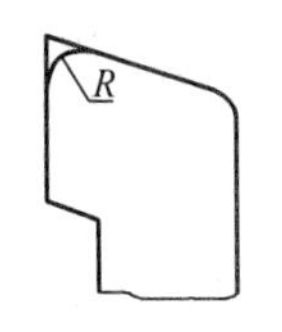

图 2-40　假想刀与圆弧过渡刀

在车削圆柱内、外表面及端面时刀尖的圆弧不影响零件的尺寸和形状,但在车削圆弧面及圆锥面时就会产生过切或少切等加工误差,如图 2-41 所示。因为切削刃圆弧半径很小,如果工件要求不高,所造成的误差可以不计;但是如果工件要求很高,就应考虑切削刃圆弧半径对工件表面形状的影响。

刀位点的移动路线为 $A\rightarrow B\rightarrow C\rightarrow D$,实际的刀尖点在圆锥部位会出现少切和过切现象。

刀具补偿是补偿实际加工时所用的刀具与编程时使用的理想刀具或对刀时使用的基准刀具之间的偏差值,保证加工零件符合图纸要求的一种处理方法。

具有刀具半径补偿功能的数控车床,编程时不用计算刀尖圆弧的中心轨迹,只需按零件轮廓编程,并在加工前输入刀具半径数据,通过程序中的刀具半径补偿指令,数控装置就可以自动计算出刀具中心轨迹,并使刀具的中心按此轨迹运动。也就是说,执行刀具半径补偿后,刀具中心将自动在偏离工件轮廓一个刀具圆弧半径值的轨迹上运动,从而加工

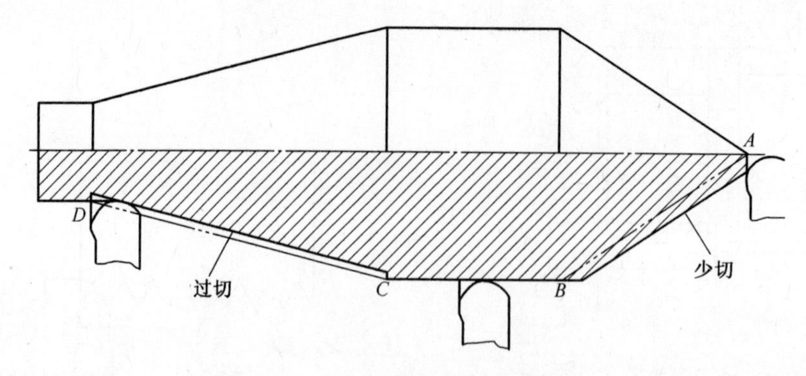

图 2-41　刀尖圆弧造成的过切和少切

出所要求的工件轮廓。

2）刀尖圆弧半径补偿指令

（1）刀具半径左补偿指令 G41。在进行刀具半径补偿的判别时，一定要站在与被加工平面相垂直的那根轴的正方向上来观察刀具前进的方向，沿刀具运动方向看，刀具在工件左侧时，称为刀具半径左补偿，如图 2-42(a)所示。

（2）刀具半径右补偿指令 G42。沿刀具运动方向看，刀具在工件右侧时，采用刀具半径右补偿，如图 2-42(b)所示。

（3）取消刀具半径补偿指令 G40。

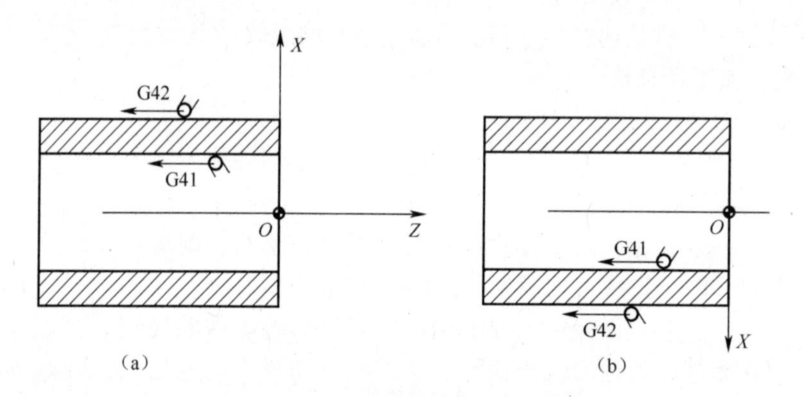

图 2-42　刀尖圆弧半径方向的判别

(a)后置刀架，+Y 轴向外；(b)前置刀架，-Y 轴向内。

（4）指令格式：

刀具半径左补偿格式：G41 G01(G00)X(U)__ Z(W)__ F ；

刀具半径右补偿格式：G42 G01(G00)X(U)__ Z(W)__ F ；

取消刀具半径补偿格式：G40 G01(G00)X(U)__ Z(W)__；

指令说明：

（1）G41、G42、G40 是模态指令。G41 和 G42 指令不能同时使用，即前面的程序段中如果有 G41，就不能接着使用 G42，必须先用 G40 取消 G41 刀具半径补偿后，才能使用 G42，否则补偿就不能正常进行。

(2) 不能在圆弧指令段建立或取消刀具半径补偿,只能在 G00 或 G01 指令段建立或取消刀具半径补偿。

3) 刀具半径补偿的过程

刀具半径补偿的过程分如下:

(1) 刀补的建立,刀具中心从与编程轨迹重合过渡到与编程轨迹偏离一个偏移量的过程。

(2) 刀补的执行,执行 G41 或 G42 指令的程序段后,刀具中心始终与编程轨迹相距一个偏移量。

(3) 刀补的取消,刀具离开工件,刀具中心轨迹过渡到与编程轨迹重合的过程。图 2-43 为刀补建立与取消的过程。

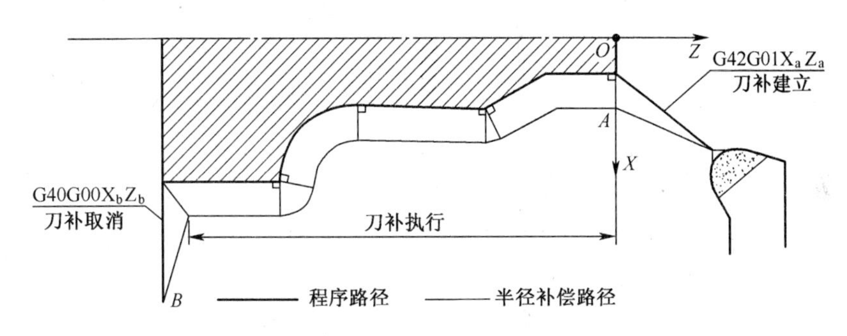

图 2-43 刀具半径补偿的建立、执行与取消

4) 刀尖方位的确定

刀具刀尖半径补偿功能执行时除与刀具刀尖半径大小有关外,还与刀尖的方位有关。不同的刀具,刀尖圆弧的位置不同,刀具自动偏离零件轮廓的方向就不同,如图 2-44 所示,车刀方位 9 个,分别用参数 0~9 表示。例如,车削外圆表面时,方位为 3。

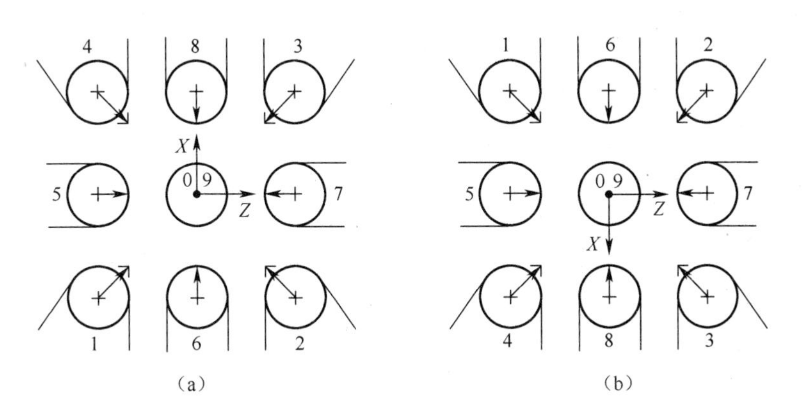

图 2-44 刀尖方位号

(a)后置刀架;(b)前置刀架。

例 2-2 编写如图 2-45 所示的锥轴零件的精加工程序

图 2-45 锥轴精加工程序如下:

O0009; 程序说明

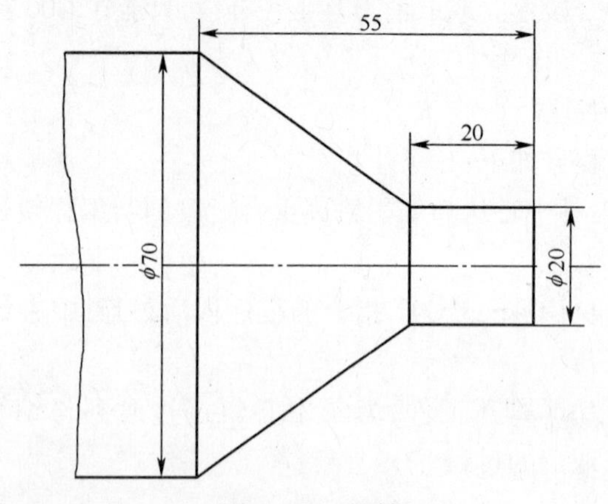

图2－45　锥轴

```
N10 G21G99;                  公制,进给 mm/r
N20 M43;                     选择高速挡
N30 T0101;                   选择1号刀,01号刀补
N40 M03 S800;                主轴正转,800r/min
N540 G00X20.Z5;              快速定位到程序起点
N60 G42G01X20.Z0.F50;        建立右刀补
N70 Z－20;                   刀补执行
N80 X70Z－55;
N90 G40X80Z－55;             刀补取消
N100 G00X150.Z150;           刀架返回换刀点
N110 M05;                    主轴停止
N120 M30;                    程序结束
```

5. 倒角和倒圆角 *R*

用G01在相交成直角的两条直线间可以插入一个倒角或倒圆角*R*,指令见表2－13所列。

表2－13　倒角或倒圆角*R*的指令格式

	指　令	刀 具 移 动
Z→*X* 的倒角	G01 Z(W) C(I)±i; i的正、负号与*X*轴的正、负方向相同,刀具向+*X*轴方向移动时,取C(I)+i,刀具向-*X*轴方向移动时,取C(I)-i	X, c, i, 45°, b, d, 起点, a, −i, c, −X 刀具移动方向:*a*→*d*→*c*

（续）

	指　　令	刀具移动
X→Z 的倒角	G01 X(U) C(K)±k; k 的正、负号与 Z 轴的正、负方向相同,刀具向+Z 轴方向移动时,取 C(K)+k,刀具向-Z 轴方向移动时,取 C(K)-k	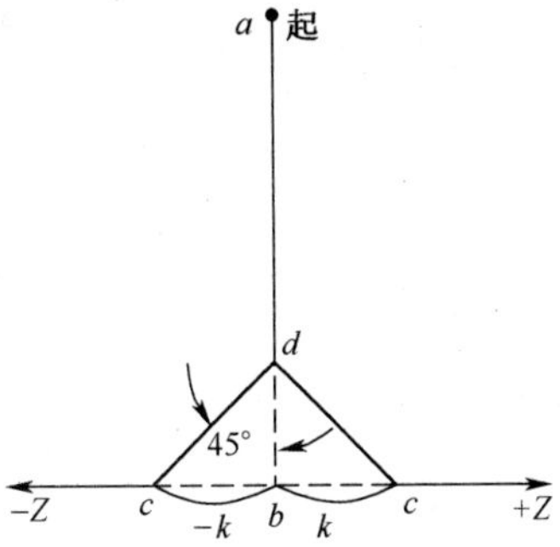 刀具移动方向:a→d→c
Z→X 的倒圆角	G01 Z(W) R±r; r 的正、负号与 X 轴的正、负方向相同,刀具向+X 轴方向移动时,取 R+r,刀具向-X 轴方向移动时,取 R-r	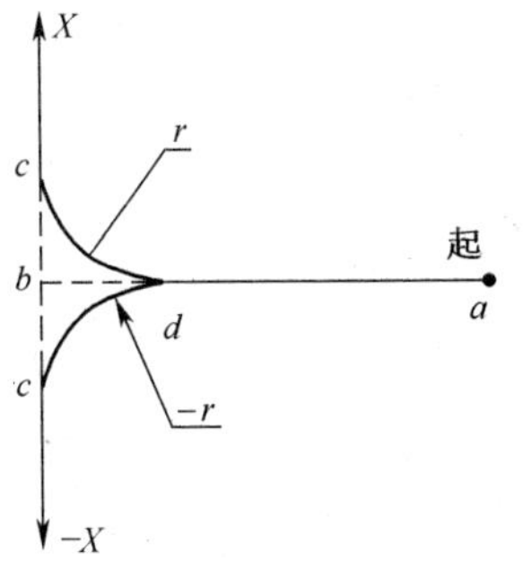 刀具移动方向:a→d→c
X→Z 的倒圆角	G01 X(U) R±r; r 的正、负号与 Z 轴的正、负方向相同,刀具向+Z 轴方向移动时,取 R+r,刀具向-Z 轴方向移动时,取 R-i	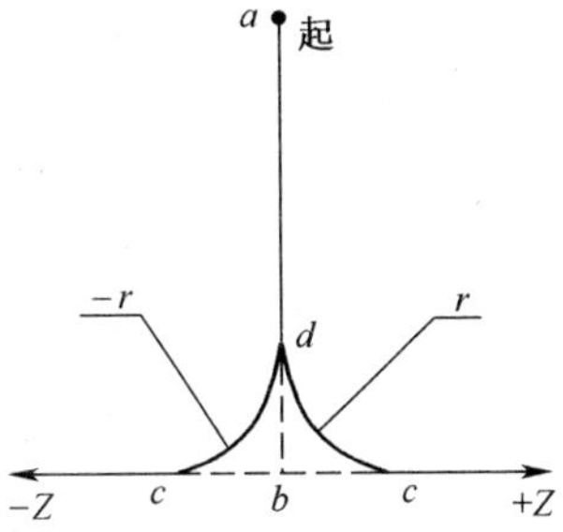 刀具移动方向:a→d→c

2.4.3 数控车床编程实例

例 2-3　用 G32 指令编写如图 2-46 所示零件(YL12)的螺纹加工程序。

取螺纹切削导入距离 $\delta_1=5\text{mm}$,导出距离 $\delta_2=2\text{mm}$,外径加工到 23.8mm,螺纹切削深度 $h_1=0.65P=0.65\text{mm}$(半径),分两刀加工,背吃刀量依次为 0.55mm、0.1mm。

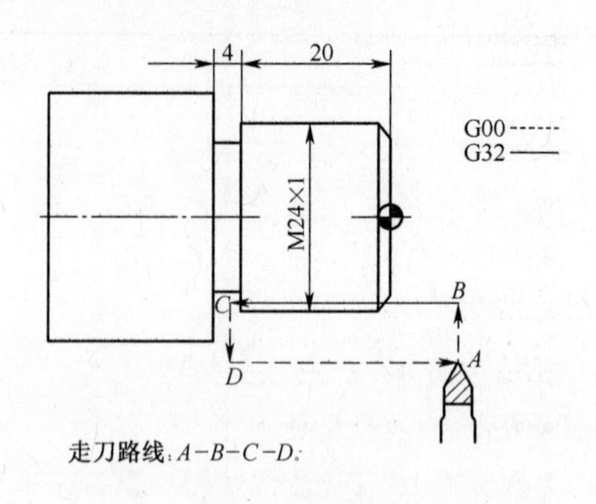

图 2－46　螺纹加工

螺纹加工程序如下：

```
O2003;              程序说明
T0303;              换60°螺纹车刀
M03S500;
G00 X28 Z5;
X22.9;
G32 Z-22 F1;        粗加工螺纹
G00 X28;
Z5;
X22.7;
G32 Z-23;           精加工螺纹
G00 X28;
G00X100Z100;
M30;
```

例 2－4　试编写如图 2－47 所示零件（YL12）的加工程序（毛坯尺寸 $\phi28$）。

（1）工件的装夹。用三爪自定心卡盘，毛坯右端面距离三爪端面 71mm。工件坐标系选择工件右端面的中心，坐标原点距三爪端面 70mm。

工件安装示意图 2－47(b)所示，实线表示毛坯，虚线表示加工完成零件的位置。

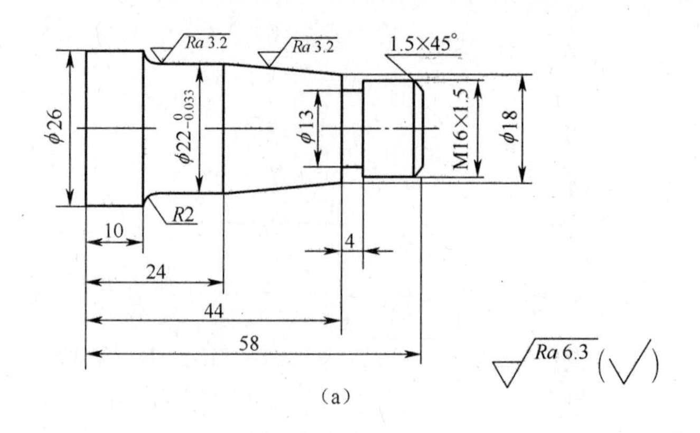

(a)

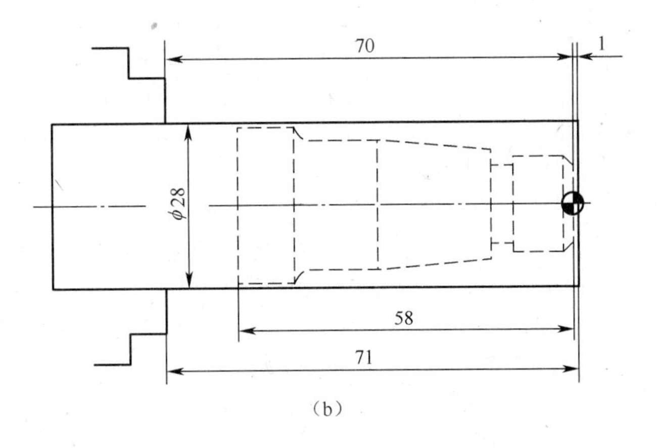

图 2-47　锥轴零件

(a)图纸;(b)工件坐标系及毛坯定位。

(2) 刀具的选择。

① 1 号车刀:90°硬质合金机夹车刀,T0101。

② 2 号车刀:切槽切断刀,刀宽 4mm,T0202。

③ 3 号车刀:螺纹车刀,T0303。

(3) 加工顺序和切削用量。加工时采用分层切削,先粗加工、后精加工。粗加工时背吃刀量小于或等于 2mm,精加工时背吃刀量为 0.25mm。螺纹加工,取螺纹切削导入距离 $\delta_1=5$mm,导出距离 $\delta_2=2$mm,外径加工到 15.8mm,螺纹切削深度 $h_1=0.65P=0.975$mm(半径),分三刀加工,背吃刀量依次为 0.6mm、0.25mm、0.125mm。加工顺序和切削用量见表 2-14 所列。

表 2-14　综合编程实例加工顺序和切削用量

序号	工　序	刀具号	主轴转速 /(r/min)	背吃刀量 /(mm)	进给量 /(mm/r)
1	精车端面	T0101	1000		0.1
2	粗车 φ26.5×63	T0101	600	0.75	0.2
3	粗车 φ22.5×46	T0101	600	2	0.2
4	粗车 R2 凹圆弧	T0101	600		0.2
5	粗车 φ18.5×14	T0101	600	2	0.2
6	粗车锥面	T0101	600		0.2
7	粗车 φ16.5×14	T0101	600	1	0.2
8	切退刀槽 φ13×4	T0202	600	4	0.1
9	精车倒角 1.5×45°	T0101	1000		0.1
10	精车 φ15.8×10	T0101	1000	0.35	0.1
11	精车锥面	T0101	1000	0.25	0.1
12	精车 φ22×12	T0101	1000	0.25	0.1
13	精车 R2 凹圆弧	T0101	1000	0.25	0.1
14	精车 φ26×15	T0101	1000	0.25	0.1
15	车螺纹 16×1.5	T0303	600		1.5
16	切断长度 58.5mm	T0202	600	4	0.1

（4）参考程序如下：

程序段号	FANUC0i TC 程序	程序说明
	O2004；	
N10	G21 G99；	公制，进给 mm/r
N20	M43；	高挡位
N30	M03　S1000；	主轴正转，转速 1000r/min
N40	T0101；	选 90°车刀 1 号刀补
N50	G00 X150 Z150；	换刀点
N60	X30 Z2；	快速定位，到程序起点
N70	Z0；	精车端面，程序简化程序说明：
N80	G01 X0 F0.1；	G94 X0 Z0 F0.1；
N90	G00 X26.5 Z1S600；	粗车 ϕ26.5×63 程序简化：
N100	G01 Z－63 F0.2；	G90 X26.5 Z－63 F0.2 S600；
N110	X30；	
N120	G00 Z2；	
N130	X22.5；	粗车 ϕ22.5×46
N140	G01 Z－46；	
N150	G02 X26.5 Z－48 R2；	粗车 R2 凹圆弧
N160	G00 Z1；	
N170	G00 X18.5；	粗车 ϕ18.5×14
N180	G01 Z－14；	
N190	X22 Z－34；	粗车锥面
N200	G00 Z1；	
N210	X16.5；	粗车 ϕ16.5×14 程序简化：
N220	G01 Z－14；	G90 X16.5 Z－14 F0.2；
N230	X20；	
N240	G00 X150 Z150；	刀架到换刀点
N250	T0202；	换切槽刀
N260	G00 X22 Z－14；	切退刀槽
N270	G01X13 F0.1；	
N280	G00 X22；	
N290	G00 X150 Z150；	刀架到换刀点
N300	T0101；	换 90°车刀
N310	S1000；	主轴转速 1000r/min
N320	G00 X12 Z0.5；	精车倒角 1.5×45°
N330	G01 X15.8 Z－1.5 F0.1；	
N340	G01 Z－14；	精车 ϕ15.8×10
N350	X18；	
N360	X22 Z－34；	精车锥面
N370	Z－46；	精车 ϕ22×12
N380	G02 X26 Z－48 R2；	精车 R2 凹圆弧
N390	Z－63；	精车 ϕ26X15

N400	X30;	
N410	G00 X150 Z150;	刀架到换刀点
N420	T0303;	换螺纹车刀
N430	S600;	主轴转速 600r/min
N440	G00 X20 Z5;	粗车螺纹 M16×1.5,第一刀
N450	X14.8;	程序简化:
N460	G32 Z-12 F1.5;	G00X20 Z5;
N470	G00 X20;	G92 X14.8 Z-12 F1.5;
N480	G00 Z5;	
N490	X14.3;	粗车螺纹 M16×1.5,第二刀
N500	G32 Z-12 F1.5;	程序简化:
N510	G00 X20;	X14.3
N520	Z5;	
N530	X14.05;	精车螺纹 M16×1.5
N540	G32 Z-12 F1.5;	程序简化:
N550	G00 X20;	X14.05
N560	X150 Z150;	刀架到换刀点
N570	T0202;	换切槽刀
N580	X30 Z-62.5;	切断,长度 58.5mm,留 0.5mm 精加工量,直径留 3mm
N590	G01X3 F0.1;	
N600	X30 F0.3;	
N610	G00 X150 Z150;	退刀
N620	M05;	主轴停
N630	M02;	程序结束

例 2-5 试编写如图 2-48 所示手柄零件的加工程序(毛坯:铝合金 6061-ϕ28)。

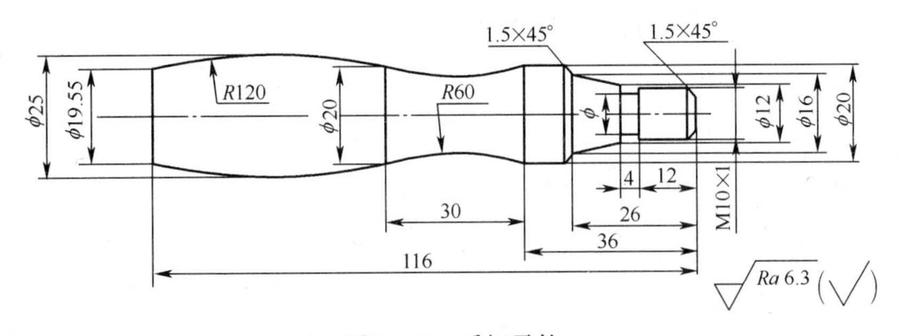

图 2-48 手柄零件

分析:工件 ϕ25×116,加工右面 M10×1 外螺纹和 4mm 退刀槽时,刚度较差,需用顶尖,但螺纹车刀与顶尖干涉,将右端面加长 5mm,然后重新装夹加工两侧端面和右倒角。零件装夹示意如图 2-49 所示,实线表示毛坯,虚线表示加工完成零件的位置。

(1) 工件的装夹。用三爪自定心卡盘和顶尖,毛坯右端面距离三爪端面 129mm。工件坐标系选择工件右端面的中心,坐标原点距离三爪端面 129mm。注意刀具起始点和换刀点不要与尾座干涉。用手动移动刀具检查粗车 ϕ8×5,刀具是否与顶尖干涉。工件安装如图 2-49 所示,实线表示毛坯,虚线表示加工完成零件的位置。

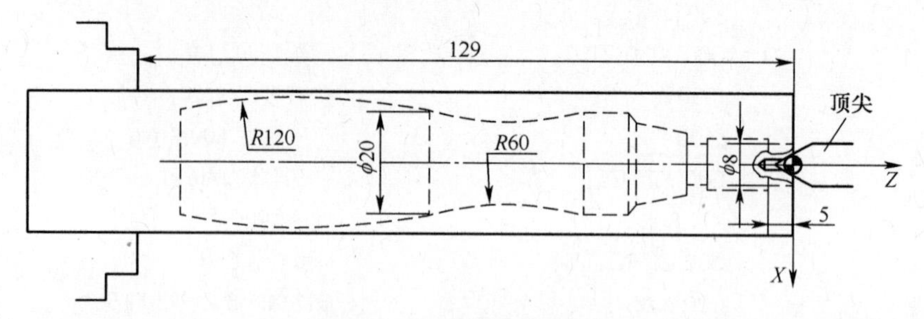

图 2-49 零件装夹示意

（2）刀具的选用：

① 1 号车刀选用 V 形车刀，T0101。

② 2 号车刀选用切槽切断刀，刀宽 4mm，T0202。

③ 3 号车刀选用螺纹车刀，T0303。

④ $\phi2$ 中心钻

（3）加工顺序和切削用量。为保证刚度，先加工外螺纹和 4mm 退刀槽，再加工锥面和圆弧。先粗加工后精加工，粗加工时背吃刀量小于或等于 3mm，精加工时背吃刀量为 0.25～0.5mm。

螺纹加工，取螺纹切削导入距离 $\delta_1=4$mm，导出距离 $\delta_2=2$mm，外径加工到 9.85mm，螺纹切削深度 $h_1=0.65P=0.65$mm（半径），分两刀加工，背吃刀量依次 0.55mm、0.1mm，见表 2-15 所列。

表 2-15 综合编程实例加工顺序和切削用量

序号	工 序	刀具号	主轴转速 /(r/min)	背吃刀量 /(mm)	进给量 /(mm/r)
1	钻 $\phi2$ 中心孔后装工件	$\phi2$ 中心钻	800		手动
2	粗车 $\phi22\times21$	T0101	600	3	0.32
3	粗车 $\phi16\times21$	T0101	600	3	0.3
4	粗车 $\phi11\times21$	T0101	600	2.5	0.3
5	粗车 $\phi8\times5$	T0101	600	2.5	0.3
6	切退刀槽 $\phi8\times4$	T0202	600	4	0.1
7	精车 $\phi9.85\times21$	T0101	600	0.575	0.3
8	车螺纹 10×1	T0303	400		1
9	粗车 $\phi25.5\times104$	T0101	600	1.25	0.3
10	粗车 $\phi19\times10$	T0101	600	3.25	03
11	粗车锥面	T0101	600		0.3
12	粗车凸、凹圆弧	T0101	600		0.1
13	精车锥面	T0101	800	0.25	0.1
14	精车 1.5×45°倒角	T0101	800	0.25	0.1
15	精车凸、凹圆弧	T0101	800	0.25	0.1
16	切断长度 120.5mm	T0202	600		0.1
17	取下工件车两端面				

参考程序(不包括钻中心孔和车左右两端面)如下:

程序段号	FANUC0i TC 程序	程序说明
	O0052;	
N10	G21 G99;	公制,进给 mm/r
N20	M43;	高挡位
N30	M03 S600;	主轴正转,转速 600r/min
N40	T0101;	选 V 形车刀
N50	G00 X260 Z0.5;	换刀点
N60	X30 Z1;	快速定位,到程序起点
N70	G90 X22 Z-21 F0.3	粗车 φ22×21
N80	X16	粗车 φ16×21
N90	X11	粗车 φ11×21
N100	X8 Z-5;	粗车 φ8×5
N105	G00 X260 Z2;	
N110	T0202	切槽刀
N120	G00 X30 Z-21;	
N130	G01 X8 F0.1;	切退刀槽 φ8×4
N140	G00 X30	
N150	G00 X260 Z2;	
N160	T0101	V 形车刀
N170	G00 X14 Z-3	
N180	G90 X9.85 Z-21 F0.1;	精车 φ9.85×21
N190	G00 X260 Z2;	
N200	T0303	螺纹车刀
N210	G00 X14 Z-1;	
N220	G92 X8.75 Z-19 F1;	
N230	X8.55	车螺纹 10×1
N240	G00 X260 Z2;	
N250	T0101	V 形车刀
N260	G00 X30 Z-19	
N270	G90 X25.5 Z-125 F0.3;	粗车 φ25.5×104
N280	X19 Z-31;	粗车 φ19×10
N290	G01X12.5Z-21 ;	
N300	G01 X16.5 Z-31	粗车锥面
N310	X20.6C-1.5	
N320	G02 X20.5 Z-71R60;	
N330	G03 X20.05 Z-121R120;	粗车凸、凹圆弧
N340	G01 Z-125;	
N350	X30;	
N360	G00 Z-19;	
N370	G01X12 Z-21 S800;	
N380	G01 X16 Z-31 F0.1;	精车锥面

```
N390    X20 C1.5;
N400    Z-41;                  精车1.5×45°倒角
N410    G02 X20 Z-71R60;
N420    G03 X19.55 Z-121R120;  精车凸、凹圆弧
N430    G01 Z-125;
N440    X30 F0.3;
N450    G00 X260 Z1;
N460    T0202;                 切槽刀
N470    G00 X30 Z-124.5;       切断长度120.5mm,给平端面留0.5mm的余量
N480    G01 X4 F0.1;
N490    G00 X30;
N500    X260 Z1;
N510    M05;
N520    M30;
```

2.4.4 数控车床的对刀操作

对刀操作即设置刀具偏移值(设定工件坐标系),其操作步骤如下:

(1)安装好工件和刀具。

(2)启动主轴(如 $n=600\text{r/min}$)。

(3)将刀具转到当前加工位置。

(4)用手动方式试切外圆,刀具沿 Z 向退离工件(X_1值不变),加工表面如图2-50所示。

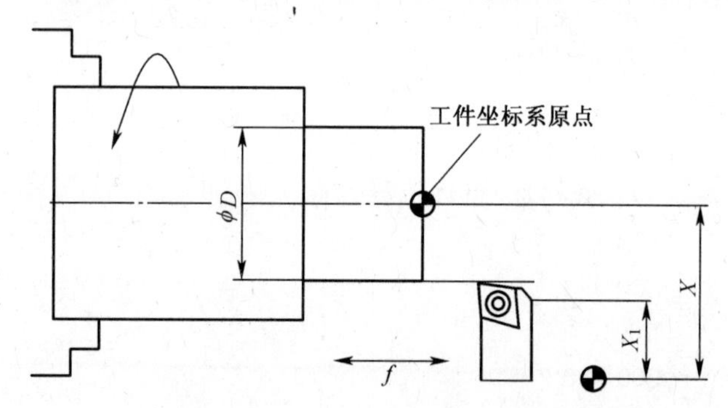

图2-50 数控车床对刀设置X向刀偏值

(5)停机用卡尺或千分尺实测外圆 ϕD。

(6)按OFS/SET键和软键【偏置】,再按软键【外形】,出现几何偏置画面如图2-51所示。

偏置/外形　　O1234

N000210

NO.	X	Z	R	T
G 01	−426.886	−429.117	0.000	3
G 02	−410.308	−446.995	0.000	0
G 03	−413.643	−436.235	0.000	0
G 04	0.000	0.000	0.000	0
G 05	0.000	0.000	0.000	0

实际位置(相对坐标)

刀具偏置号

刀具 X 几何偏置值刀具 Z 几何偏置值

图2-51 几何偏置画面

将光标放在所选择刀偏的存储器号,对应的 X 位置。

(7) 输入 XD,其中 D 为所测外圆直径,按【刀具测量】,再按屏幕下的软键【测量】,刀偏参数既自动写入 $X=X_1+D$(X、X1 为直径坐标)。

(8) 试切削工件端面后如图 2-52 所示,沿 X 方向退刀停机。

将光标移到刀偏存储器 Z 位置,输入“Z0”按【刀具测量】,再按屏幕下的软键【测量】,刀偏参数即自动写入 $Z=Z+0$。

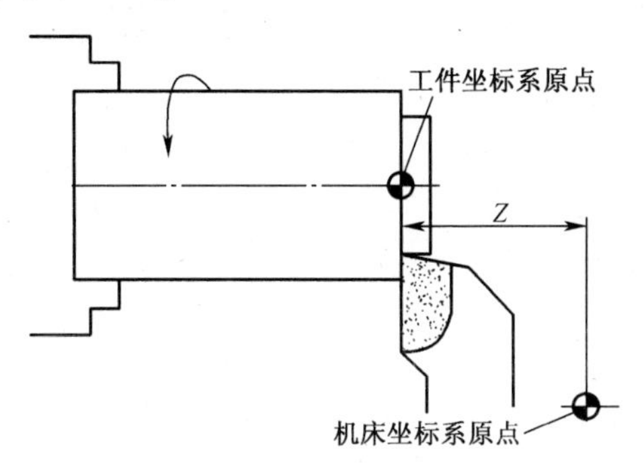

图 2-52 数控车床对刀设置 Z 向刀偏值

2.4.5 操作中数控车床常见的报警情况及处理

操作中数控车床常见的报警情况及处理见表 2-16 所列。

表 2-16 数控车床常见的报警情况及处理

报警号	内 容	故障情况	故障处理
2001	EMERGENCY STOP & P. B. ON	急停或限位	急停按钮顺时针旋转抬起或按住【限位释放】,手动退出限位
2002	CONTROL CIRCUIT PROTECT TRIP	电器保护断路器跳闸	合闸
2003	FEED HOLD BY MACHINE LOCK	机床锁	按【机床锁】
2012	SERVO NOT READ	伺服未准备好	按【NC 准备好】
2018	CYCLE START BY HOME CHECK	循环启动前必须回参考点	手动返回参考点
011	无进给速度指令	插补指令没 F	程序补上 F
052	CHF/CNR 后不是 G01	倒角或倒圆下一个程序段不是直线	修改程序
065	G71 ~ G73 中的指令非法	G71 ~ G73 中 P 地址指定顺序号的程序段里没有 G00 或 G01,G71 或 G72;指定“ns”有 Z(W) 或 X(U) 指令	修改程序
073	程序号已使用 有重名的程序号		换名或删除已有的程序号
【ALM】			闪烁,警报,用【reset】键消除报警

2.5 提高部分

2.5.1 复合循环编程指令

FANUC 为了进一步简化编程,定制了一系列复合循环指令,用精加工形状数据指令描绘粗加工的刀具的轨迹,大大简化程序,但要注意是否适合加工工艺。

1. 粗车复合循环

指令格式:

G71 U(Δd) R(e);

G71 P(ns) Q(nf) U(Δu) W(Δw) F_ S_;

其中:Δd 为粗车 X 轴方向背吃刀量(指半径),不带符号,且为模态值;

e 为退刀量,其值为模态值;

ns 为精车程序第一程序段的段号;

nf 为精车程序段的最后一个程序的段号;

Δu 为 X 轴方向精车余量的距离和方向,用直径量值指定,外圆加工余量为正,内孔加工余量为负。

Δw 为 Z 轴方向精车余量的距离和方向。

F 为粗加工循环中的进给速度。

粗车复合循环轨迹如图 2-53 所示。

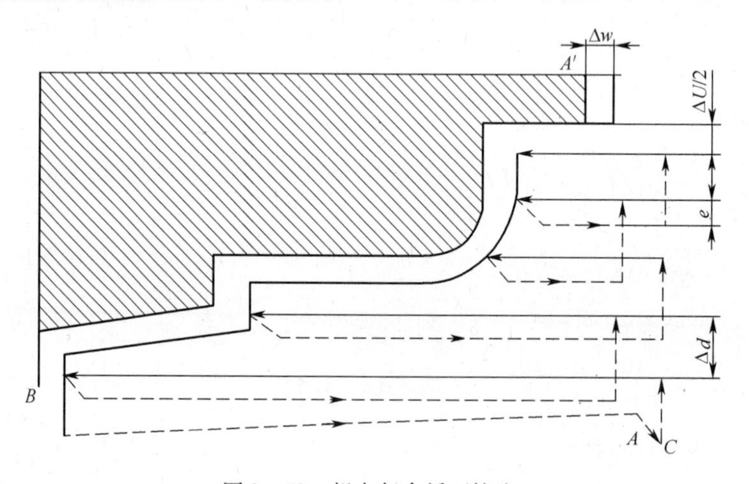

图 2-53 粗车复合循环轨迹

指令说明:

(1) 从 A 到 B 精加工形态,用程序段号 ns ~ nf 描述并且不能调用子程序。

(2) G71 粗车循环刀具从循环起点(C 点)开始,平行于 Z 轴分层进行粗切削,直到循环完成粗车后,再进行半精车,留出精加工余量后,快速退回循环起点(C 点),结束粗加工。A 到 B 之间的刀具轨迹在 X 轴和 Z 轴方向必须逐渐增加或减少。

(3) G71 指令中 F 和 S 是指粗加工循环中的 F 和 S 值,与程序段段号 ns 和 nf 之间所有的 F 和 S 值无关。另外,该值也可不加指定,沿用前程序段中的 F 和 S 值。

（4）在 FANUC 系统的 G71 循环中，顺序号 ns 程序段必须沿 X 向进刀，且不能出现 Z 轴指令，否则会出现程序报警。

例如：正确的 ns 程序段：N100 G01 X28.0；

错误的 ns 程序段：N100 G01 X28.0 Z2.0；——程序中出现了 Z 坐标字。

2. 端面粗加工循环

指令格式：

G72 W(Δd) R(e)；

G72 P(ns) Q(nf) U(Δu) W(Δw) F_ S_；

其中：Δd 为 Z 向背吃刀量，不带符号，且为模态值，如图 2－54 所示其余参数解释同 G71 指令。

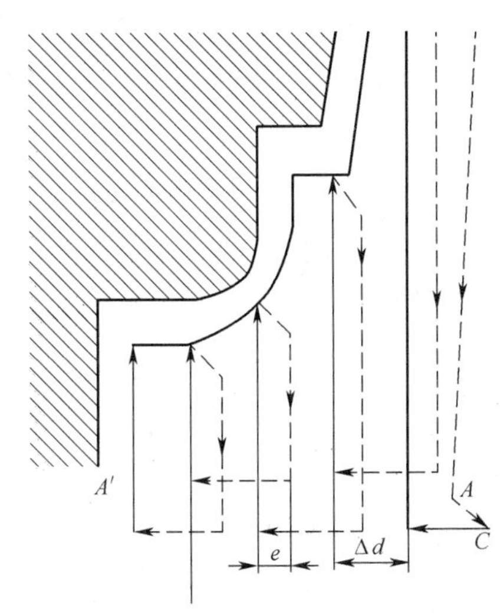

图 2－54　端面粗加工循环

指令说明：

（1）G72 循环加工轨迹与 G71 相似，刀具沿 Z 轴方向进刀分层切削，外形加工轮廓形状必须采用单调递增或单调递减。

（2）在 FANUC 系统的 G72 循环指令顺序号"ns"所指程序必须沿 Z 轴方向进刀，且不能出现 X 轴的指令，否则会出现程序警告。

3. 仿形车复合固定循环 G73

用于车削不要求单调性的图形，适用切削铸造成形、锻造成形或已粗车成形的工件。

指令格式：

G73U(Δi) W(Δk) R(d)；

G73P(ns) Q(nf) U(Δu) W(Δw) F_ S_；

其中：Δi 为 X 轴方向退刀量的距离和方向（半径量），是模态值；

Δk 为 Z 轴方向的退刀量的大小和方向，是模态值；

d 为分层次数，与粗加工重复次数相同，是模态值；

ns 为精加工程序第一个程序段的顺序号；

nf 为精加工程序最后一个程序段的顺序号；

Δu 为 X 轴方向精加工余量的距离和方向；

Δw 为 Z 轴方向的精加工余量的距离和方向。

指令说明：

（1）G73 复合循环的运动轨迹如图 2－54 所示，刀具从循环起点（A 点）开始，快速定位到 D 点（在 X 轴方向的退刀量为 $\Delta u/2+\Delta i$，在 Z 轴方向的退刀量为 $\Delta w+\Delta k$）；后进行分层循环切削，如此逐层切削至循环结束后，快速退回循环起点（C 点）。

（2）G73 程序段中，"ns"所指程序段可以向 X 轴或 Z 轴的任意方向进刀，如图 2－55 所示。

（3）G73 复合循环加工的轮廓形状，没有单调递增或单调递减形式的限制。

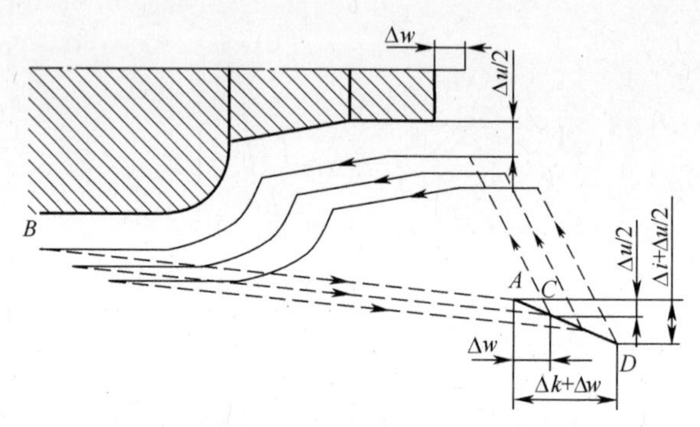

图 2－55　仿形车复合固定循环

4. 精车循环 G70

用于 G71、G72、G73 粗车后的精加工。

指令格式：G70 P(ns) Q(nf)；

其中：ns 为精加工程序第一个程序段的顺序号；

nf 为精加工程序最后一个程序段的顺序号。

注意：（1）在 G71、G72、G73 程序段中规定的 F、S 功能无效，但在执行 G70 时顺序号"ns"和"nf"之间指定的 F、S 有效。

（2）当 G70 循环加工结束时，刀具返回到起点并读下一个程序。

（3）G71 到 G73 中 ns 到 nf 间的程序段不能调用子程序 。

2.5.2　编程实例

例 2－6　编程综合实例：ϕ80 的棒料加工到如图 2－56 所示的尺寸，编写加工程序。

（1）工件的装夹。为保证加工过程的刚性，采用三爪自定心卡盘加顶尖装夹，先加工工件右端面并打 ϕ3 的中心孔。注意：顶尖尺寸应不影响 90°车刀和螺纹车刀加工。精加工背吃刀量为 0.25mm。工件坐标系选在右端。

（2）刀具的选用：

① 1 号车刀选用 90°车刀，T0101；

② 2 号车刀选用切槽切断刀，刀宽 4mm，T0202；

③ 3 号车刀选用螺纹车刀，T0303。

（3）加工顺序：首先加工外形；其次槽 ϕ32×6；最后车 M36×1.5 螺纹。

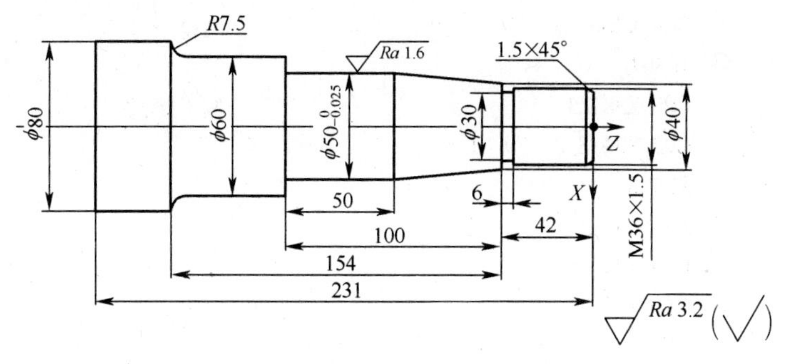

图 2-56　编程综合实例

(4) 参考程序(加工左端面、切断省略)如下:

程序段号	FANUC0i TC 程序	程序说明
	O2006;	
N10	G21 G99;	公制,进给 mm/r
N20	M43;	高挡位
N30	M03　S600;	主轴正转,转速 600r/min
N40	T0101;	选 90°车刀 1 号刀补
N50	G00 X260 Z1;	换刀点
N60	X82 Z1;	快速定位,到程序起点
N80	G71 U2.0 R0.5;	粗加工循环
N90	G71 P100 Q200 U0.25W0.0 F0.2;	
N100	G00 X33;	精加工轨迹开始行
N110	G01 Z0 F0.2 S1000;	
N120	G01 X35.8 Z-1.5 F0.1;	
N130	Z-42 F0.1;	
N140	X40	
N150	X50 Z-92;	
N160	Z-142;	
N170	X65;	
N180	Z-188.5;	
N190	G02 X80 Z-196;	
N200	G01X82;	精加工轨迹结束行
N210	G00X260 Z1;	
N220	T0202;	换切槽刀
N230	G00 X44 Z-40 S600;	切槽 ϕ32×6
N240	G01 X32 F0.1;	
N250	G00 X42;	
N260	Z-42;	
N270	G01 X32;	
N280	G00 X42;	
N290	X260 Z1;	
N300	T0101;	90°车刀
N310	G00 X82 Z1;	精加工外形

N320	G70 P100 Q200;	
N330	G00 X260	换螺纹车刀
N340	T0303	
N350	G00 X38 Z5	加工螺纹
N360	G92 X34.8 Z-39 F1.5	
N370	X34.3	
N380	X34.05	
N390	G00 X260 Z1	退刀,停车,程序结束
N400	M05	
N410	M30;	

例2-7 试用G73指令编写如图2-57圆弧曲线轮廓。因外轮廓不是单调递增或单调递减形式,故不适用G71编程。毛坯为ϕ25mm的铝合金。

加工刀具采用V形刀片可换车刀。

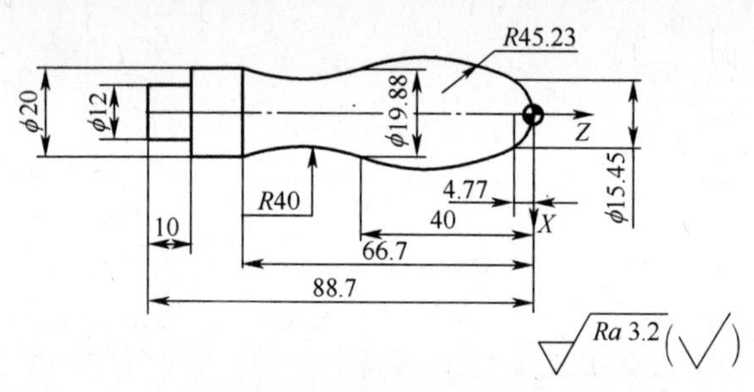

图2-57 圆弧曲线轮廓

参考程序如下:

程序段号	FANUC0i TC 程序	程序说明
	O2007;	
N10	G21 G99;	公制,进给 mm/r
N20	M43;	高挡位
N30	M03 S600;	主轴正转,转速 600r/min
N40	T0404;	换V形刀
N50	G00 X150 Z150;	换刀点
N60	X27 Z3;	快速定位,到程序起点
N80	G73 U12.5 W0 R5.0;	粗加工循环
N90	G73 P100 Q160 U0.5W0.0 F0.2;	
N100	G00 X0 Z3;	精加工轨迹
N110	G01 Z0 F0.1 S1000;	
N120	G03 X15.45 Z-4.77 R8.64 F0.1;	
N130	X19.88 Z-40R45.23;	
N140	G02 X20 Z-66.7R40;	
N150	G01 Z-88.7;	
N160	X28;	
N170	G70 P100 Q160;	精加工程序
N180	G00 X150 Z150;	退刀,停车,程序结束
N190	M05;	
N200	M30;	

2.5.3 数控车床操作提高

1. 调试程序

1）不安装工件毛坯和刀具空运行

（1）卸下工件毛坯。

（2）选择要运行的程序。

（3）按下【单段】执行按钮。

（4）选择方式选择按钮【自动方式】，按下软键【检视】，使屏幕显示正在执行的程序及坐标。

一只手放在【急停按钮】上，另一只手按下【循环启动】按钮，启动程序执行一个程序段，注意，此后每按一下【循环启动】按钮，车床执行一个程序段。此时检查机床动作是否正确，将要执行的程序段是否正确。

此方法用于检查程序语法、机床动作、刀具轨迹是否正确。避免车刀和工件发生碰撞，造成刀具和工件的损坏。缺点是不能确定加工出的零件是否符合图纸要求。

2）刀架不移动试运行程序

（1）选择要运行的程序。

（2）按下【机床锁】按钮（可按下【单段】按钮）。

（3）选择方式选择按钮【自动方式】，按下软键【检视】，使屏幕显示正在执行的程序及坐标。

（4）按下【循环启动】按钮启动程序。

此方法用于检查程序编写格式错误，配合图形显示功能可以观察刀具运动轨迹。可避免车刀发生误动作引起可能损坏机床、刀具、工件甚至伤害操作者。缺点是不能确定加工出的零件是否符合图纸要求。

3）试运行程序

（1）装夹工件并正确对刀后，选择要运行的程序。

（2）按下【单段】执行按钮。

（3）选择模式按钮【自动方式】，按下软键【检视】，使屏幕显示正在执行的程序及坐标。

一只手放在“急停按钮”上，另一只手按下【循环启动】按钮启动程序执行一个程序段，注意，此后每按一下【循环启动】按钮，车床执行一个程序段。此时检查机床动作是否正确，将要执行的程序段是否正确。

注意事项：一只手必须放在【急停按钮】上，程序在运行中手不能离开【急停按钮】，如有紧急情况立即按下【急停按钮】。

2. 图形显示功能

图形显示功能用于显示自动运行或手动运行期间刀具运行的轨迹

1）图形显示操作步骤

（1）按【CSTM/GR】键，显示绘图参数画面，如图 2 - 58 所示（如不显示，按【G · PRM】软键）。

（2）用光标键移到所设定的参数处。

（3）输入数据，用【INPUT】键完成数据的保存。

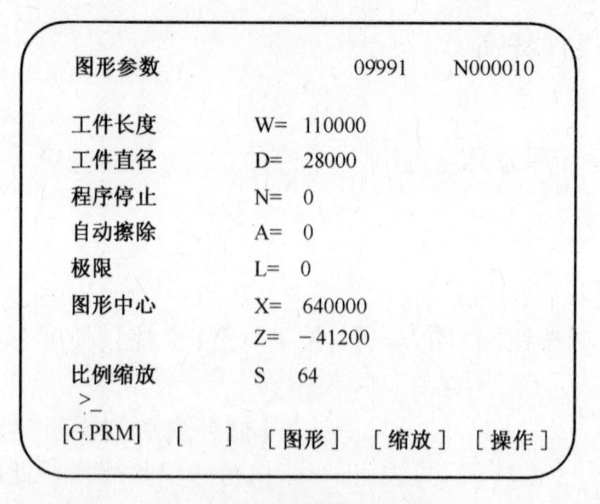

图 2-58 绘图参数画面

(4) 重复上述(2)、(3)步完成参数的设定。

(5) 按【图形】软键即可显示刀具运行的轨迹。快速移动用虚线“………”表示。切削进给用实线“——”表示(启动自动或手动运行后,刀具移动后可绘出刀具的运动轨迹)。

2) 图形参数

(1) 工件长度,工件直径:输入单位 0.001mm(in)。

(2) 程序停止:对程序一部分进行绘图时需设定结束程序段号,图形出来后,该参数设定值被自动取消(清除为 0)。

(3) 图形中心和比例缩放:显示画面的中心坐标和绘图比例。系统可以自动计算画面的中心坐标,以便按工件长度和工件直径设定的图形能在画面上显示出来。比例缩放的单位 0.001%。

思考题

采用 ISO 标准 G 代码,分别编制如图 2-59 所示零件数控车程序。

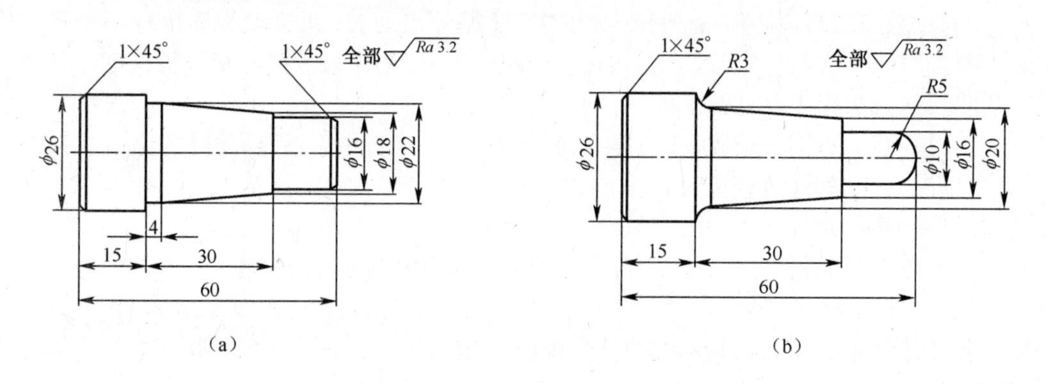

图 2-59 数控车床编程练习

第3章　数控加工中心编程与操作

数控加工中心是目前世界上产量最高、应用最广泛的数控机床之一，主要用于箱体类零件和复杂曲面零件的加工，能进行铣镗、钻、攻螺纹等工序。因为它具有自动换刀功能，所以工件一次装夹后能自动完成或接近完成工件各面的所有加工工序。

本章以配有 FANUC 0i – Mate MD 数控系统的 VDL – 600A 立式加工中心为例：首先介绍数控加工中心的结构、分类和加工范围；其次介绍数控加工中心的加工工艺，如刀具选取、工艺路线拟定、切削用量的选择等；最后将数控加工中心的操作和编程分为基础阶段、中级阶段、高级阶段三个部分，由浅入深地介绍数控加工中心实训过程中所要掌握的相关知识和技能。

3.1　数控加工中心简介

加工中心（Machining Center，MC）是从数控铣床发展而来的：与数控铣床相同的是，加工中心同样是由计算机数控系统、伺服系统、机械本体、液压系统等各部分组成；但加工中心又不等同于数控铣床，与数控铣床的最大区别在于其具有自动交换加工刀具的能力，通过在刀库上安装不同用途的刀具，可在一次装夹中通过自动换刀装置改变主轴上的加工刀具，实现钻、铣、镗、扩、铰、攻螺纹、切槽等多种加工功能。

3.1.1　数控加工中心的结构

加工中心刀库及换刀装置种类繁多，加工中心的结构、布局等也各不相同。一般立式加工中心结构包括床身、主轴箱、工作台、切削液箱、立柱、刀库、自动换刀装置、操作面板等。图 3 – 1 为 VDL – 600A 立式加工中心的结构。

3.1.2　数控加工中心的特点

加工中心已成为现代机床发展的主流方向，与普通机床相比，具有以下特点：

（1）具有刀库和自动换刀装置，能通过程序和手动控制自动换刀，在一次装夹中完成铣、镗、钻、扩、铰攻丝等加工，工序高度集中。

（2）加工中心通常具有多个进给轴（3 个以上），甚至多个主轴。由于联动的轴数较多，故能够自动完成多平面和多角度位置的加工，实现复杂零件的高精度定位和精确加工。

（3）加工中心上如果带有自动交换台，则可实现一个工作台加工工件的同时，另一个工作台装夹待加工的工件，从而大大缩短辅助时间，提高加工效率。

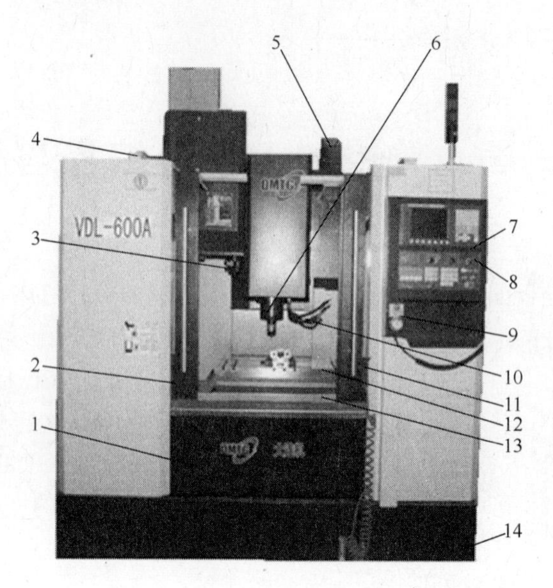

图 3-1　VDL-600A 立式加工中心

1—机床床身；2—防护门；3—换刀机械臂；4—刀库；5—护线架；6—主轴；
7—警示灯；8—数控系统及操作面板；9—手摇脉冲发生器；10—切削液喷管；
11—气动喷枪；12—工作台；13—X/Y 数控拖板；14—排屑器。

3.1.3 数控加工中心的分类

1. 立式加工中心

立式加工中心的主轴垂直于工作台，它能完成铣削、镗削、钻削、攻螺纹等工序，如图 3-1 所示。立式加工中心最少是三轴两联动，一般可实现三轴三联动。有的可进行四轴、五轴联动控制。立式加工中心装夹工件方便快捷、操作简便且易于实时观察加工情况，但加工时切屑不易排除。另外，立式加工中心的结构简单，占地面积小，价格相对较低，应用广泛。

由于立式加工中心多为固定立柱式，最适于加工高度方向尺寸相对较小的工件，一般情况下除底面不能加工外，其余 5 个面都可用不同的刀具进行轮廓和表面加工。

2. 卧式加工中心

卧式加工中心的主轴轴线与工作台台面平行，一般有 3～5 个坐标轴，常配有 1 个回转轴（或回转工作台），如图 3-2 所示。卧式加工中心刀库容量一般较大，有的刀库可存放几百把刀具。它主要适用于加工箱体类零件，只要一次装夹在回转工作台上，即可对箱体（除顶面和底面之外）的四个面进行铣、镗、钻、攻丝等加工。卧式加工中心的结构与立式加工中心相比更为复杂，体积和占地面积较大，价格也较高。

3. 复合加工中心

复合加工中心也称多工面加工中心，是指工件一次装夹后，即可完成多个面加工的设备，如图 3-3 所示。现有的 5 面加工中心，即可在工件一次装夹后，完成除安装底面外的 5 个面的加工。这种加工中心兼有立式和卧式加工中心的功能，在加工过程中可保证工件的位置公差，适用于具有复杂空间曲面的叶轮转子、模具、刀具等工件的加工。

图 3－2　卧式加工中心

图 3－3　复合加工中心

3.1.4　数控加工中心的主要加工范围

数控加工中心适用于复杂、工序多、精度要求高、需用多种类型普通机床，以及多种刀具、工装夹具，经过多次装夹和调整才能完成加工的零件。其主要加工对象有以下 5 种：

(1) 箱体类零件：是指具有一个以上孔系，内部有一定型腔，在长、宽、高方向有一定比例的零件。这类零件主要应用于机械、汽车、飞机等行业。

(2) 复杂曲面：在航空航天、汽车、船舶、国防等领域的产品中，复杂曲面类占有较大的比重。如叶轮、螺旋浆、各种曲面成形模具等复杂曲面采用普通机械加工方法是很难胜任甚至是无法完成的，此类零件适宜利用加工中心加工，如图 3－4(a)所示。

(3) 异型件：是外形不规则的零件，大多需要点、线、面多工位混合加工，如支架、基座、样板、靠模等，如图 3－4(b)所示。

(4) 盘、套、板类零件：带有键槽、径向孔或端面有分布的孔系、曲面的盘套或轴类零件，以及具有较多孔加工的板类零件，适宜采用加工中心加工，如图 3－4(c)所示。

(5) 特殊加工：利用加工中心可以完成一些特殊的工艺内容，例如，在金属表面上刻字、刻线、刻图案等。

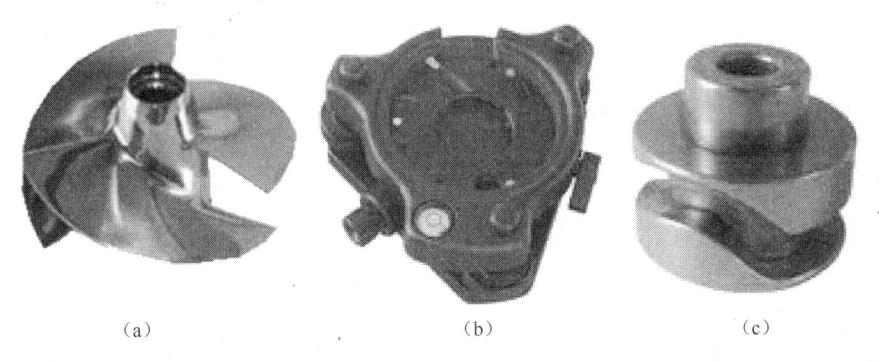

(a)　(b)　(c)

图 3－4　加工中心加工的零件

3.1.5　数控加工中心操作面板

不同的加工中心，其控制面板布局、操作可能不同；但配置相同数控系统的同类型加工中心,其操作基本相同。VDL-600A 立式加工中心配有 FANUC 0i-Mate MD 数控系统。VDL-600A 立式加工中心的面板与数控车床、铣床基本相同,包括系统操作面板和机床操作面板两大部分。系统操作面板与 FANUC 0i-Mate TC 数控车床基本相同,如图 2-29 所示,各按键功能见表 2-10 所列。机床操作面板如图 3-5 所示,其中方式旋钮、进给倍率修调旋钮及主轴转速修调旋钮、手轮、【循环启动】按钮、【进给保持】按钮等的功能及使用方法与数控车床基本相同,其余各按钮功能及使用方法见表 3-1 所列。

图 3-5 VDL-600A 立式加工中心机床操作面板

表 3-1 加工中心控制面板各按钮功能及使用方法

按键	名称及功能	使 用 方 法
POWER ON	接通、断开机床控制器的电源	开机时先合上机床电源,再按【POWER ON】即可启动机床数控系统,关机时,先按【POWER OFF】即可关闭数控系统,然后再断开机床电源开关
POWER OFF		
CYCLE START	循环启动按钮,用于开始执行程序	在自动或 MDI 方式下,按下此按钮,按钮灯亮,程序开始执行
FEED HOLD	进给保持按钮,用于暂停程序的执行,保持机床所有状态	在自动或 MDI 方式下,按下此按钮,按钮灯亮,机床停止移动。当再一次按循环启动时,进给保持被解除其灯灭,程序继续执行
DNC HANDLE MDI JOG EDIT INC AUTO REF MODE SELECTION	方式选择旋钮,用于选择机床的自动、编辑、MDI、手动、手轮、快速、回零等不同操作方式	与数控车床的使用相同

（续）

按键	名称及功能	使用方法
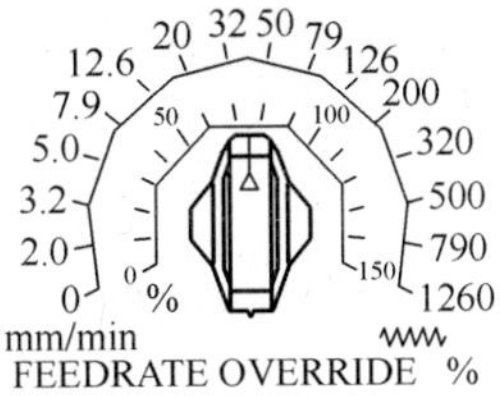20 32 50 79 12.6 126 7.9 200 5.0 320 3.2 500 2.0 790 0 1260 50 100 0 150 % mm/min FEEDRATE OVERRIDE %	进给倍率修调旋钮，用于对程序设定的进给量进行修调。	实际执行进给量为程序设定进给量与该旋钮所选挡位的乘积。0% ~150%，共16挡
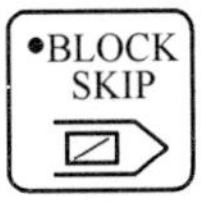•BLOCK SKIP	跳段按钮，用于跳过以“/”开始的程序段	在自动或MDI方式下按下该按钮，若程序段以“/”开始，则跳过该程序段，执行下一个程序段
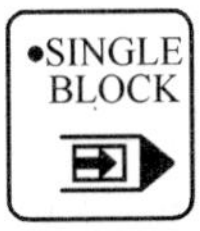•SINGLE BLOCK	单段按钮，用于用来单步运行程序	在自动或MDI方式下，按下该按钮，则每按一次【CYCLE START】按钮，只执行一段程序
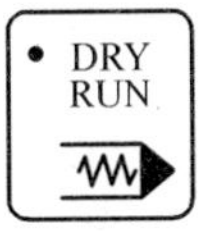• DRY RUN	空运行开关	以手动进给倍率开关设定的快速定位的速率执行程序，会忽略原程序设定的进给量
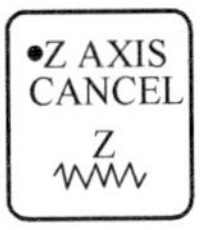•Z AXIS CANCEL Z	*Z*轴锁闭开关	在自动运转时，*Z*轴机械被锁，不执行程序中*Z*轴的移动指令
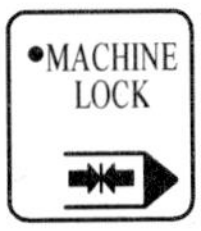•MACHINE LOCK	机床锁开关，用于锁住机床各轴的进给（主轴转动除外）	用来空运行程序，机床各轴不动，用来检查程序的正确与否
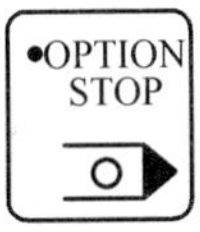•OPTION STOP	选择停开关，用于指令M01控制程序暂停	在自动或MDI方式下，按下该按钮，指示灯亮。若程序中有M01，NC执行到M01后暂停执行后面的程序按【CYCLE START】按钮继续执行后面的程序
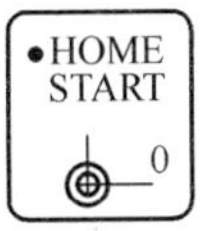•HOME START 0	回零开关	VDL－600A开机后不需要回零
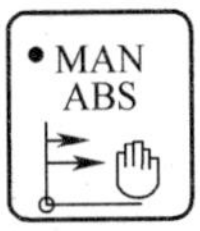• MAN ABS	手动绝对值	打开时在自动操作中介入手动操作时，其移动量进入绝对记忆中； 关闭时在自动操作中介入手动操作时，其移动量不进入绝对记忆中

（续）

按键	名称及功能	使 用 方 法
• PROGRAM RESTART	程序再启动	程序再启动功能生效
• CLANT A	切削液 1 控制开关	切削液 1 打开
• CLANT B	切削液 2 控制开关	切削液 2 打开
• CHIP CW	排屑器正转开关	排屑螺杆依顺时针方向转动
• ATC CW	刀库正转开关	ATC 刀库依顺时针方向转动
• ATC CCW	刀库反转开关	ATC 刀库依逆时针方向转动
• POWER OFF M30	M30 自动断电	程序中执行到 M30 后，机床将在设定的时间内自动关闭总电源
• AIR LOW	气压不足警示灯	灯亮时必须检查气压或管路
• OIL LOW	油量不足警示灯	灯亮时必须检查油量或油压
• SP. UNCLAMP	主轴松刀指示灯	表示主轴刀具已松开
• X HOME • Y HOME • Z HOME • B HOME	*X*、*Y*、*Z*、*B* 轴参考点指示灯	表示各轴已到达参考点位置
• A. UNCLAMP	A 轴松开指示灯	表示转台已松开
• SP. HIGH	主轴高挡指示灯	表示主轴位于高挡
• SP. LOW	主轴低挡指示灯	表示主轴位于低挡
• O. TRAVEL	紧急停止指示灯	表示紧急停止

3.1.6 数控加工中心编程指令

FANUC 0i – Mate MD 的主要准备功能与辅助功能见表 3 – 2 与表 3 – 3 所列。

表 3-2 FANUC 0i-Mate MD 系统主要的准备功能

G代码	组别	功能	G代码	组别	功能
* G00	01	定位(快速移动)	G73	09	高速深孔钻循环
G01		直线进给	G74		左螺旋切削循环
G02		顺时针切圆弧	G76		精镗孔循环
G03		逆时针切圆弧	* G80		取消固定循环
G04	00	暂停	G81		中心钻循环
G20	06	英寸输入	G82		反镗孔循环
G21		毫米输入	G83		深孔钻削循环
* G17	02	*XY* 面选择	G84		右螺旋切削循环
G18		*XZ* 面选择	G85		镗孔循环
G19		*YZ* 面选择	G86		镗孔循环
* G40	07	取消刀具半径偏移	G87		反向镗孔循环
G41		刀具半径左偏移	G88		镗孔循环
G42		刀具半径右偏移	G89		镗孔循环
* G43	08	刀具长度正方向偏移	* G90	03	使用绝对值命令
* G44		刀具长度负方向偏移	G91		使用相对值命令
* G49		取消刀具长度偏移	G92	00	设置工件坐标系
G50	11	比例缩放取消	* G94	05	每分钟进给
G51		比例缩放	G95		每转进给
G53	00	选择机床坐标系	G98	10	固定循环返回起始点
G54-G59	14	选择工件坐标系	* G99		返回固定循环 *R* 点
G68	16	坐标系旋转	G65	00	宏程序调用
G69		坐标系旋转取消			
注:带"*"号的指令为机床通电后的默认指令					

表 3-3 FANUC 0i-Mate MD 系统主要的辅助功能

M代码	功 能	M代码	功 能	M代码	功能
M00	程序停止	M03	主轴正转启动	M08	切削液 2 打开
M01	程序选择停止	M04	主轴反转启动	M09	切削液关闭
M02	程序结束	M05	主轴停止	M98	子程序调用
M30	程序结束并返回	M07	切削液 1 打开	M99	子程序返回

3.2 数控加工中心的加工工艺

3.2.1 数控加工中心的加工工艺流程

数控加工中心的加工工艺流程如下:

(1) 零件图样工艺分析。检查零件图样尺寸标注是否正确,明确各图形几何要素间的相互关系。对零件进行加工工艺性分析,尽量统一零件轮廓内圆弧的有关尺寸。

(2) 确定装夹方案。根据零件的形状及所要加工的表面,确定工件的装夹方案。

(3) 安排工序,确定进给路线。根据零件的加工内容,合理安排工序。注意在每个工序中确定刀具的安全进刀位置及路线。

(4) 选择刀具及切削用量。根据所要加工表面的形状和尺寸,选择适当的刀具及切削用量。

3.2.2 数控加工中心常用刀具及其选用

1. 常用铣刀

铣刀是刀齿分布在旋转表面或端面上的多刃刀具,其几何形状较复杂,种类较多。按铣刀切削部分的材料分为高速钢铣刀、硬质合金铣刀;按铣刀结构形式分为整体式铣刀、镶齿式铣刀、可转位式铣刀;按铣刀的安装方法分为带孔铣刀、带柄铣刀;按铣刀的形状和用途可分为圆柱铣刀、面铣刀、立铣刀、键槽铣刀、球头铣刀等,如图 3-6 所示。

选用刀具时注意刀具直径大于铣削深度的两倍,约为铣削宽度的 1.2~1.6 倍,刀具长度超出铣削深度 5mm~10mm。

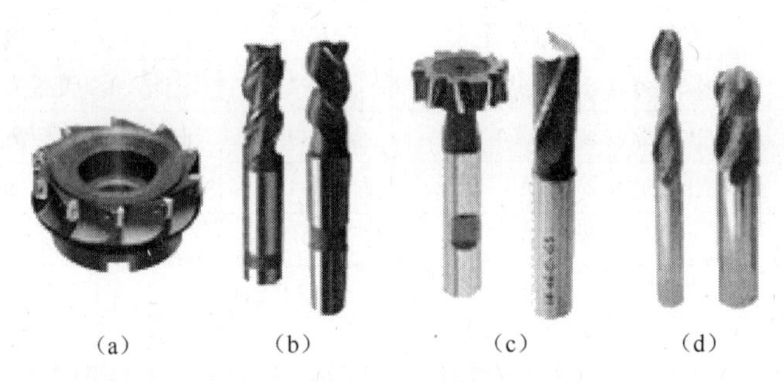

(a)　(b)　(c)　(d)

图 3-6　常用铣刀

(a)面铣刀;(b)立铣刀;(c)键槽铣刀;(d)球头铣刀。

(1) 面铣刀主要用于加工较大的平面,也可用于立式铣床或卧式铣床上加工台阶面和平面,生产效率高。面铣刀的圆周表面和端面上都有切削刃,圆周表面上的切削刃为主切削刃,端面切削刃为副切削刃,如图 3-6(a)所示。目前较常用的铣削平面的铣刀为硬质合金可转位式面铣刀,它是将硬质合金可转位刀片直接装夹在一体槽中,切削刃用钝后,将刀片转位或更换新刀片即可继续使用。

标准可转位式面铣刀的直径已经标准化,选择面铣刀直径时主要需考虑刀具所需功率应在机床功率范围内。粗铣时,铣刀直径要小些,因为粗铣切削力大,选小直径铣刀可减小切削扭矩;精铣时,铣刀直径要选大些,尽量包容工件整个加工宽度,以提高加工精度和效率,并减小相邻两次进给之间的接刀痕迹。

(2) 立铣刀是数控加工中用得最多的一种铣刀,主要用于加工凹槽较小的台阶面以及平面轮廓。立铣刀的圆柱表面和端面上都有切削刃,如图 3-6(b)所示,它们既可以同时进行切削,也可以单独进行切削。圆柱表面的切削刃为主切削刃,端面上的切削刃为副切削刃。副切削刃主要用来加工与侧面垂直的底平面,普通立铣刀的端面中心处无切削刃,故一般不宜进行轴向进给。

(3) 键槽铣刀主要用于立式铣床上加工型腔及圆头封闭键槽等。键槽铣刀外形似立铣刀,端面无顶尖孔,端面刀齿从外圆开至轴心,且螺旋角较小,增强了端面刀齿强度,如图3-6(c)所示。端面刀齿上的切削刃为主切削刃,圆柱面上的切削刃为副切削刃。加工键槽时,每次先沿铣刀轴向进给较小的量,然后再沿径向进给,这样反复多次,就可完成键槽的加工。

(4) 球头铣刀是切削刃类似球头的装配于铣床上用于铣削各种曲面、圆弧沟槽的刀具,球头铣刀也叫做R刀。球头铣刀的球部布满切削刃,圆周切削刃与球部切削刃圆弧连接,可以进行径向和轴向进给,如图3-6(d)所示。加工曲面类零件时,为了保证刀具切削刃与加工轮廓在切削点相切,而避免切削刃与工件轮廓发生干涉,一般采用球头刀,粗加工用两刃铣刀,半精加工和精加工用四刃铣刀。

2. 刀具类型选择

刀具类型选择如下:

(1) 加工曲面类零件时,为保证刀具切削刃与加工轮廓在切削点相切,而避免切削刃与工件轮廓发生干涉,一般采用球头刀,粗加工用两刃铣刀,半精加工和精加工用四刃铣刀。

(2) 铣较大平面时,为提高生产效率和提高加工表面粗糙度,一般采用刀片镶嵌式盘形铣刀(面铣刀)。

(3) 铣小平面或台阶面时一般采用立铣刀。

(4) 铣键槽时,为保证槽的尺寸精度,一般用两刃键槽铣刀。

(5) 孔加工时,可采用钻头、镗刀、立铣刀等孔加工类刀具。

3.2.3 数控加工中心加工工艺路线的拟定

1. 工序的划分

根据数控加工的特点,数控加工工序的划分一般可按下列方法进行:

(1) 以一次安装、加工作为一道工序。这种方法适合于加工内容较少的零件,加工完后就能达到待检状态。

(2) 以同一把刀具加工的内容划分工序。有些零件虽然能在一次安装中加工出很多待加工表面,但考虑到程序太长,会受到某些限制,如控制系统的限制(主要是内存容量)、机床连续工作时间的限制(如一道工序在一个工作班内不能结束)等。此外,程序太长会增加出错与检索的困难。因此程序不能太长,一道工序的内容不能太多。

(3) 以加工部位划分工序。对于加工内容很多的工件,可按其结构特点将加工部位分成几个部分,如内腔、外形、曲面或平面,并将每一部分的加工作为一道工序。

(4) 以粗、精加工划分工序。对于经加工后易发生变形的工件,由于对粗加工后可能发生的变形需要进行校形,故一般来说,进行粗、精加工的过程尽量将工序分开。

2. 顺序的安排

顺序的安排应根据零件的结构和毛坯状况,以及定位、安装与夹紧的需要来考虑。顺序安排一般应按以下原则进行:

(1) 上道工序的加工不能影响下道工序的定位与夹紧,中间穿插有通用机床加工工序的也应综合考虑。

(2) 先进行内腔加工,后进行外形加工。

(3) 以相同定位、夹紧方式加工或用同一把刀具加工的工序,最好连续加工,以减少重复定位次数、换刀次数与挪动压板次数。

3. 确定走刀路线和安排加工顺序

走刀路线是刀具在整个加工工序中的运动轨迹,它不但包括工步的内容,也反映出工步顺序。走刀路线是编写程序的依据之一。

确定走刀路线时应注意以下几点:

(1) 寻求最短加工路线。如加工图3-7(a)所示零件上的孔系。图3-7(b)所示走刀路线为先加工完外圈孔后,再加工内圈孔。若改用图3-7(c)可减少空刀时间,则可节省定位时间近1/2,提高了加工效率。

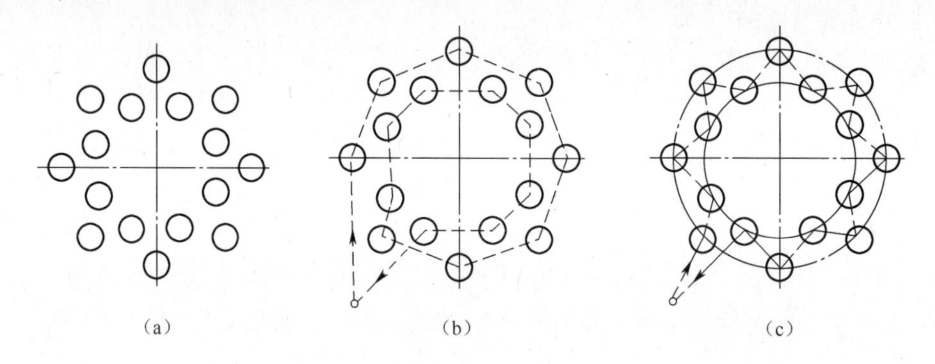

图3-7 最短走刀路线的设计

(a)零件图样;(b)路线1;(c)路线2。

(2) 最终轮廓一次走刀完成。为保证工件轮廓表面加工后的粗糙度要求,最终轮廓应安排在最后一次走刀中连续加工出来。如图3-8(a)为用行切方式加工内腔的走刀路线,这种走刀能切除型腔中的全部余量;但将在两次走刀的起点和终点间留下残留高度,而达不到内轮廓所要求的表面粗糙度。所以如采用图3-8(b)的走刀路线,先用行切法,最后沿周向环切一刀,光整轮廓表面,能获得较好的效果。图3-8(c)也是一种较好的走刀路线方式。

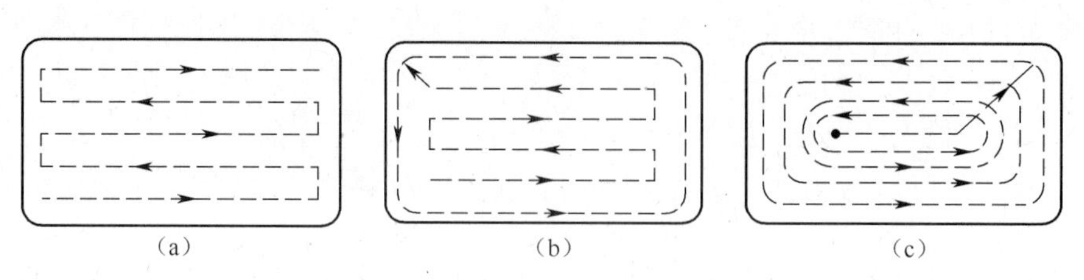

图3-8 铣削型腔的三种走刀路线

(a)路线1;(b)路线2;(c)路线3。

(3) 选择切入、切出方向。考虑刀具的进刀(切入)、退刀(切出)路线时,刀具的切出点或切入点应在沿零件轮廓的切线上,以保证工件轮廓光滑;应避免在工件轮廓面上垂直上、下刀而划伤工件表面;尽量减少在轮廓加工切削过程中的暂停(切削力突然变化造成弹性变形),以免留下刀痕,如图 3-9 所示。

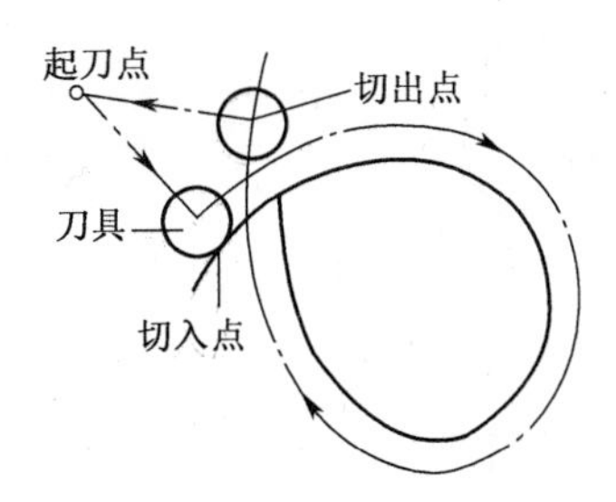

图 3-9　刀具切入和切出时的外延

(4) 选择使工件在加工后变形小的路线。对横截面积小的细长零件或薄板零件应采用分几次走刀加工到最后尺寸或对称去除余量法安排走刀路线。安排工步时,应先安排对工件刚性破坏较小的工步。

3.2.4　数控加工中心切削用量的选用

切削用量包括背吃刀量、进给量、切削速度。切削用量会影响零件的精度、表面粗糙度、刀具的寿命以及生产效率等。因此,根据零件的精度要求不同、工件的材料不同、刀具的尺寸、刚度不同,切削用量的选择也不同。常用的切削用量选用的方法有经验估计法和查表法等。

(1) 经验估算法:凭据具有丰富实践经验的工艺人员根据实际情况采用适当的切削用量。

(2) 查表法:根据工厂长期生产实践和试验研究所积累的数据资料制成表格,铣削时常用的进给量、切削速度见表 3-4 和表 3-5 所列。根据实际情况参考表格中的数据确定合适的切削用量。转速与切削速度的关系如公式(1-1)所示。

表 3-4　铣刀每齿进给量

工件材料	$f_Z/(\mathrm{mm \cdot z^{-1}})$			
	粗铣		精铣	
	高速钢铣刀	硬质合金铣刀	高速钢铣刀	硬质合金铣刀
钢	0.10~0.15	0.10~0.25	0.02~0.05	0.10~0.15
铸铁	0.12~0.20	0.15~0.30		
铝合金	0.1~0.2	0.1~0.4	0.05~0.2	0.15~0.2

表 3-5　铣削时的切削速度

工件材料	切削速度 v_c/(m/min)			
	粗铣		精铣	
	高速钢铣刀	硬质合金铣刀	高速钢铣刀	硬质合金铣刀
钢	15~25	50~80	20~40	80~150
铸铁	10~20	40~60	20~30	60~120
铝及其合金	150~200	350~500	200~300	500~800
铜及其合金	100~150	300~400	150~250	400~500

3.3 基础部分

3.3.1 数控加工中心基础知识

加工中心所配置的数控系统各有不同，各种数控系统程序编制的内容和格式也不尽相同，但程序编制方法和使用过程是基本相同的。加工中心的编程指令和方法与数控铣床的编程方法基本相同，只是多了自动换刀功能。下面以配置 FANUC - 0i - Mate MD 数控系统的 VDL - 600A 立式加工中心为例，介绍其编程方法。

1. 加工中心坐标系

加工中心坐标系有机床坐标系和或编程坐标系。一般有 X 轴、Y 轴、Z 轴三个坐标轴，如图 3 - 10 所示，主轴带动刀具旋转的回转中心轴为 Z 轴，其正方向为刀具远离工件的方向，一般竖直向上；X 轴、Y 轴为水平面内的横向、纵向进给方向，以主要的切削方向为 X 轴，另一个与其垂直的进给运动为 Y 轴。加工中心的机床坐标系是由机床生产厂家生产、调试时调整好的，出厂后不要随意变动，否则会影响机床的精度。其机床原点一般设在机床行程极限位置。

图 3 - 10 加工中心坐标系

编程坐标系是由编程人员设定的，主要原则是计算、编程、对刀调试方便。其原点一般设置在工件的对称中心或角点等便于对刀、计算、编程的位置。编程时只要选定位置即可，在程序调试与加工前要通过对刀来建立编程坐标系与机床坐标系的相对位置关系，即工件坐标系。

2. 安全平面、起始平面、返回平面、进刀平面和退刀平面

在数控加工中心中，刀具除作平面 X 轴、Y 轴方向的进给外，还可以作垂直 Z 轴方向的进给。在零件加工中，刀具在空间的移动必须注意路径的安全性，即刀具快速移动过程中必须注意不能碰到工件、夹具等，以免出现事故。为保证刀具路径的安全性，定义了以下平面（图 3 - 11）：

（1）安全平面：该平面定义刀具无论在 X 轴、Y 轴怎样移动都不会碰到工件或夹具的高度，一般定义在高出被加工零件最高点之上 10 ~ 50mm 的高度，这样既能保证刀具快速移动过程的安全，又能节省非切削时间。刀具在完成一个位置的加工后，可上升到该高度后快速定位到另一个位置，再进行加工。

(2) 起始平面：为程序开始时刀具刀位点的初始位置所在的 Z 平面。该平面一般高于安全平面，一般定义在被加工表面的最高点之上 50 ~ 100mm 的高度。开始执行程序时，刀具可以以 G00 指令快速到达该平面。

(3) 返回平面：指加工结束时，刀具刀位点所处的 Z 平面，一般与起始平面重合。

(4) 进刀平面：在铣削中，刀具可以快速到达该平面轮廓开始切削位置处，然后改为工进速度进入加工。该平面一般定义在零件加工表面和安全平面之间，距零件加工表面 3 ~ 10mm 的高度(若零件为毛坯面，取值可以稍大；若为已加工表面时，取值可以稍小)。

(5) 退刀平面：在零件铣削结束后，刀具工进切出到该平面，然后在快速返回到安全平面或返回平面。退刀平面一般与进刀平面重合。

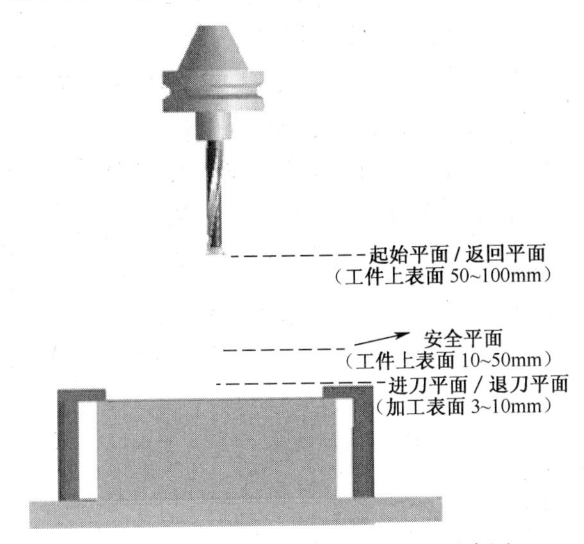

图 3 - 11　加工中心编程常用平面示意图

3. 程序结构

数控铣削的过程：启动主轴→打开切削液→快速定位到起始平面→快速定位到切入点在起始平面的投影位置→快速下刀到进刀平面→铣削→工进切出到退刀平面→快速抬刀至返回平面→关闭切削液→停止主轴→程序结束。

一般程序结构如下：

程序	程序说明
O * * * *;	程序
G54;	选择工件坐标系
G90 G49 G40 G80;	取消性安全指令
M03 S800;	启动主轴
M08;	打开切削液
G00 Z100;	快速定位到起始平面
G00 X__ Y__;	快速定位到切入点在起始平面的投影位置

```
G00 Z5;            快速下刀到进刀平面
……                 铣削
……;
G01 Z5 F100;       工进切出到退刀平面
G00 Z100;          快速抬刀至返回平面
M09;               关闭切削液
M05;               停止主轴
M30;               程序结束并返回
```

3.3.2 数控加工中心基本编程指令

1. 坐标系相关指令

1）工件坐标系设定指令 G92

指令格式:G92 X_ Y_ Z_;

G92 是确定工件坐标原点的指令,执行 G92 指令时,机床并不动作,系统根据 G92 指令中的 X、Y、Z 值从刀具起始点反向推出工件坐标系原点。

坐标值 X、Y、Z 均不得省略,否则对未被设定的坐标轴将按以前的记忆执行,这样刀具在运动时,可能达不到预期的位置,甚至会造成事故。

以图 3-12 为例,在加工工件前,用自动方式使机床返回机床零点,此时,刀具中心对准机床零点 M(图 3-12(a)),当执行程序 G92 X-10.0 Y-10.0 Z0.0;后,就建立工件坐标系 $X_{工件}OY_{工件}$(图 3-12(b)),O 为工件坐标系的原点。

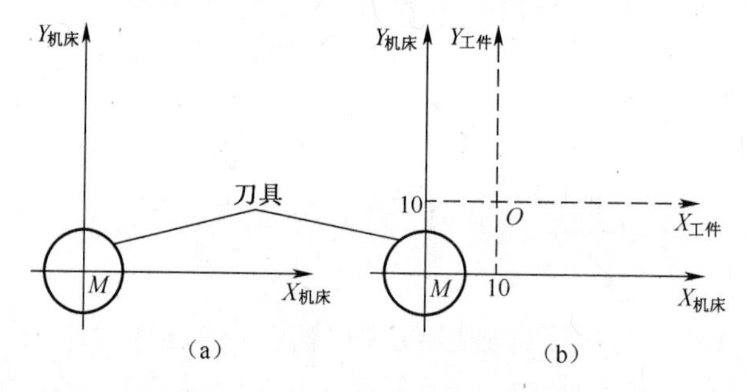

图 3-12 G92 指令建立工件坐标系

2）工件坐标系指令 G54 ~ G59

指令格式:G54 / G55/ G56/ G57/ G58 / G59;

若在工作台上同时加工多个零件时,可以设定不同的程序零点,如图 3-13 所示。与 G54 ~ G59 相对应的工件坐标系,分别称为第 1 ~ 第 6 工件坐标系,其中 G54 工件坐标系是机床一开机就有效的坐标系。

G54 ~ G59 与 G92 需要在程序段中给出坐标值不同,只要操作者事先测量在机床坐标系下工件坐标原点的位置,然后写入工件坐标偏置存储器中(具体操作方法见 3.3.4 节对刀操作相关内容),编程时只写入所用工件坐标指令即可。如图 3-14 所示,使用 G54 编程,并要使刀具运动到工件坐标系中 $X=100$,$Y=50$,$Z=200$ 的位置,程序为:G90 G54 G00 X100. Y50. Z200. ;。

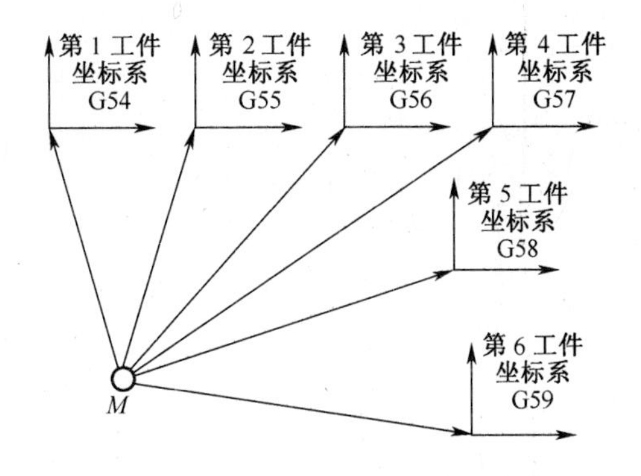

图 3－13　G54～G59 工件坐标系

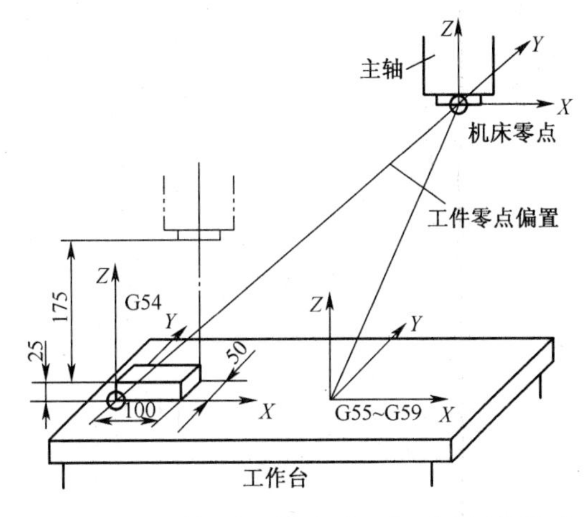

图 3－14　工件坐标系与机床坐标系之间的关系

2. 常用的 G 指令

1）快速定位指令 G00

指令格式：G00 X_Y_Z_;

该命令用于将刀具以快速进给的速度定位至目标位置（在绝对坐标方式下），或者移动到某个距离处（在增量坐标方式下）。

注意事项如下：

（1）G00 只能用于快速定位，不能用于切削。

（2）使用 G00 指令时，刀具的实际运动路线可能是一条折线，如图 3－15 所示，所以在使用时要注意避免刀具与工件发生干涉。

（3）使用 G00 指令时，刀具的移动速率由机床的控制面板上的快速进给倍率来调节。

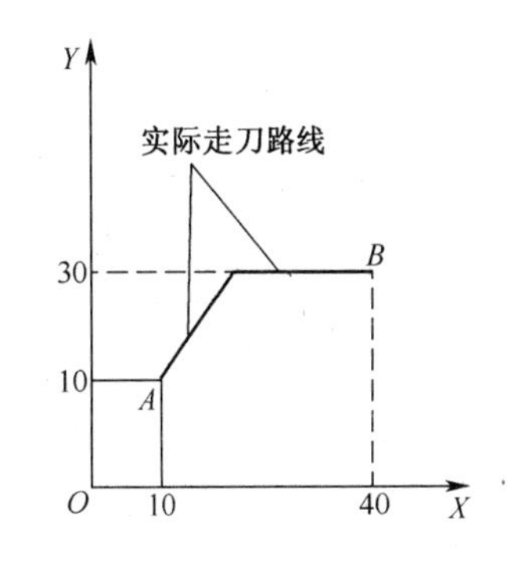

图 3－15　G00 刀具路线示意图

从 *A* 点快速移动至 *B* 点程序如下：

用绝对尺寸指令编程　G90　G00 X40. Y30.（G90 可以不写）

用增量尺寸指令编程　G91　G00　X30. Y20.;

2）直线插补指令 G01

指令格式：G01 X __ Y __ Z __ F __；

该命令将刀具以直线形式按 F 代码指定的速率从它的当前位置移动到程序要求的位置，联动合成轨迹为刀具当前位置与指令目标位置两点间的连线。F 的速率是程序中指定轴速率的复合速率。

如图 3－16 所示，刀具从起始点 *A* 沿 *AB* 切削，程序如下：

用绝对尺寸指令编程　G90　G01 X60. Y50. F300；（G90 可以不写）

用增量尺寸指令编程　G91　G01 X40. Y30. F300；

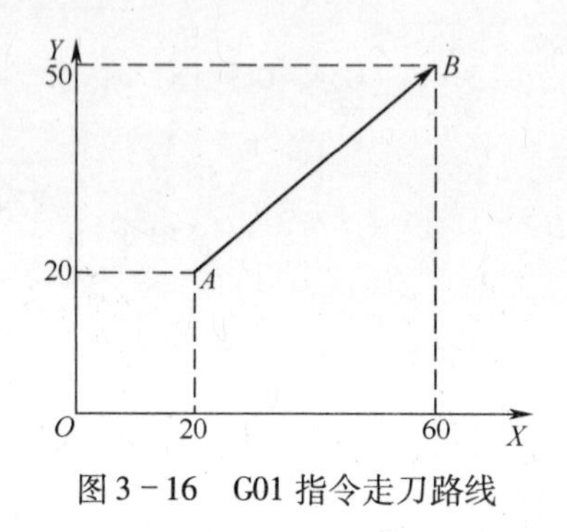

图 3－16　G01 指令走刀路线

3.3.3　典型表面数控加工编程

1. 平面铣削

平面铣削编程比较容易，刀具主要做直线进给。平面铣削时尽量选用面铣刀，也可选用立铣刀。粗铣时，余量大，刀具刚度一定要满足要求，直径可以稍小；精铣时，刀具直径尽量覆盖整个平面，以避免留下接刀痕。

例 3－1　编制如图 3－17 所示平面的铣削程序，材料为 45 钢，要求铣削深度 1mm，表面粗糙度 $Ra=12.5\mu m$。

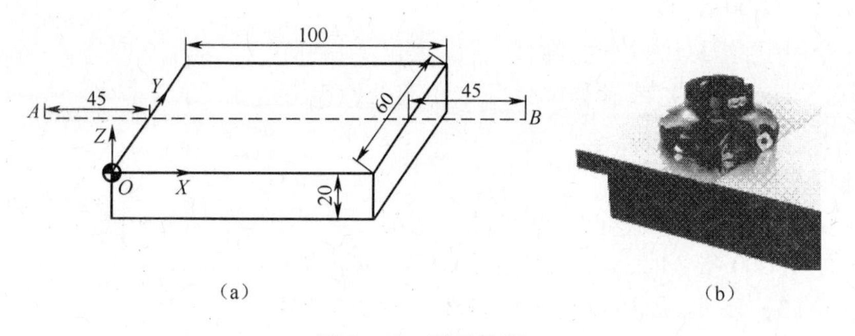

图 3－17　平面铣削

（1）数控切削工艺工装分析。

① 装夹工具的选择：本工序采用机用虎钳装夹。

② 装夹方案的选择：在一次装夹中一次走刀完成全部加工内容。本工件是 45 钢加工练习，加工精度要求不高，所以不用分粗、精加工。

③ 刀具选择：铣削平面尺寸为 100mm×60mm，深度为 1mm，可以选择直径为 80mm 的

六刃硬质合金面铣刀一次铣削。

(2) 确定加工顺序及走刀方案。

① 编程原点的选定:该零件为矩形,铣削平面时轨迹为直线,编程比较简单,编程原点可以设置在矩形零件上表面或下表面的一角,也可以设置在矩形对称中心上。本程序设置在如图 3-17(a)所示的工件上表面左下角 O 点。

② 确定起刀点:起刀点设在编程原点 O 上方 100mm 处。

③ 铣削路径:$A \to B$。

(3) 铣削用量:铣削深度为 1mm,一次铣削,其背吃刀量 $a_p = 1$mm,切削速度 $v_c = 80$m/min,转速 $n = 1000 \times 80/(\pi \times 80) = 318 \approx 300$(r/min),进给量 $f = (0.1 \times 6) \times 300 = 180$(mm/min)。

(4)填写数控加工工序卡,见表 3-6 所列。

表 3-6 四方零件铣平面数控加工工序卡

数控加工工序卡				工序号		工序内容		
				1		铣平面		
铣平面				零件名称	材料	夹具名称		使用设备
				四方	45 钢	机用虎钳		VDL-600A
工步号	程序号	工步内容	刀具号	刀具规格 /mm	主轴转速 /(r/min)	进给量 /(mm/min)	背吃刀量 /mm	备注 (检测说明)
1	O3331	铣平面	1	ϕ80mm	300	180	1	
编制	×××	审核	×××			第 1 页		共 1 页

(5) 编制加工程序如下:

程序	程序说明
O3331;	程序名
N10G54;	选择 G54 工件坐标系
N20G90G49G40G80;	程序初始化
N30M03S300;	主轴正转,转速为 300r/min
N40G00X0Y0Z100;	快速定位到起始平面
N50X-45Y30;	快速定位到切入点 A 上方
N60Z5M08;	快速下刀至进刀平面并打开切削液
N70G01Z-1F180;	垂直下刀到切削深度
N80X45;	铣削平面 $A \to B$
N100G01Z5;	工件切出至退刀平面
N110G00Z100M09;	抬刀返回至返回平面并关闭切削液
N120M05;	主轴停止
N130M30;	程序结束

注意:刀具下到切削深度之前,一定要移出零件表面,或采用 G01 指令工进斜线切入工件;否则,可能会导致危险。

2. 外轮廓铣削

外轮廓铣削时，一般采用立铣刀或键槽铣刀，从节点的延长线、切线或斜线方向引入开始切削，最后沿节点的延长线、切线或斜线方向引出，尽量避免沿法线方向切入、切出。

例 3－2 编制如图 3－18 所示的外轮廓铣削程序，毛坯为 80mm×50mm×20mm 的 45 钢方料，加工深度为 2mm。

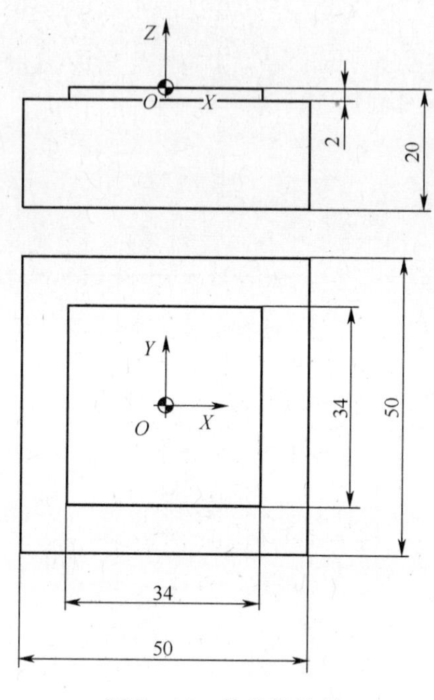

图 3－18 外轮廓铣削

（1）数控切削工艺工装分析。

① 装夹工具的选择：本工序采用台钳装夹。

② 装夹方案的选择：在一次装夹中一次走刀完成全部加工内容。本工件是 45 钢加工练习，加工精度要求不高，所以不用分粗、精加工。

③ 刀具选择：铣削深度为 2mm，铣削宽度最宽为 8mm，应尽量提高刀具刚度，刀具直径应大于 8mm，否则毛坯的四个顶角会产生欠切，因此，选用直径为 10mm 的两刃硬质合金立铣刀。

（2）确定加工顺序及走刀方案。

① 编程原点的选定：毛坯铣削表面为矩形，要铣削外轮廓，为编程计算方便，将编程原点建立在工件上表面的对称中心，如图 3－18 所示。

② 确定起刀点：起刀点设在工件上表面对称中心 O 点上方 100mm 处。

③铣削路径：采用延长线切入、切出。O 点上方 100mm→A 点上方→下刀至 A 点→B 点→C 点→D 点→E 点→抬刀→O 点，如图 3－19 所示。

（3）铣削用量：铣削深度为 2mm，一次铣削，其背吃刀量 $a_p = 2$mm，切削速度 $v_c =$ 40m/min，转速 $n = 1000 \times 40/(\pi \times 10) = 1273 \approx 1200$(r/min)，进给量 $f = (0.1 \times 2) \times 1200 =$ 240(mm/min)。

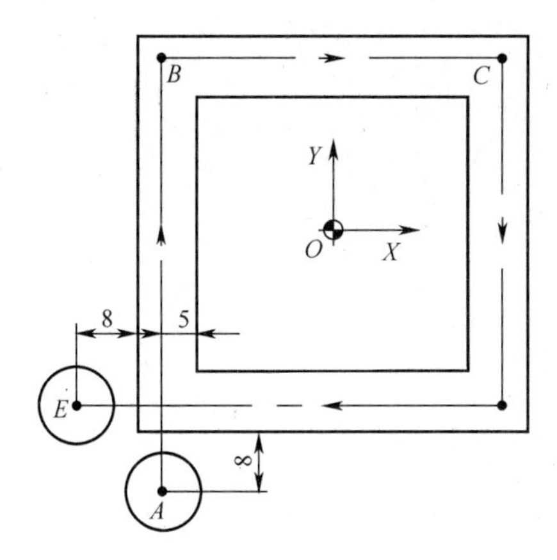

图 3-19　外轮廓铣削走刀路线

（4）填写数控加工工序卡，见表 3-7 所列。

表 3-7　方形凸台数控加工工序卡

<table>
<tr><td colspan="4" rowspan="2">数控加工工序卡</td><td colspan="2">工序号</td><td colspan="3">工序内容</td></tr>
<tr><td colspan="2">1</td><td colspan="3">铣正方形凸台</td></tr>
<tr><td colspan="4" rowspan="2">正方形凸台</td><td>零件名称</td><td>材料</td><td colspan="2">夹具名称</td><td>使用设备</td></tr>
<tr><td>凸台</td><td>45 钢</td><td colspan="2">机用虎钳</td><td>VDL-600A</td></tr>
<tr><td>工步号</td><td>程序号</td><td>工步内容</td><td>刀具号</td><td>刀具规格/mm</td><td>主轴转速/(r/min)</td><td>进给量/(mm/min)</td><td>背吃刀量/mm</td><td>备注(检测说明)</td></tr>
<tr><td>1</td><td>03332</td><td>铣凸台</td><td>1</td><td>$\phi10$</td><td>1200</td><td>240</td><td>2</td><td></td></tr>
<tr><td></td><td></td><td></td><td></td><td></td><td></td><td></td><td></td><td></td></tr>
<tr><td>编制</td><td>×××</td><td>审核</td><td colspan="3">×××</td><td colspan="2">第 1 页</td><td>共 1 页</td></tr>
</table>

（5）编制加工程序如下：

程序	程序说明
O3332;	程序名
N10G54;	选择 G54 工件坐标系
N20G90G49G40G80;	程序初始化
N30M03S1200;	主轴正转，转速为 1200r/min
N40G00X0Y0Z100;	快速定位到起始平面
N50X-22Y-33;	快速定位到切入点 A 在起始平面的投影位置
N60Z3M08;	快速下刀至进刀平面并打开切削液
N70G01Z-2F240;	垂直下刀到切削深度
N80Y22;	直线 $A \to B$
N90X22;	直线 $B \to C$
N100Y-22;	直线 $C \to D$
N110X-33;	直线 $D \to E$
N120G01Z3M09;	工件切出至退刀平面并关闭切削液
N130G00Z100;	抬刀返回至返回平面

```
N140X0Y0;                    返回起始点
N150M05;                     主轴停止
N160M30;                     程序结束
```

3. 沟槽铣削

例3-3 加工如图3-20所示十字沟槽零件,已知材料为45钢方料。

(1)数控切削工艺工装分析。

① 装夹工具的选择:本工序采用机用虎钳装夹。

② 装夹方案的选择:在一次装夹中一次走刀完成全部加工内容。本工件是45钢加工练习,加工精度要求不高,所以不用分粗、精加工。

③ 刀具选择:铣削深度为2mm,铣削的沟槽宽度为12mm,因此,选用直径为12mm的两刃硬质合金键槽铣刀。

(2)确定加工顺序及走刀方案。

① 编程原点的选定:毛坯铣削表面为矩形,要铣削外轮廓,为了编程计算方便,将编程原点建立在工件上表面的对称中心,如图3-20所示。

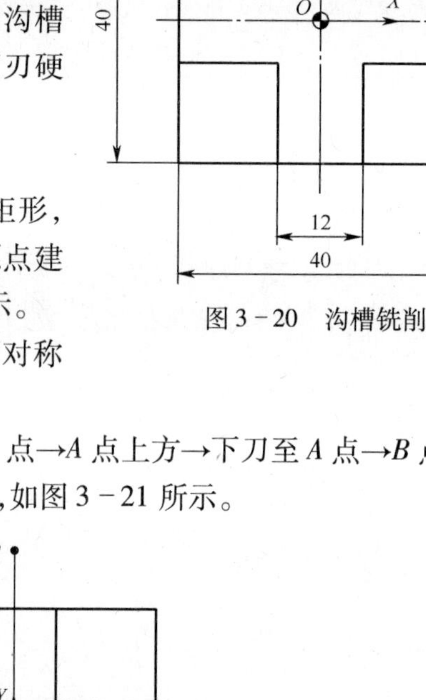

图3-20 沟槽铣削

② 确定起刀点:起刀点设在工件上表面对称中心O点上方100mm处。

③ 铣削路径:采用延长线切入、切出。O点→A点上方→下刀至A点→B点→抬刀→C点上方→下刀至C点→D点→抬刀→O点,如图3-21所示。

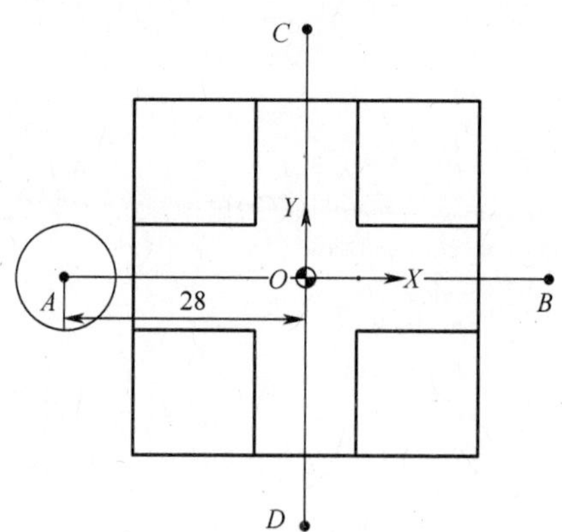

图3-21 沟槽铣削走刀路线

(3)铣削用量:铣削深度为2mm,一次铣削,其背吃刀量$a_p=2$mm,切削速度$v_c=40$m/min,转速$n=1000\times40/(\pi\times12)=1062\approx1000$(r/min),进给量$f=(0.1\times2)\times1000=200$(mm/min)。

(4)填写数控加工工序卡见表3-8。

表 3-8　十字沟槽数控加工工序卡

<table>
<tr><td colspan="4" rowspan="2">数控加工工序卡</td><td colspan="2">工序号</td><td colspan="3">工序内容</td></tr>
<tr><td colspan="2">1</td><td colspan="3">铣十字沟槽</td></tr>
<tr><td colspan="4" rowspan="2">十字沟槽</td><td>零件名称</td><td>材料</td><td colspan="2">夹具名称</td><td>使用设备</td></tr>
<tr><td>十字槽件</td><td>45 钢</td><td colspan="2">加工中心用三爪自定心卡盘</td><td>VDL-600A</td></tr>
<tr><td>工步号</td><td>程序号</td><td>工步内容</td><td>刀具号</td><td>刀具规格 /mm</td><td>主轴转速 /(r/min)</td><td>进给量 /(mm/min)</td><td>背吃刀量 /mm</td><td>备注 (检测说明)</td></tr>
<tr><td>1</td><td>O3333</td><td>铣十字沟槽</td><td>1</td><td>φ12</td><td>1000</td><td>200</td><td>2</td><td></td></tr>
<tr><td></td><td></td><td></td><td></td><td></td><td></td><td></td><td></td><td></td></tr>
<tr><td>编制</td><td>×××</td><td>审核</td><td colspan="3">×××</td><td colspan="2">第 1 页</td><td>共 1 页</td></tr>
</table>

(5) 编制加工程序如下:

程序	程序说明
O3333;	程序名
N10G54;	选择 G54 工件坐标系
N20G90G49G40G80;	程序初始化
N30M03S1000;	主轴正转,转速为 1000r/min
N40G00X0Y0Z100;	快速定位到起始平面
N50X-28Y0;	快速定位到切入点 A 在起始平面的投影位置
N60Z3M08;	快速下刀至进刀平面并打开切削液
N70G01Z-2F200;	垂直下刀到切削深度
N80X28Y0;	直线 A→B
N90Z3	抬刀
N100X0Y28;	直线 B→C
N110Z-3	垂直下刀到切削深度
N120X0Y-28;	直线 C→D
N130Z3M09;	工件切出至退刀平面并关闭切削液
N140G00Z100;	抬刀返回至返回平面
N150X0Y0;	返回起始点
N160M05;	主轴停止
N170M30;	程序结束

3.3.4 数控加工中心的基本操作

以例 3-1 所示的零件为例,介绍加工简单轮廓的基本操作。

1. 开机

开机步骤如下:

(1) 确认【急停】按钮处于按下的状态。

(2) 闭合总电源开关。

(3) 闭合稳压器、气源等辅助设备的电源开关。

(4) 闭合加工中心控制柜总电源。

(5) 按下操作面板上【POWER ON】按钮,接通数控系统电源。

（6）松开【急停】按钮以解除急停报警。

2. 工件装夹

采用机用虎钳装夹工件的步骤如下：

（1）张开机用虎钳，使钳口略大于工件宽度，清洁钳口和工件表面，将工件放入钳口中，工件基准面与钳口贴紧。

（2）转动机用虎钳手柄夹紧工件，同时用铜棒轻轻敲击工件，使工件与钳口表面贴实。

3. 对刀

对刀的目的是通过刀具或对刀工具确定工件坐标系原点（程序原点）在机床坐标系中的位置，并将对刀数据输入到相应的存储位置。

对刀操作分为 *X* 轴、*Y* 轴向对刀和 *Z* 轴向对刀。对刀的准确程度将直接影响加工精度。对刀方法一定要同零件加工精度要求相适应。

根据使用的对刀工具的不同，常用的对刀方法分为：试切对刀法；塞尺、标准芯棒和块规对刀法；采用寻边器、偏心棒和 *Z* 轴设定器等工具对刀法；专用对刀器对刀法等。

由于零件精度要求不高，采用试切对刀法对刀，工件坐标零点在工件上表面的左下角，采用刀具为 10mm 键槽铣刀。

1）*X*、*Y* 轴方向对刀

（1）将工件通过机用虎钳装在工作台上，装夹时，工件的四个侧面都应留出对刀的位置。

（2）将工作模式置于【HANDLE】下，启动主轴，选用 *X* 轴及“×100”挡，转动手摇脉冲发生器快速移动工作台，让刀具快速移动到靠近工件左侧有一定安全距离的位置，然后降低速度移动至接近工件左侧。

（3）靠近工件时改用“×10”挡，让刀具慢慢接近工件左侧，使刀具恰好接触到工件左侧表面（听切削声音、看切痕、看切屑，只要出现以上任意一种情况即表示刀具接触到工件），再回退 0.01mm。按下输入面板中的【OFFSET SETTING】键，然后按下屏幕下方的【坐标系】屏幕软键，进入工件坐标系设置界面，如图 3－22(a)所示。一般使用 G54 ~ G59 代码存储对刀参数，选择与程序中对应的工件坐标系。输入时，首先将光标移至所用工件坐标系如 G54 的 *X* 轴后，然后输入此时刀具刀位点（即刀具下表面中心点）的工件坐标“X－5.0”，然后按【测量】屏幕软键，如图 3－22(b)所示。

（4）同理，可进行 *Y* 轴向对刀，当刀具接近工件 *Y* 轴负方向表面时，在 G54 中输入“Y-5.0”，然后按【测量】屏幕软键即可。

2）*Z* 轴方向对刀

（1）将刀具快速移至工件上方。

（2）将工作模式置于【HANDLE】下，启动主轴，快速移动工作台和主轴，让刀具快速移动到靠近工件上表面有一定安全距离的位置，然后降低速度移动让刀具端面接近工件上表面。

（3）靠近工件时改用“×10”挡，让刀具端面慢慢接近工件表面（注意，刀具特别是立铣刀时最好在工件边缘下刀，刀的端面接触工件表面的面积小于半圆，尽量不要使立铣刀的中心孔在工件表面下刀），使刀具端面恰好碰到工件上表面，再将 *Z* 轴再抬高 0.01mm，在 G54 中输入“Z0”，然后按【测量】屏幕软键即可。对刀完成后将 *Z* 轴抬高远离工件表面。

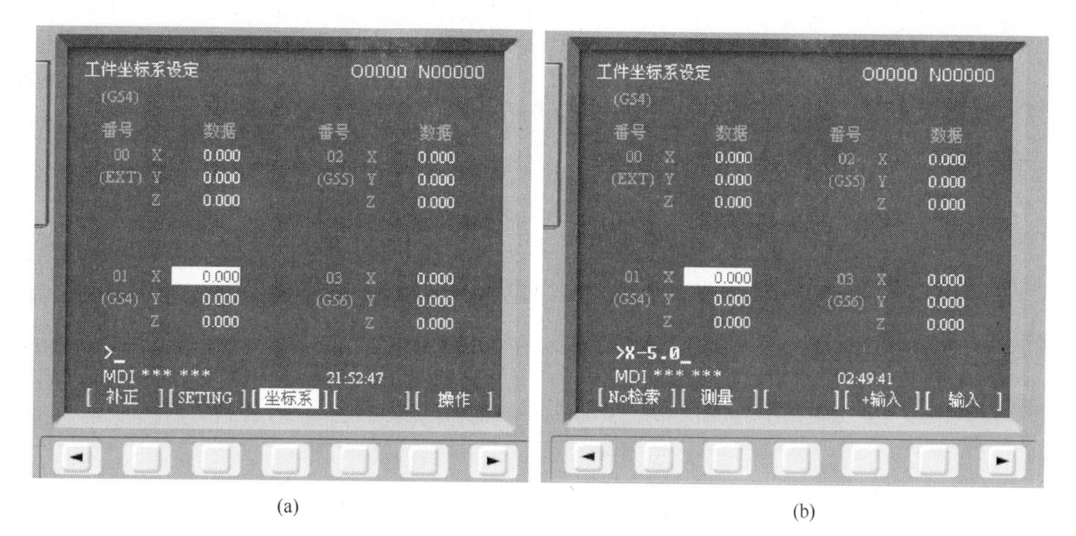

(a)

(b)

图 3-22 工件坐标系设置界面

4. 程序的输入、调试与运行

程序输入时首先确认程序写保护处于 0，否则无法输入程序；将工作方式置于【EDIT】，按【PROG】进入程序显示界面，然后输入“O3331”，按【INSERT】键；接下来即可输入程序内容，输入时每行结束输入“EOB”换行即可。

程序输入完成后要认真检查，注意检查程序中的正/负号、小数点、坐标值、指令（尤其是 G00/G01）等输入是否正确。

程序输入完成后一般要经过调试才能进行自动加工。程序调试可以在对刀后进行，单段运行一遍程序进行首件试切检查程序执行动作及刀具轨迹是否正确，也可将坐标零点向上偏置一定安全距离或将机床锁住快速运行程序，结合图形检查程序刀具轨迹。单段运行程序时，可以夹紧工件，将光标置于程序开始段，然后将工作方式置于【AUTO】，按下【SINGLE BLOCK】按钮打开单段功能，然后按下屏幕下方的【检视】屏幕软键，使屏幕显示正在执行的程序及坐标；每按下一次【CYCLE START】按钮，程序执行一段，观察程序动作及刀具轨迹及位置是否正确，然后检查下一段程序并再按【CYCLE START】执行下一段程序，直至程序结束。

在确认程序正确无误后，可以夹紧工件，将光标置于程序开始段，然后将工作方式置于【AUTO】，关闭【SINGLE BLOCK】、【DRY RUN】、【MACHINE LOCK】等按钮，按下【CYCLE START】按钮，运行程序进行零件的自动加工。在加工中注意观察机床的动作及刀具位置是否正确、切削振动的声音是否正常等，遇到问题及时按下【急停】按钮。

3.4 中级部分

3.4.1 内、外轮廓及型腔铣削工艺

1. 内、外轮廓及型腔铣削加工工艺路线

1）顺逆铣的选择

铣削分为顺铣和逆铣两种方式。当铣刀的旋转方向与工件进给方向相反时为逆铣，

相同时称为顺铣。当主轴正转,当铣削工件外轮廓时,沿工件外轮廓顺时针方向铣削为顺铣,(图3-23(a)),沿工件外轮廓逆时针方向铣削为逆铣(图3-23(b));当铣削工件内轮廓时,沿工件内轮廓逆时针方向铣削为顺铣(图3-23(c)),沿工件内轮廓顺时针方向铣削为逆铣(图3-23(d))。

逆铣时,刀具从已加工表面切入,切削厚度逐渐增大,刀具容易磨损,表面粗糙度较高,需要较大的夹紧力,但不会造成从毛坯面切入而打刀,且不受丝杠螺母副间隙的影响,铣削过程较平稳;顺铣时,刀具从待加工表面切入,切削厚度逐渐减小,对刀具耐用度较好,切削时压紧工件,表面粗糙度较低,易造成丝杠窜动。因此,粗加工多采用逆铣,精加工多采用顺铣。数控加工中心的丝杠螺母副间隙很小,采用滚珠丝杠副基本可消除间隙,因而不存在间隙引起工作台窜动问题,且顺铣可以提高铣刀寿命和加工表面的质量。

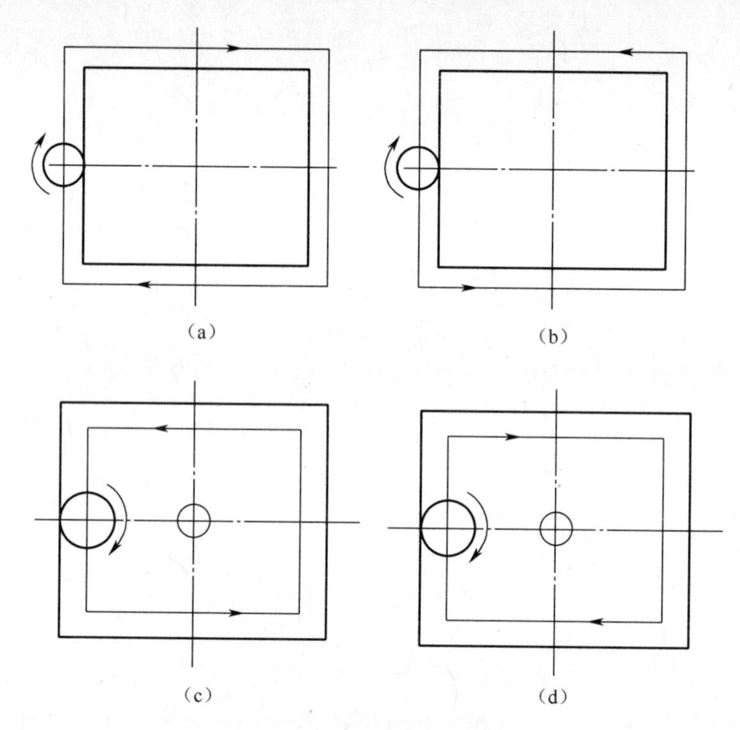

图3-23 轮廓铣削与顺逆铣

(a)外轮廓顺铣;(b)外轮廓逆铣;(c)内轮廓顺铣;(d)内轮廓逆铣。

2)进刀路线

内、外轮廓铣削时主要采用两坐标联动进行加工,切入点、切出点尽量选择在工件轮廓的切线延长线上,并沿工件轮廓的切线方向进刀或退刀,否则容易在工件轮廓上留下刀痕或造成工件轮廓的过切。若内轮廓无法从切线切入或切出,可以沿一定过渡圆弧切入或切出,如图3-24所示。

型腔铣削包括型腔内余量的去除以及内轮廓的铣削,一般采用两刃键槽铣刀,也可采用多刃立铣刀,但尽量避免直接垂直下刀至工件内,可以在加工前预先钻一个落刀孔然后从落刀孔中垂直下刀,也可不用落刀孔而采用斜线或螺旋线下刀。型腔的铣削采用路线如图3-8(b)、(c)所示。

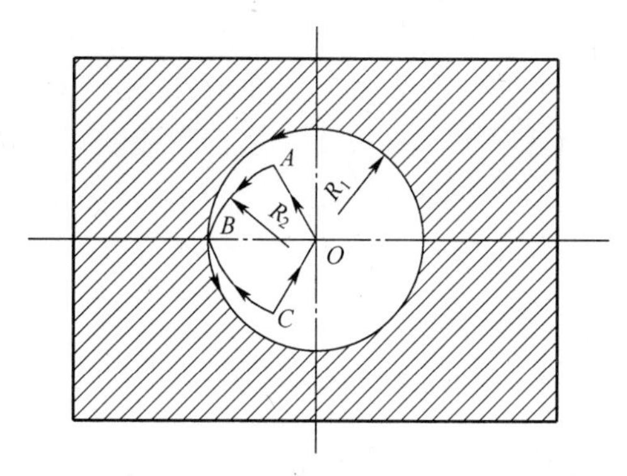

图 3-24　内轮廓铣削进刀或退刀路线

2. 内、外轮廓铣削工件装夹

内轮廓铣削时，可以选用机用虎钳或压板螺钉装夹。外轮廓铣削时，要保证外轮廓的开放性，可以采用孔定位，当切削量不大且精度要求不高时，采用带螺纹的定位销进行定位及夹紧；当精度要求较高或切削量较大时，可以采用一面两孔定位并压紧，如图 3-25 所示。

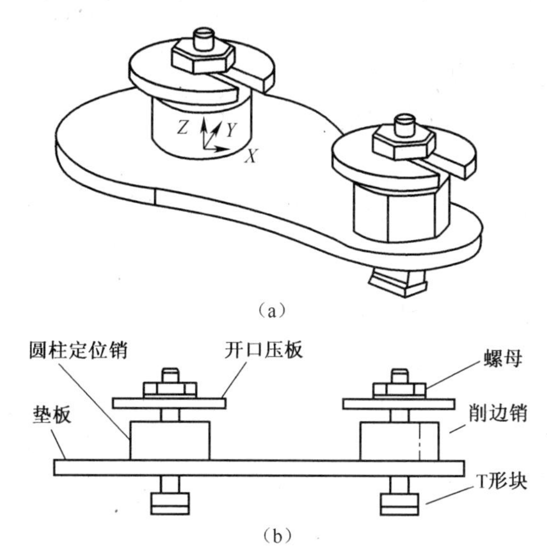

图 3-25　一面两销定位装夹示意图

在装夹中注意保证夹具与主轴套筒、刀柄、刀具不发生干涉，尽量避免加工时更换夹紧点，以免影响零件的定位精度；若单件小批量且精度要求不太高又无法避免更换夹紧点时，也应在加工过程中及时更换压紧部位及装夹位置，以保证加工过程的安全与稳定。

3. 内、外轮廓铣削加工用量选用

铣削的切削用量中的背吃刀量包括吃刀宽度和吃刀深度，对于立式加工中心轮廓铣削，背吃刀量为吃刀深度。在选择切削用量时，应首先考虑背吃刀量，然后考虑进给速度，最后选择切削速度。

背吃刀量主要由工件的加工余量、精度要求、工件及装夹系统刚度等决定。在精度要求不高及刚度足够时，最好一次去除加工余量；若精度要求较高或刚度不足时，可先多后少,分多次走刀去除工件余量。

通常粗铣可以达到 IT13 ~ IT11 的尺寸精度和 *Ra*12.5 ~ 50 的表面粗糙度;半精铣可以达到 IT10 ~ IT8 的尺寸精度和 *Ra*3.2 ~ 12.5 的表面粗糙度,一般粗铣为半精铣留 0.5 ~ 1.0mm 的加工余量;若加工表面粗糙度要求更高,*Ra*0.8 ~ 3.2,则需要经过粗铣+半精铣+精铣三道工序进行加工,半精加工余量 1.5 ~ 2mm,精加工余量取 0.3 ~ 0.5mm(面铣刀取 0.5 ~ 1mm)。

3.4.2 数控加工中心轮廓及型腔铣削编程指令

1. 圆弧切削进给指令 G02/G03

指令格式:$$\begin{Bmatrix} G17 \\ G18 \\ G19 \end{Bmatrix} \begin{Bmatrix} G02 \\ G03 \end{Bmatrix} \begin{Bmatrix} X\_Y\_ \\ X\_Z\_ \\ Y\_Z\_ \end{Bmatrix} \begin{Bmatrix} I\_J\_ \\ I\_K\_ \\ J\_K\_ \\ R\_ \end{Bmatrix} F\_;$$

该指令按指定进给速度进行圆弧插补铣削。

其中:G17/G18/G19 用于选择圆弧插补的平面,如图 3-26 所示;

G02 表示顺时针圆弧插补;

G03 表示逆时针圆弧插补;

X_Y_/X_Z_/Y_Z_为圆弧终点坐标;

R_为圆弧半径;

I_J_/I_K_/J_K_为圆心相对于圆弧起点的增量坐标;

F_为进给速度。

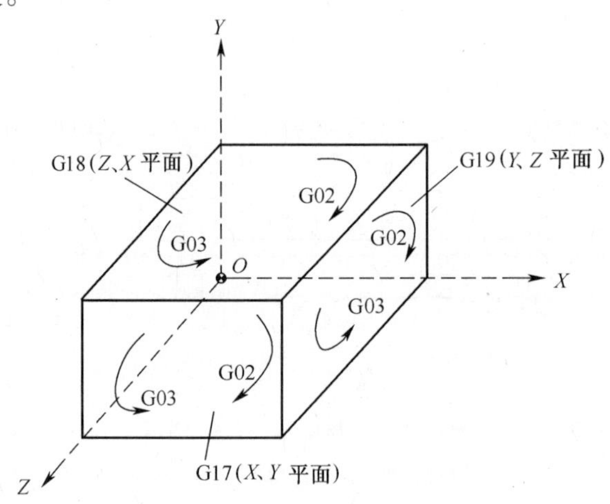

图 3-26 顺、逆圆弧方向的判断

应注意以下几点:

(1) 当圆弧圆心角小于 180°时,既可以用半径进行编程也可以用圆心坐标进行编程。

(2) 当圆弧圆心角大于 180°时,可分为两段进行编程。

(3) F 为编程的两个轴的合成进给速度。

圆弧的顺、逆方向的判定方法采用两个右手定则:

(1) 用右手笛卡儿定则(大拇指、食指、中指分别指向 X、Y、Z 轴正方向)建立机床坐标系,判断不在圆弧平面的第三轴的正方向。

(2) 用右手笛卡儿坐标系判断圆弧的顺、逆方向:伸出右手,大拇指指向不在圆弧平面第三轴的负方向,四个手指做环绕,若与四指环绕方向一致的为顺时针圆弧插补(采用 G02 指令),反之为逆时针圆弧插补(采用 G03 指令)。

2. 刀具半径补偿指令 G40/G41/G42

在实际加工过程中,数控机床是通过控制刀具中心轨迹来实现切削加工任务的。在编程过程中,为了避免复杂的数值计算,一般按零件的实际轮廓来编写数控程序,铣削刀具的刀位点一般在刀具的回转中心,但刀具有一定的半径尺寸,如果不考虑刀具半径尺寸,那么加工出来的实际轮廓就会与图纸所要求的轮廓相差一个刀具半径值。因此,采用刀具半径补偿功能来解决这一问题。

指令格式:
- G40;　　　(取消刀具半径偏置)
- G41 D_;　　(刀具轨迹左偏置)
- G42 D_;　　(刀具轨迹右偏置)

其中:D 为刀具偏置地址,后跟刀具偏置号,在对应的偏置号中输入刀具半径;左、右偏置要沿着刀具前进的方向进行判断。

如图 3-27 所示的零件轮廓铣削,编程时按照零件轮廓编制轨迹 A,而实际切削时应该执行轨迹 B;A 与 B 相差刀具半径。使用刀具偏置功能,系统可以自动地由编程给出的轨迹 A 以及由分别设置的刀具偏置值,计算出补偿后的路径轨迹 B。因此,用户可以直接根据工件形状编制加工程序,而不必考虑刀具半径。在真正切削之前,把刀具偏置值设置为刀具半径即可。

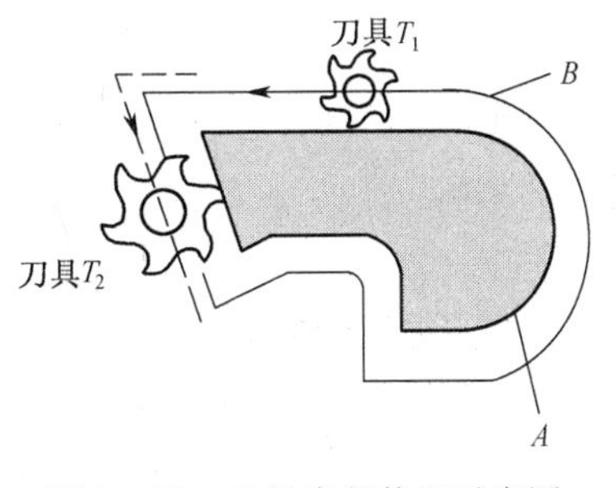

图 3-27　刀具半径偏置示意图

应注意以下几点:

(1) 刀具补偿取消 G40 一般须与 G41 或 G42 成对使用。

(2) G41 或 G42 不能单独使用,应与 G00 或 G01 一起使用,而不能与 G02 或 G03 一起使用,即必须在直线段建立或取消,并且要有移动量。

(3) 由于偏置后的轨迹计算与原始轨迹有关,因此应在 G41 或 G42 后的 10 段程序之内出现加工轨迹;刀具偏置中不允许出现子程序调用、程序跳转等。

(4) 在延长线、切线或斜线方向引入或引出并建立刀补,在法向引入或引出易出现过切。

3. 刀具长度补偿指令 G43/G44/G49

由于不同种类、不同型号的刀具,如钻头、铣刀等,安装在主轴刀座上后,伸出长度不一致,为了减少对刀次数及编程方便,可以只对一把刀具,然后以这把刀具为基准,其他刀具通过补偿长度差来计算其执行轨迹。

指令格式:
- G49;　　　(取消刀具长度偏置)
- G43H_;　　(刀具长度正偏置)
- G44H_;　　(刀具长度负偏置)

其中:H 为刀具长度偏置地址,后跟刀具长度偏置号。

如图 3-28 所示,以 T_1 作为基准刀,若刀具长度较 T_1 长,如图中 T_2,则编程时可以使用 G43 G00 Z100 H02;,并手动在机床的 T_2 刀具偏置的"形状 H"列对应地址输入 T_2 与 T_1 的长度差如"15";若刀具长度较 T_1 短,如图中 T_3,则编程时使用 G44 G00 Z100 H03;,在 T_3 刀具偏置的"形状 H"列输入 T_3 与 T_1 的长度差"10"。在设置偏置的长度时,使用正/负号。如果改变了(+/-)符号,G43 和 G44 在执行时会反向操作。如图 3-28 所示,T_2 比 T_1 长,而使用 G44 G00 Z100 H02;,在 T_2 刀具偏置的 H 列输入"-15";T_3 比 T_1 短,而使用 G43 G00 Z100 H03;,在 T_3 刀具偏置的 H 列输入"-10"。

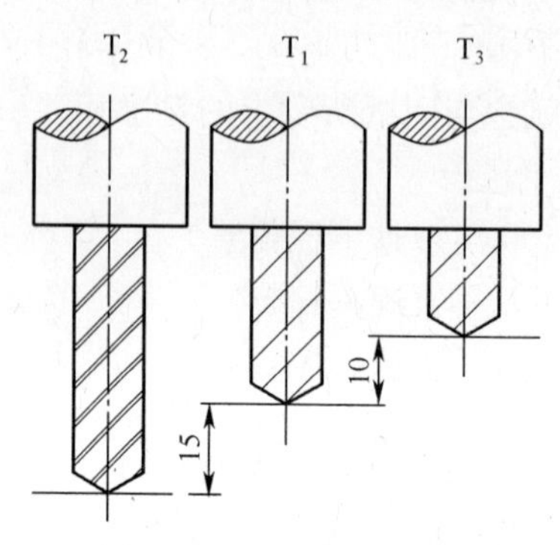

图 3-28 刀具长度偏置

注意:G43、G44、G49 为模态指令,命令一旦被执行,它们的功能会保持着。因此,使用 G43、G44 完成后换其他刀具时,一定注意要用 G49 取消刀具长度偏置,否则很可能会导致危险。

4. 换刀指令 M06

立式数控加工中心 VDL-600A 采用机械臂进行换刀,刀具交换指令 M06 前的刀号为欲换至主轴上的刀号,指令 M06 后的刀号为欲旋转至刀库中准备位置的刀号,以便于下次快速将其换至主轴上。

指令格式:
- T××;(刀具旋转到位)
- M06;(换刀)
- T××;(将新选的刀具旋转到位,同时进行工件加工)

3.4.3 内、外轮廓及型腔铣削编程

1. 外轮廓铣削

外轮廓铣削时,一般采用立铣刀,从节点的延长线、切线或斜线方向引入开始切削,最后沿节点的延长线、切线或斜线方向引出,尽量避免沿法线方向切入、切出。

例 3-4 编制如图 3-29 所示的凸轮外轮廓铣削程序,毛坯为 110mm×60mm×5mm 的 45 钢方料,已事先加工好上下平面以及 $\phi12$、$\phi8$ 孔。

(1)数控切削工艺工装分析。

① 加工及装夹方案的选择:由于零件要求加工外轮廓,加工过程中需要保证外轮廓开放,且精度要求较高,因此需要经过粗加工、半精加工两个工步来完成,采用一面两销的方式进行定位装夹,如图 3-30 所示。

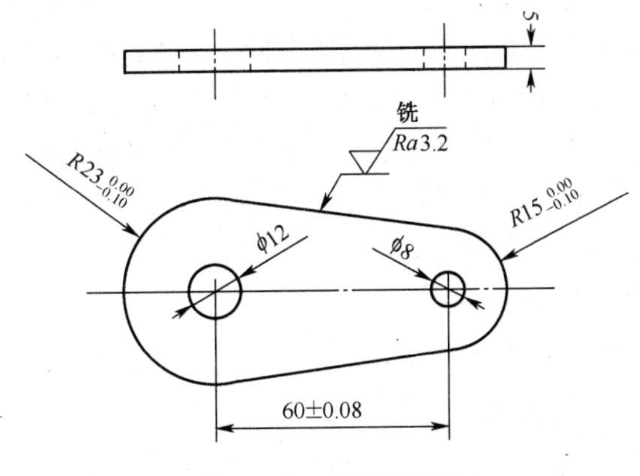

图 3-29 凸轮零件图

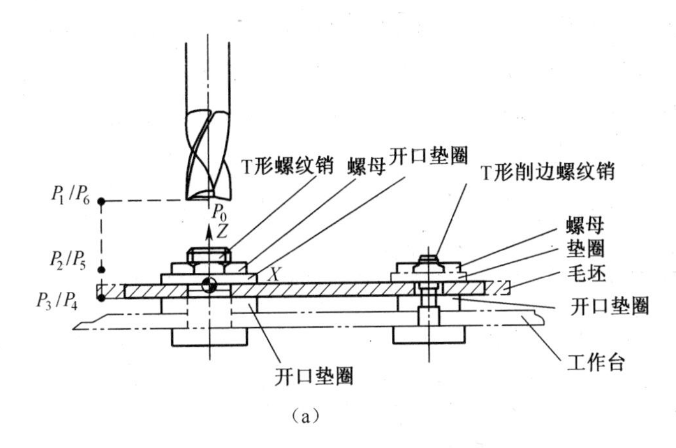

（a）

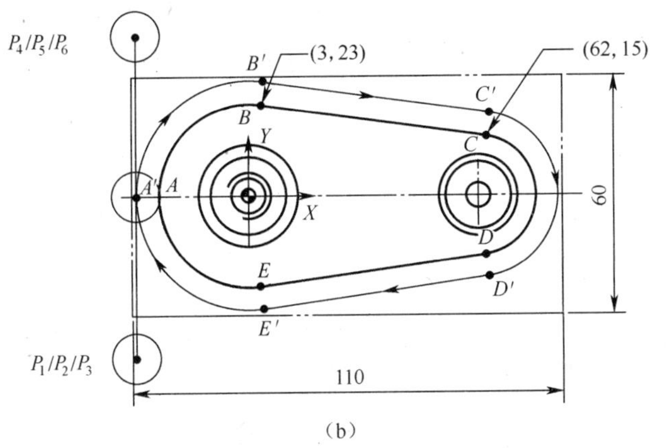

（b）

图 3-30 凸轮零件外轮廓铣削装夹及走刀路线

② 刀具选择：外轮廓高度为 5mm，因此背吃刀量为 5mm，铣削宽度最宽为 22mm，应尽量提高刀具刚度及加工效率，粗铣时选取刀具直径大于 22mm 的立铣刀，否则毛坯的四个顶角会产生欠切，选用直径为 28mm 的三刃硬质合金立铣刀，刀具号为 T1，采用工件坐标系 G54；半精铣时选用 16mm 的四刃硬质合金立铣刀，刀具号为 T2，采用工件坐标系 G55。

（2）确定加工顺序及走刀方案。

① 编程原点的选定：毛坯铣削表面为矩形，要铣削外轮廓，为了编程计算方便且与设计基准统一，将编程原点建立在工件上表面的 $\phi12$ 孔的中心，如图 3－29 所示。

② 确定起刀点、返回点、进刀、退刀平面。起刀点、返回点设在工件上表面对称中心 O 点上方 50mm 处。由于工件采用销钉螺母装夹较工件高出 10mm，因此定义安全平面为 20mm，在刀具移动路线过程中注意安全高度。由于工件上表面已经加工，因此进刀、退刀平面选择在工件上表面以上 3mm。

③ 铣削路径：采用沿轮廓切线的延长线切入、切出。$P_0 \to P_1 \to P_2 \to P_3 \to A \to B \to C \to D \to E \to A \to P_4 \to P_5 \to P_6 \to P_0$，如图 3－29 所示。

（3）铣削用量：铣削深度为 5mm，一次铣削，背吃刀量 $a_p = 5$mm；铣削宽度最宽为边角处 22mm，分粗铣、半精铣两步完成，半精铣加工余量为 0.5mm。粗铣时采用 T1$\phi28$mm 立铣刀，切削速度 $v_c = 60$m/min，转速 $n = 1000 \times 60/(\pi \times 28) = 682 \approx 680$(r/min)，进给量 $f = (0.1 \times 3) \times 680 \approx 200$(mm/min)；半精铣时采用 T2$\phi16$mm 立铣刀，切削速度 $v_c = 100$m/min，转速 $n = 1000 \times 100/(\pi \times 16) = 1990 \approx 2000$(r/min)，进给量 $f = (0.05 \times 4) \times 2000 \approx 400$(mm/min)。

（4）填写数控加工工序卡，见表 3－9 所列。

表 3－9 外轮廓铣削数控加工工序卡

数控加工工序卡				工序号		工序内容		
				1		铣凸轮外轮廓		
外轮廓铣削				零件名称	材料	夹具名称		使用设备
				凸轮	45 钢	一面两销		VDL－600A
工步号	程序号	工步内容	刀具号	刀具规格/mm	主轴转速/(r/min)	进给量/(mm/min)	背吃刀量/mm	刀具半径补偿号/补偿值
1	O3441	粗铣外轮廓	T1	$\phi28$	680	200	5	D01/14.5
1	O3442	半精铣外轮廓	T2	$\phi16$	2000	400	5	D02/7.97
编制	×××	审核	×××			第 1 页		共 1 页

（5）数控加工程序如下：

程序	程序说明
O3441;	程序名
N10 T1M06;	换 1 号刀
N20 T2;	准备 2 号刀
N30 G54G90G40G49G80;	程序初始化并选取工件坐标系
N40 G00X0Y0Z50;	快速定位到起刀点 P_0
N50 G00X－37Y－50;	快速定位到进刀点上方 P_1
N60 M03S680;	启动主轴

N70 G00Z3M08;	快速下刀至进刀平面P_2并打开切削液
N80 G01Z-6F100;	慢速靠近至进刀点P_3,刀具超出工件下表面1mm
N90 G01G41X-37Y0F200D01;	直线切入至A 并建立刀具半径偏置
N100 G02X3Y23R23;	$A \rightarrow B$
N110 G01X62Y15;	$B \rightarrow C$
N120 G02Y-15R15;	$C \rightarrow D$
N130 G01X3Y-23;	$D \rightarrow E$
N140 G02X-23Y0R23;	$E \rightarrow A$
N150G01G40X-37Y50;	直线切出至P_4并取消刀具半径偏置
N160 G01Z3M09;	退刀至退刀平面P_5并关闭切削液
N170 G00Z50;	快速抬刀至返回平面P_6
N180G00X0Y0;	快速定位至返回点
N190 M05;	停止主轴
N200 M30;	程序结束
O3442;	程序名
N10 T2M06;	换2号刀
N20 T1;	准备1号刀
N30 G55G90G40G49G80;	程序初始化并选取工件坐标系
N40 G00X0Y0Z50;	快速定位到起刀点P_0
N50 G00X-37Y-50;	快速定位到进刀点上方P_1
N60 M03S2000;	启动主轴
N70 G00Z3M08;	快速下刀至进刀平面P_2并打开切削液
N80 G01Z-6F100;	慢速靠近至进刀点P_3,刀具超出工件下表面1mm
N90 G01G41X-37Y0F400D02;	直线切入至A 并建立刀具半径偏置
N100 G02X3Y23R23;	$A \rightarrow B$
N110 G01X62Y15;	$B \rightarrow C$
N120 G02Y-15R15;	$C \rightarrow D$
N130 G01X3Y-23;	$D \rightarrow E$
N140 G02X-23Y0R23;	$E \rightarrow A$
N150G01G40X-37Y50;	直线切出至P_4并取消刀具半径偏置
N160 G01Z3M09;	退刀至退刀平面P_5并关闭切削液
N170 G00Z50;	快速抬刀至返回平面P_6
N180G00X0Y0;	快速定位至返回点
N190 M05;	停止主轴
N200 M30;	程序结束

注意:由于采用刀具半径偏置,粗铣与半精铣编程轮廓一致,因此可以采用O3441程序进行粗铣,在执行程序前确认程序中刀具号为T1,工件坐标系G54以及刀具半径偏置地址D01中的值为14.5(考虑刀具半径值及半精加工余量);在半精铣时,采用T2刀及G55坐标系,并在进行半精铣前确认刀具半径偏置地址D02中的值为7.97(考虑刀具半径值及零件尺寸公差)。

2. 内轮廓铣削

内轮廓铣削时，一般采用立铣刀，从节点的延长线、切线、斜线或过渡圆弧方向引入开始切削，最后沿节点的延长线、切线或斜线方向引出，尽量避免沿法线方向切入、切出。

例3-5 编制如图3-31(a)所示盖板零件 $\phi40$ 圆孔，毛坯为80mm×50mm×5mm的45钢板料，表面粗糙度 $Ra=6.4\mu m$，已经钻好 $\phi38$ 落刀孔。

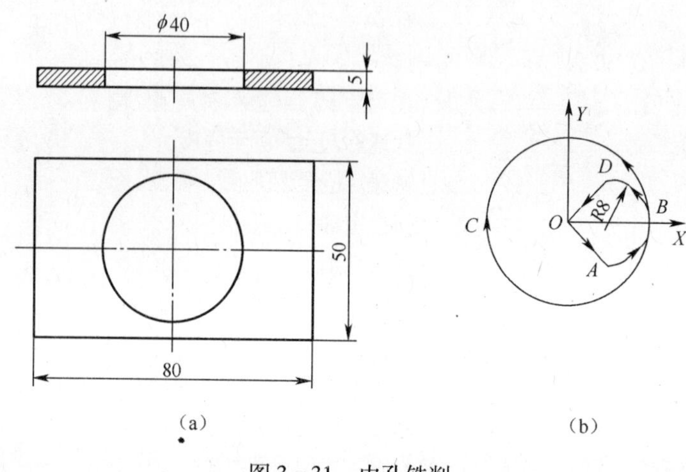

图3-31 内孔铣削

(1) 数控切削工艺工装分析。

① 加工及装夹方案的选择：零件要求加工内轮廓，精度要求较高，由于已经钻好 $\phi38$ 落刀孔，可以直接进行精加工一步完成零件内孔加工。加工过程中需要保证内轮廓开放，零件外形尺寸不大，可以采用机用虎钳进行装夹(若零件外形过大，可以采用压板螺钉装夹)。

② 刀具选择：铣削 $\phi40$ 圆孔，铣削宽度为1mm，铣削深度为5mm，刀具直径要小于孔半径，因此，选择直径为 $\phi20$、铣削刃长于20mm的两刃硬质合金立铣刀。

(2) 确定加工顺序及走刀方案。

① 编程原点的选定：为了编程方便及孔的位置精度，将编程原点设置在零件上表面的孔中心处。

② 确定起刀点、返回点、进刀、退刀平面：起刀点、返回点设在工件上表面对称中心 O 点上方50mm处，安全平面为工件上方10mm，在刀具移动路线过程中注意安全高度。由于工件上表面已经加工，因此进刀、退刀平面选择在工件上表面以上3mm。

③ 铣削路径：为了避免留下接刀痕，沿圆弧切入、切出。$O \to A \to B \to C \to B \to D \to O$，如图3-31(b)所示。

(3) 铣削用量：由于已经钻好 $\phi38$ 落刀孔，铣削宽度为1mm，铣削深度为5mm，可以直接进行精加工。切削速度 $v_c=80m/min$，主轴转速 $n=1000\times80/(\pi\times20)\approx1200(r/min)$，进给速度 $f=0.1\times2\times1200=240(mm/min)$。

(4) 填写数控加工工序卡见表3-10所列。

表 3-10　内孔铣削数控加工工序卡

数控加工工序卡				工序号		工序内容		
				1		铣孔		
内孔铣削				零件名称	材料	夹具名称		使用设备
				盖板	45 钢	机用虎钳		VDL-600A
工步号	程序号	工步内容	刀具号	刀具规格 /mm	主轴转速 /(r/min)	进给量 /(mm/min)	背吃刀量 /mm	刀具半径补偿号 /补偿值
1	O3443	精铣内轮廓	T1	ϕ20	1200	240	5	D01/10
编制		×××	审核		×××	第 1 页		共 1 页

（5）数控加工程序如下：

```
程序                                  程序文明
O3443;                                程序名
N10 G54 G40 G49 G80 G90;              选择 G54 工件坐标系，取消刀具偏置及固定循环等
N20 M03 S1200;                        启动主轴
N30 G00 X0 Y0 Z100;                   快速定位到起始平面
N40 Z3 M08;                           快速下刀至进刀平面
N50 G01 Z-6 F240;                     工进下降到工件孔底之下 O 点
N60 G01 G41 X-10 Y10 D01;             O→A 直线引入并建立刀具半径左偏置
N70 G03 X20 Y0 R10;                   A→B 圆弧切入
N80 G03 X-20 Y0 I-20 J0;              B→C 铣 ϕ40 孔上半圆
N90 G03 X20 Y0 I20 J0;                C→B 铣 ϕ40 孔下半圆
N100 G03 X10 Y10R10;                  B→D 圆弧切出
N110 G01 G40 X0 Y0 M09;               D→O 引出并取消刀具半径偏置，关闭切削液
N120 Z3;                              工进退出退刀平面
N130 G00 Z100;                        快速抬刀
N140 M05;                             主轴停止
N150 M30;                             程序结束
```

注意：在程序执行前确认刀具半径偏置地址 D01 中的值为 10，并注意检查零件孔下方无垫铁等干涉。

3. 型腔铣削

例 3-6　编制如图 3-32 所示零件中的型腔铣削程序，毛坯为 80mm×60mm×40mm 的 45 钢方料。

（1）数控切削工艺工装分析。

① 加工及装夹方案的选择：由于零件要求加工型腔，精度要求较高，需要分粗铣、半精铣两个工步来完成。加工过程中需要保证内轮廓开放，零件外形尺寸不大，可以采用机用虎钳进行装夹（若零件外形过大，可以采用压板螺钉装夹）。

② 刀具选择：型腔铣削时，粗铣时尽量选择直径较大的键槽铣刀，以提高刀具强度及加工效率；半精铣时刀具半径应小于轮廓最小曲率半径。因此，粗铣时选择 ϕ16 的两刃

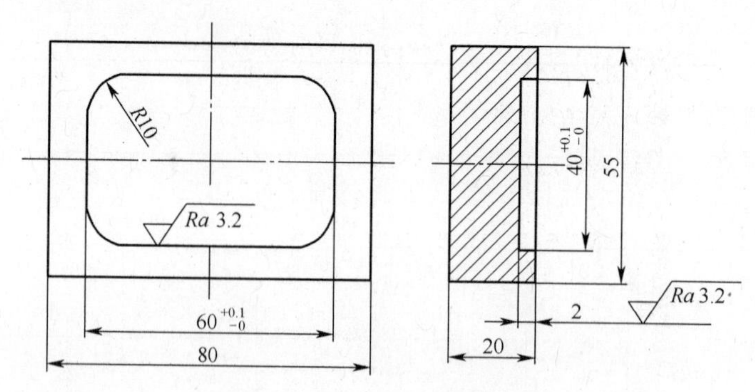

图 3-32　型腔铣削应用举例

硬质合金键槽铣刀 T1，半精铣时采用 $\phi10$ 的四刃硬质合金键槽铣刀 T2。

（2）确定加工顺序及走刀方案。

① 编程原点的选定：为了编程方便及孔的位置精度，将编程原点设置在零件上表面中心处，T1 刀具选用 G54，T2 刀具以 T1 为基准刀，采用刀具长度补偿。

② 确定起刀点、返回点、进刀退刀平面：起刀点、返回点设在工件上表面对称中心 O 点上方 50mm 处，安全平面为工件上方 10mm，在刀具移动路线过程中注意安全高度。进刀、退刀平面选择在工件上表面以上 3mm。

③ 铣削路径：选择“行切+环切”的方法铣削型腔，既可以提高加工效率，又能保证轮廓的表面粗糙度。

如图 3-33 所示，图(a)为行切路线 $Q\to A\to B\to C\to D\to E\to F\to Q$；图(b)为环切路线 $Q\to A\to B\to C\to D\to E\to F\to G\to H\to L\to M\to B\to N\to Q$。型腔 Z 轴向余量采用粗铣、半精铣分两次铣削，粗铣为半精铣留 0.5mm 加工余量，均采用行切路线，只是铣削 Z 轴向坐标不同，可编一个程序，在半精铣时修改铣削深度 Z 轴坐标即可（程序 O3444 中“N50 G01 X19.5 Y-9.5 Z-1.5 F100；”中“Z-1.5”改为“Z-2”）；型腔内轮廓一次半精铣直接完成。

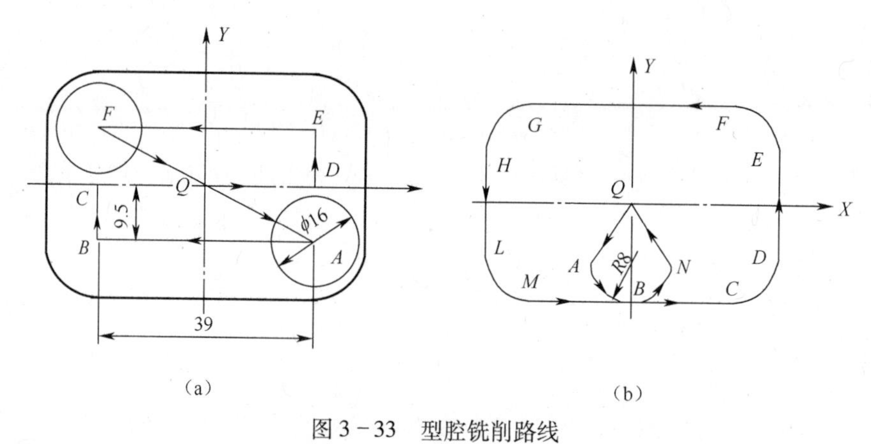

图 3-33　型腔铣削路线

（3）铣削用量：粗铣型腔时采用 $\phi16$（T1）刀具行切，铣削宽度为 10mm，铣削深度为 1.5mm，铣削速度 $v_c=50\text{m/min}$，主轴转速 $n=1000\text{r/min}$，进给速度 $f=0.1\times2\times1000=200(\text{mm/min})$；半精铣型腔底部时，铣削速度 $v_c=80\text{m/min}$，主轴转速 $n=2000\text{r/min}$，进给

速度 $f=0.05\times2\times2000=200$(mm/min);半精铣型腔内轮廓面时,相当于内轮廓铣削,采用 $\phi10$(T2)刀具环切,铣削宽度 0.5mm,铣削速度 $v_c=100$m/min,主轴转速 $n=3000$r/min,进给速度 $f=0.05\times2\times3000=300$(mm/min)。

(4)填写数控加工工序卡,见表 3-11。

表 3-11 型腔铣削数控加工工序卡

数控加工工序卡				工序号		工序内容		
				1		铣型腔		
型腔铣削				零件名称	材料	夹具名称		使用设备
				型腔	45 钢	机用虎钳		VDL-600A
工步号	程序号	工步内容	刀具号	刀具规格/mm	主轴转速/(r/min)	进给量/(mm/min)	背吃刀量/mm	刀具半径补偿号/补偿值
1	O3444	粗铣型腔底面	T1	$\phi20$	1000	200	1.5	—
2	O3444	半精铣型腔底面	T1	$\phi20$	2000	200	0.5	—
3	O3445	半精铣型腔内轮廓面	T2	$\phi10$	3000	300	0.5	D02/4.975
编制		×××	审核		×××	第 1 页		共 1 页

(5)数控加工程序如下:

程序	程序说明
O3444;	程序名
N10G54 G40 G49 G80;	选择 G54 工件坐标系并取消偏置及固定循环等
N20 M03 S1000;	启动主轴
N30 G00 X0 Y0 Z100;	快速定位到起始平面
N40Z3M08;	快速下刀至进刀平面并打开切削液
N50 G01X19.5 Y-9.5 Z-1.5 F100;	慢速斜线切入至图(a)中 $Q\to A$
N60 X-19.5 F200;	图(a)中 $A\to B$
N70 Y0;	图(a)中 $B\to C$
N90 X19.5;	图(a)中 $C\to D$
N100 Y9.5;	图(a)中 $D\to E$
N110 X-19.5;	图(a)中 $E\to F$
N120 X0 Y0F500;	图(a)中 $F\to Q$
N130 Z5M09;	工进返回到退刀平面,关闭切削液
N270G00 Z100;	快速抬刀至返刀点
N280M05;	主轴停止
N290M30;	程序结束

注意:在半精铣时将程序 O3444 中"N20 M03 S1000;"中"S1000"改为"S2000";"N50 G01 X19.5 Y-9.5 Z-1.5 F100;"中 "Z-1.5"改为" Z-2"即可。

程序	程序说明
O3445;	程序名
N10G54G40 G49 G80;	选择 G54 工件坐标系取消偏置固定循环等
N20 M03 S3000;	启动主轴

```
N30G43G00 X0 Y0 Z100 H02;            快速定位到起始平面并采用刀具长度补偿
N40 Z3M08;                           快速下刀至进刀平面并打开切削液
N50 G41 G01 X-8 Y-12 D01 F300;       图(b)中Q→A 引入并建立刀具半径偏置
N60 G03 X0 Y-20 R8;                  图(b)中A→B 沿1/4 R8 圆弧切入
N70 G01 X20;                         图(b)中B→C
N80 G03 X30 Y-10 R10;                图(b)中C→D
N90 G01 Y10;                         图(b)中D→E
N100 G03 X20 Y20 R10;                图(b)中E→F
N110 G01 X-20;                       图(b)中F→G
N120 G03 X-30 Y10 R10;               图(b)中G→H
N130 G01 Y-10;                       图(b)中H→L
N140 G03 X-20 Y-20 R10;              图(b)中L→M
N150 G01 X0;                         图(b)中M→B
N160 G03 X8 Y-12 R8;                 图(b)中B→N 沿1/4 R8 圆弧切出
N170 G01G40 X0 Y0;                   图(b)中N→Q 并取消刀具半径偏置
N180 Z5M09;                          工进返回到退刀平面,关闭切削液
N190G49 G00 Z100;                    快速抬刀至返刀点并取消刀具长度补偿
N200M05;                             主轴停止
N210M30;                             程序结束
```

注意:D01=4.975(考虑刀具半径及零件尺寸公差);刀具长度补偿地址 H02 中设置"形状 H"值为 T2 与 T1 长度差即($h_{T2}-h_{T1}$),T2 较 T1 长,则为正值,T2 较 T1 短,则为负值。

3.4.4 数控加工中心常用操作

1. 刀具的安装与拆卸

1)将刀具装入刀柄

选择 $\phi10$ 的立铣刀,并选择相对应的刀柄;将刀柄放入卸刀座并卡紧;松开弹簧夹套锁紧螺母,将铣刀柄装入弹簧夹套并压入刀柄孔,用扳手锁紧弹簧夹套螺母;最后确认拉钉处于锁紧状态。

2)将刀柄装入主轴

将工作方式旋钮置于【JOG】或【HANDLE】方式下;清洁刀柄锥面和主轴锥孔;左手握住刀柄,将刀柄的缺口对准主轴端面键,垂直伸入到主轴内,不可倾斜;右手按换刀按钮(位于主轴下端右侧),直到刀柄锥面与主轴锥孔完全贴合,松开按钮,刀柄即被拉紧,确认刀具确实拉紧后才能松手。

立式数控加工中心 VDL-600A 将刀具还入刀库时采用随机位置,因此在装刀时最好先进行换刀,将欲设置的刀号换至主轴上,如欲将 $\phi28$ 立铣刀作为 T1,则应先在 MDI 状态下执行"T1M06;"后,再将刀具及刀柄装至主轴上即可。

3)将刀具从主轴上卸下

将工作方式旋钮置于【JOG】或【HANDLE】方式下;左手握住刀柄(注意防止刀具掉落),右手按换刀按钮,直到刀柄被推出主轴锥孔,松开按钮即可。

2. 对刀

3.3.4 节中介绍了试切对刀法，这里介绍塞尺与标准芯棒对刀法。将基准芯棒接近工件侧面后，用塞尺测试芯棒与毛坯之间的距离，如图 3－33(a)所示，选定工件坐标系原点为图中 O 点，毛坯各方向余量为 Δ，基准芯棒直径为 D。具体操作过程如下：

(1) X 轴向对刀。与试切法类似，只是不启动主轴，用手摇轮或手动方式将基准芯棒移动到工件边缘如图中 A、B 点，在工件与基准芯棒相距 0.5～1mm 时即停止靠近工件，用不同厚度塞尺组合测出刀具与工件边缘的距离。抽拉塞尺时松紧程度适当，不能过松，也不能过紧，记录塞尺的厚度 E。记录此时机床坐标系中显示的 X 轴坐标值 x_1，如 -240.500等。计算 A 点的机械坐标 $X_A=x_1-(D/2+\Delta+E)$，若 $\Delta=1$，$E=1$，$D=28$，则 $X_0=-256.5$。沿 Z 轴正方向退刀，至工件表面以上。

Y 轴向对刀。将基准芯棒移动到 B 点并试好松紧程度后，保持 Y 轴位置不变，记录此时机床坐标系中显示的 Y 轴坐标值 y_1，如-140.256 等。计算 B 点的机械坐标：$X_B=y_1-(D/2+\Delta+E)$，若 $\Delta=1$，$E=1$，$D=28$，则 $Y_0=-156.256$。沿 Z 轴正方向退刀，至工件表面以上。

Z 轴向对刀。将基准芯棒移到毛坯上表面 C 点并试好松紧程度后，保持 Z 轴位置不变，记录此时机床坐标系中显示的 Z 轴坐标值 z_1，如-320.350 等。计算 C 点的机械坐标：$Z_C=z_1+(\Delta+E)$，Δ 为毛坯 Z 轴方向余量，若 $\Delta=0.5$，$E=1.35$，则 $Z_0=-318.5$。沿 Z 轴正方向退刀，至工件表面以上。

(2) 数据存储。按下输入面板中的【OFFSET SETTING】键，然后按下屏幕下方的【坐标系】屏幕软键，进入工件坐标系设置界面；将测得的工件零点的 X、Y、Z 值输入到机床工件坐标系存储地址 G54 中(一般使用 G54～G59 代码存储对刀参数，选择与程序中对应的工件坐标系)。输入时，首先将光标移至所用工件坐标系如 G54 的 X、Y、Z 后，然后输入对应的机械坐标值，然后按【输入】屏幕软键或输入键盘上的【INPUT】键，如图 3－34(b)所示。

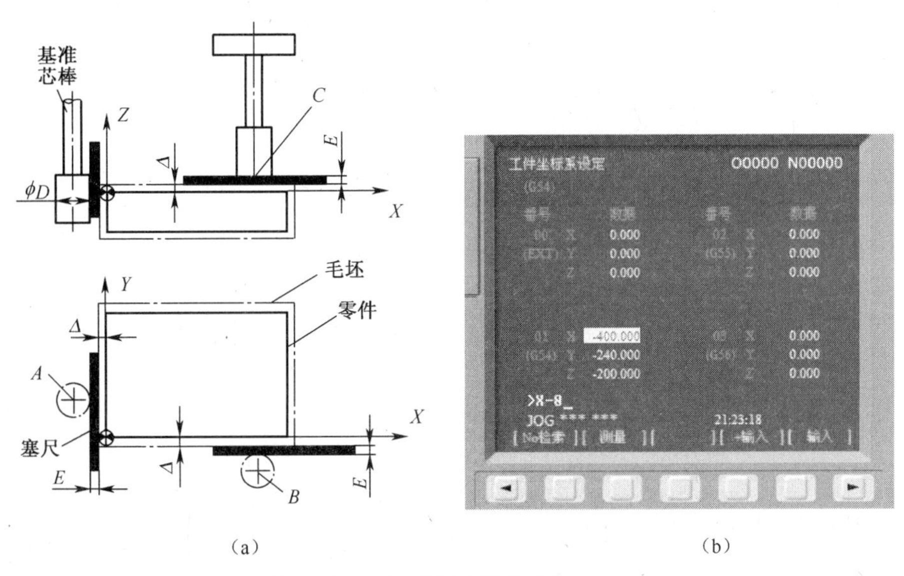

(a) (b)

图 3－34 采用基准芯棒和塞尺对刀

若需要将工件坐标系沿某个轴进行平移，只需将光标移到对应的轴，然后输入平移的方向和距离(如 50 或-50)，然后按【+输入】屏幕软键即可。

3. 检验对刀是否正确

这一步是非常关键而必要的，若工件零点设置错误在程序调试或自动加工过程可能会导致撞刀，非常危险。

（1）检验时将工作方式置于【MDI】下，按下输入面板中的【PROG】键进入程序页面。

（2）输入“G54G01X0Y0Z50F500；”。

（3）按下机床操作面板上的【CYCLE START】（循环启动）按钮，执行程序。

（4）观察程序执行结束后刀具与工件的相对位置是否正确，期间若发现不正确立即按下急停按钮。

4. 设置刀具偏置值

在采用刀具半径补偿指令 G41/G42 进行编程时，需要在对应的补偿地址中输入相应的偏置值。如程序 O3441 中“N90 G01G41X－37Y0F200D01；”，其输入过程是：按下输入面板中的【OFFSET SETTING】键，然后按下屏幕下方的【补正】屏幕软键进入刀具补正设置界面，如图 3－35 所示；选择与程序中对应的存储地址号如 D01，则选择“番号”下的“001”，并将光标移至“（形状）D”下，输入刀具半径偏置值如“14.5”，然后按【输入】屏幕软键或输入键盘上的【INPUT】按键即可。

在采用刀具长度补偿指令 G43/G44 进行编程时，需要在对应的补偿地址中输入相应的偏置值。如程序 O3445 中“N30 G43G00 X0 Y0 Z100 H02；”，其输入过程是：按下输入面板中的【OFFSET SETTING】键，然后按下屏幕下方的【补正】屏幕软键进入刀具补正设置界面，如图 3－35 所示；选择与程序中对应的存储地址号如 H02，则选择“番号”下的“002”，并将光标移至“（形状）H”下，输入刀具 T2 与 T1 长度差即（$h_{T2}-h_{T1}$），T2 较 T1 长，则为正值，T2 较 T1 短则为负值；最后按【输入】屏幕软键或输入键盘上的【INPUT】按键即可。

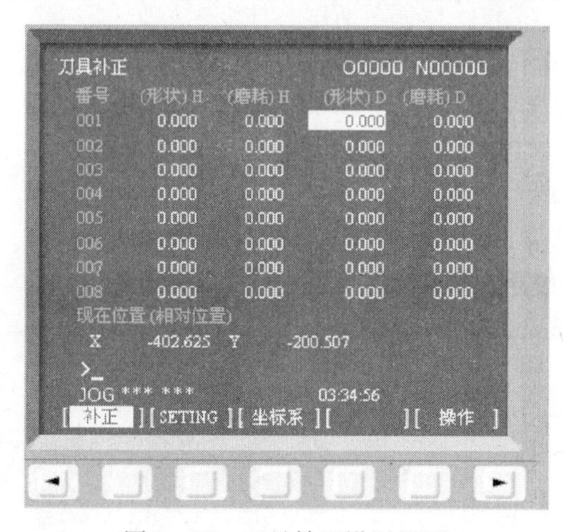

图 3－35 刀具补正设置界面

3.5 高级部分

3.5.1 孔加工常用的方法

孔加工的常用方法有钻孔、扩孔、铰孔、锪孔、镗孔等。加工中心多了一种方法即整圆铣孔,3.4.3节中内轮廓铣削中例3-5即为孔的铣削。加工中心可以实现孔的所有加工手段。

孔的钻、扩、铰加工主要依赖于麻花钻、扩孔钻、铰刀等定形刀具对孔的加工,加工方法简单。对此:要求操作者会根据图纸上零件的尺寸要求合理地选择钻头、铰刀;根据刀具尺寸的大小、种类和切削材料选择合理的切削用量(主轴转速 n 和进给速度 f)。如表3-12所列为用高速钢钻头钻孔时的切削用量。

钻孔是用钻头在实体材料上加工孔的方法。钻头有麻花钻、深孔钻和中心钻。其中最常用的是麻花钻,直径规格为 $\phi0.1\sim80$。图3-36(a)为直柄麻花钻。$\phi0.1\sim20$ 麻花钻为直柄,$\phi8\sim80$ 麻花钻为锥柄。

扩孔是用扩孔钻对工件上已有的孔(钻出、铸出或锻出)进行的加工,以扩大孔径,提高孔的加工质量。其加工精度为IT10~9,表面粗糙度 $Ra=2.5\sim6.3\mu m$,扩孔加工余量为0.5~4mm。如图3-36(b)为扩孔钻。

铰孔是用铰刀从工件孔壁上切除微量金属层,以提高孔的尺寸精度和减小表面粗糙度值的加工方法,它是在扩孔或半精镗孔后进行的一种精加工。铰刀分手用铰刀和机用铰刀两种。机用铰刀又分直柄、锥柄和套式三种,多为锥柄,直径 $\phi10\sim80$mm,铰削切削速度通常取8m/min左右,铰削余量一般为单边0.5~0.1mm。如图3-36(c)为机用铰刀。

镗孔是利用镗刀对工件上已有的孔进行的加工,图3-36(d)为微调镗刀。镗削加工适合加工机座、箱体、支架等外形复杂的大型零件,孔径较大、尺寸精度较高、有位置精度要求的孔系。适合加工材料为钢、铸铁和有色金属。

攻丝是利用丝锥在工件螺纹底孔中加工螺纹的过程,图3-36(e)为机用丝锥。

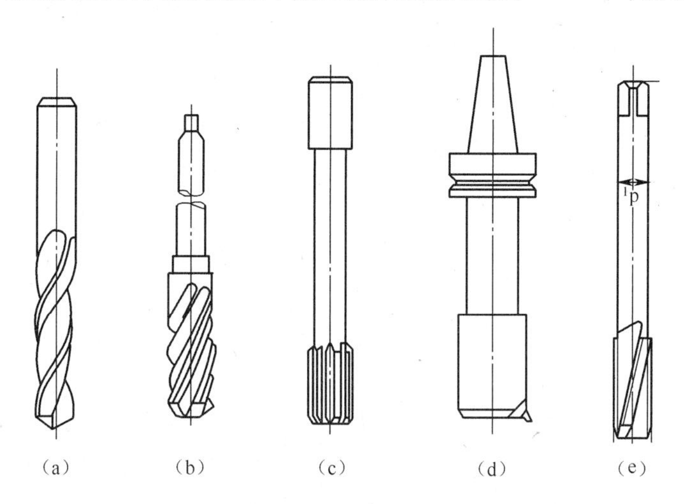

图3-36 孔加工刀具

(a)麻花钻;(b)扩孔钻;(c)机用铰刀;(d)微调镗刀;(e)机用丝锥。

在孔加工中,切削用量简易的选取方法是采用估算法。如采用国产的硬质合金刀具粗加工,切削速度一般选为70m/min,进给速度可根据主轴转速和被加工孔径的大小,取0.1mm/r或0.1mm/z进给量加以换算。精加工时,切削速度一般选为80m/min,进给速度为0.06~0.08mm/r或0.06~0.08mm/z,材质好的刀具切削用量还可加大。使用高速钢刀具时,切削速度约为(20~25)m/min。表3-12~表3-15列出了孔加工常用切削用量。

表3-12　用高速钢钻头钻孔切削用量

工件材料	工件材料牌号或硬度	切削用量	钻头直径 d/mm			
			1~6	6~12	12~22	22~50
铸铁	160~200HBS	v_c/(m/min)	16~24			
		f/(mm/r)	0.07~0.12	0.12~0.2	0.2~0.4	0.4~0.8
	200~240HBS	v_c/(m/min)	10~18			
		f/(mm/r)	0.05~0.1	0.1~0.18	0.18~0.25	0.25~0.4
	300~400HBS	v_c/(m/min)	5~12			
		f/(mm/r)	0.03~0.08	0.08~0.15	0.15~0.2	0.2~0.3
钢	35、45钢	v_c/(m/min)	8~25			
		f/(mm/r)	0.05~0.1	0.1~0.2	0.2~0.3	0.3~0.45
	15Cr、20Cr	v_c/(m/min)	12~30			
		f/(mm/r)	0.05~0.1	0.1~0.2	0.2~0.3	0.3~0.45
	合金钢	v_c/(m/min)	8~15			
		f/(mm/r)	0.03~0.08	0.05~0.15	0.15~0.25	0.25~0.35
工件材料		钻头直径 d/mm		3~8	8~28	25~50
铝	纯铝	v_c/(m/min)		20~50		
		f/(mm/r)		0.03~0.2	0.06~0.5	0.15~0.8
	铝合金（长切屑）	v_c/(m/min)		20~50		
		f/(mm/r)		0.05~0.25	0.1~0.6	0.2~1.0
	铝合金（短切屑）	v_c/(m/min)		20~50		
		f/(mm/r)		0.03~0.1	0.05~0.15	0.08~0.36
铜	黄铜、青铜	v_c/(m/min)		60~90		
		f/(mm/r)		0.06~0.15	0.15~0.3	0.3~0.75
	硬青铜	v_c/(m/min)		25~45		
		f/(mm/r)		0.05~0.15	0.12~0.25	0.25~0.5

表3-13　用高速钢铰刀铰孔切削用量

加工直径/mm	铸铁		钢、合金钢		铜及铝合金	
	切削用量					
	切削速度/(m/min)	进给量/(mm/r)	切削速度/(m/min)	进给量/(mm/r)	切削速度/(m/min)	进给量/(mm/r)
6~10	2~6	0.3~0.5	1.2~5	0.3~0.4	8~12	0.3~0.5
10~15		0.5~1		0.4~0.5		0.5~1
15~25		0.8~1.5		0.4~0.6		0.8~1.5
25~40		0.8~1.5		0.4~0.6		0.8~1.5
40~60		1.2~1.8		0.5~0.6		1.5~2
注:采用硬质合金铰刀铰铸铁时切削速度为8~10m/min,铰铝时为12~15m/min						

表 3-14　镗孔切削用量

工序	刀具材料	铸铁		钢、合金钢		铜及铝合金	
		切削用量					
		切削速度/(m/min)	进给量/(mm/r)	切削速度/(m/min)	进给量/(mm/r)	切削速度/(m/min)	进给量/(mm/r)
粗镗	高速钢	20~25	0.4~1.5	15~30	0.35~0.4	100~150	0.5~1.5
	硬质合金	25~50		50~70	0.35~0.7	100~250	
半精镗	高速钢	20~35	0.15~1.5	15~50	0.15~0.3	100~200	0.2~0.5
	硬质合金	50~70		90~130	0.15~0.45		
精镗	高速钢	70~90	DI 级<0.08	100~135	0.12~0.15	150~400	0.06~0.1
	硬质合金		D 级 0.12~0.15				
注:当采用高精度的镗头镗孔时,由于余量较小,直径余量不大于 0.2mm,切削速度可提高一些,铸铁件为 100~150m/min,铝合金为 200~400m/min,巴氏合金为 250~500m/min,进给量可在 0.0~0.1mm/r 范围内							

表 3-15　攻丝切削用量

加工材料	铸铁	钢及合金钢	铝及铝合金
切削速度/(m/min)	2.5~5	1.5~5	5~15

3.5.2　数控加工中心简化编程指令

1. 子程序 M98/M99

编程时,为了简化程序的编制,当一个工件上有相同的加工内容时,常调用子程序的方法进行编程。调用子程序的程序叫做主程序。子程序的编制与一般程序基本相同,只是程序结束指令为 M99 表示子程序结束,表示返回到调用子程序的主程序中。

调用子程序的格式:M98 P__;

其中:P__表示子程序调用情况。P 后共有 8 位数字,前 4 位为调用次数,省略时为调用 1 次;后 4 位为所调用的子程序号。

2. 钻孔循环指令

常用的固定循环指令 G73~G89,能完成钻孔、攻螺纹和镗孔等加工,均为模态指令,在被取消之前保持有效。钻孔用固定循环见表 3-16 所列。钻孔固定循环通常包括 6 个基本操作动作:在 *XY* 平面定位—快速移动到 *R* 点平面—孔的切削加工—孔底动作—返回到 *R* 点平面—返回到起始点,如图 3-37 所示。

表 3-16　钻孔用固定循环

G 代码	钻孔动作(-*Z* 轴方向)	在孔底位置的动作	退刀动作(+*Z* 轴方向)	用途
G73	间歇进给	—	快速移动	高速深孔钻削
G74	切削进给	暂停→主轴正转	切削进给	反向攻丝
G76	—	主轴定向	快速移动	精镗

（续）

G 代码	钻孔动作（-Z 轴方向）	在孔底位置的动作	退刀动作（+Z 轴方向）	用途
G80	—	—	—	取消
G81	切削进给	—	快速移动	钻孔、定点镗孔
G82	间歇进给	暂停	快速移动	钻孔、镗阶梯孔
G83	切削进给	—	快速移动	深孔钻削
G84		暂停→主轴反转	切削进给	攻丝
G85		—	切削进给	镗孔
G86		主轴停止	快速移动	镗孔
G87		主轴正转	快速移动	反镗
G88		暂停—主轴停止	手动	镗孔
G89		暂停	切削进给	镗孔

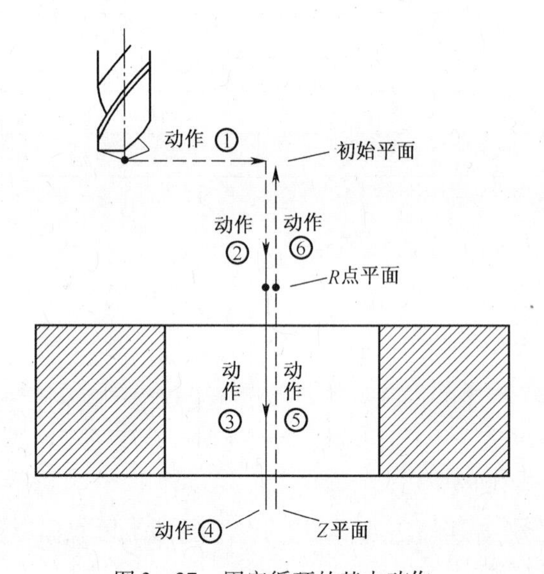

图 3-37　固定循环的基本动作

1）返回点平面指令 G98/G99

该指令决定刀具从孔底返回到达的平面，G98 使刀具返回到初始平面，G99 返回到 R 点平面，如图 3-38 所示。当进行多个孔的加工时，为了提高效率，不需要每钻一个孔都返回初始平面（执行 G81 之前刀具所在平面），通常最后一个孔采用 G98 返回初始平面，其余孔采用 G99 返回 R 点平面即安全平面（刀具在该平面内移动不会与工件或夹具发生干涉）。

2）钻孔循环指令 G81

该指令可用于一般的孔加工，首先刀具沿 X、Y 轴定位到孔位后，刀具快速定位至 R 点平面，然后切削进给进行到孔底，最后刀具以快速移动的方式从孔底退出，如图 3-39 所示。

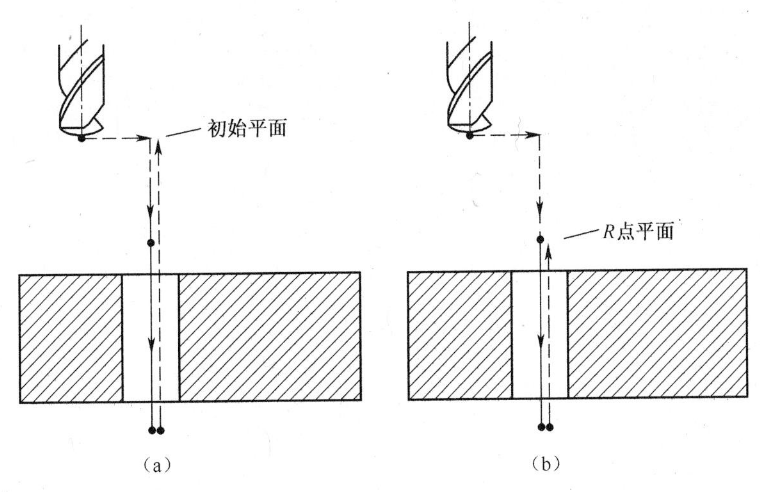

图 3-38　钻孔返回平面示意图

(a) G98(返回初始平面);(b) G99(返回 R 点平面)。

指令格式:G81 X_Y_Z_R_F_K_;

其中:X_ Y_为孔位数据;

Z_为孔底深度(绝对坐标);

R_为每次下刀点或抬刀点 (绝对坐标);

F_为切削进给速度;

K_为重复次数(仅限需要重复时)。

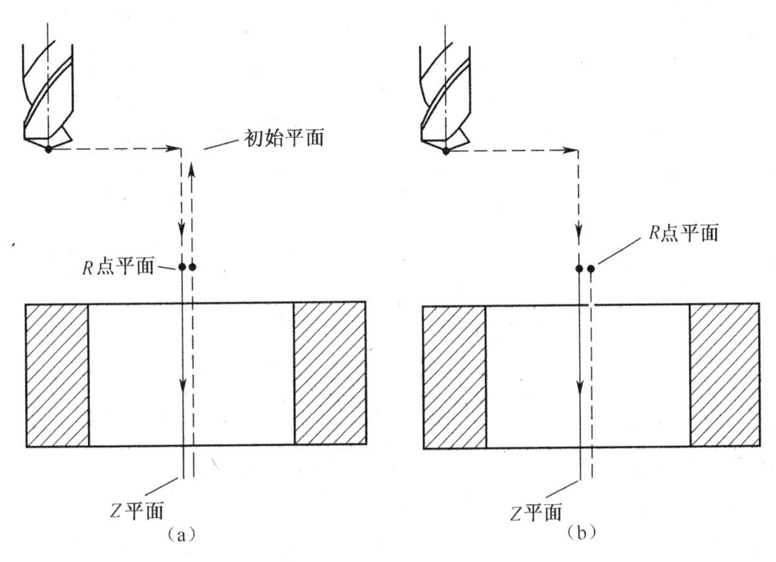

图 3-39　G81 点钻循环动作示意图

(a) G98　G81(返回初始平面);(b) G99　G81(返回 R 点平面)。

3) 钻镗台阶孔循环指令 G82

该指令多用于台阶孔的加工,首先刀具沿 X、Y 轴定位到孔位后,刀具快速定位至 R 点平面,然后切削进给进行到孔底,在孔底暂停以提高孔底的精度,最后刀具以快速移动的方式从孔底退出，如图 3－40 所示。

指令格式：G82 X_Y_Z_R_P_F_K_;

其中：X_ Y_为孔位数据；

Z_为孔底深度(绝对坐标)；

R_为每次下刀点或抬刀点(绝对坐标)；

P_为在孔底的暂停时间(单位为 ms)；

F_为切削进给速度；

K_为重复次数(仅限需要重复时)。

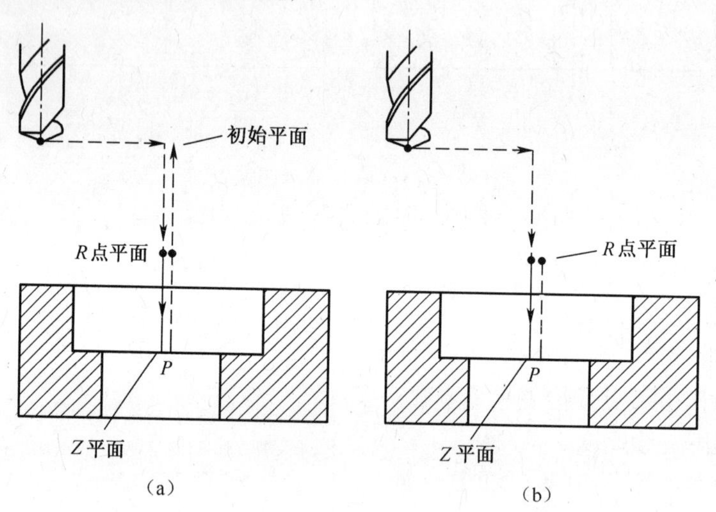

图 3－40　G82 钻镗台阶孔循环动作示意图

(a)G98　G82(返回初始平面)；(b)G99　G82(返回 R 点平面)。

4）高速深孔啄钻循环指令 G73

该指令多用于高速深孔加工，首先刀具沿 X、Y 轴定位到孔位后，刀具快速定位至 R 点平面，然后以间歇方式切削进给到孔底(每进给一段距离 q 后回退一定距离 d，d 在系统参数 No. 5114 中设置)，以便将切屑从孔中排出，最后刀具以快速移动的方式从孔底退出，动作如图 3－41 所示。

指令格式：G73 X__Y__Z__R__Q__ F__K__

其中：X_ Y_为孔位数据；

Z_为孔底深度(绝对坐标)；

R_为每次下刀点或抬刀点(绝对坐标)；

Q_为每次切削进给的切削深度(无符号，增量)；

F_为切削进给速度；

K_为重复次数(仅限需要重复时)。

5）精镗循环指令 G76

该指令用于高精度孔的镗削加工，首先刀具沿 X、Y 轴定位到孔位后，刀具快速定位至 R 点平面，然后以工进方式切削进给到孔底，主轴定向停止，刀具与刀尖反向移动离开已加工孔的表面(保证加工表面不受损)，最后刀具以快速移动的方式从孔底退出，回退至孔位并启动主轴正转，动作如图 3－42 所示。

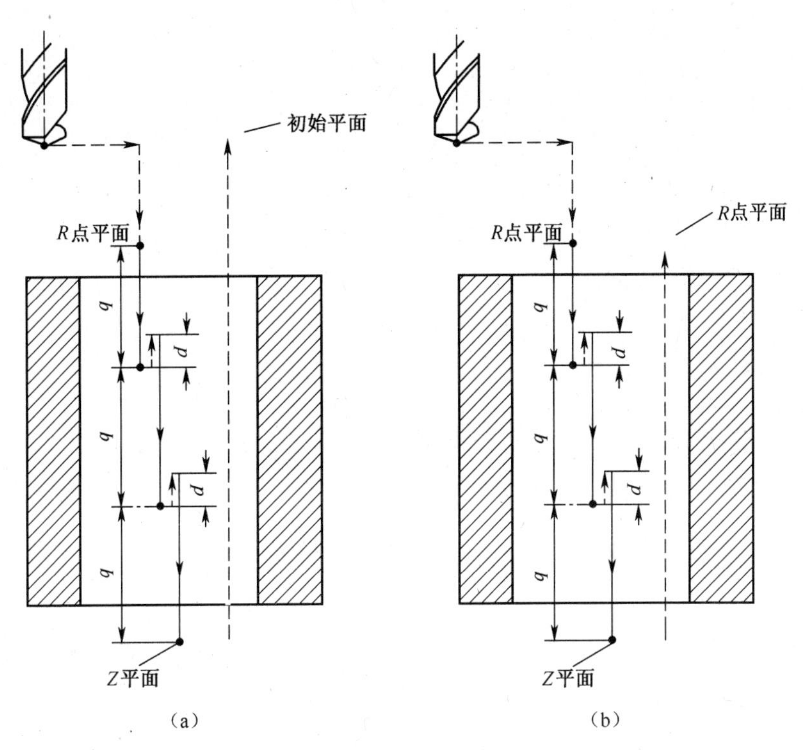

图 3-41 G73 高速深孔啄钻循环动作示意图

(a) G98 G73(返回初始平面);(b) G99 G73(返回 R 点平面)。

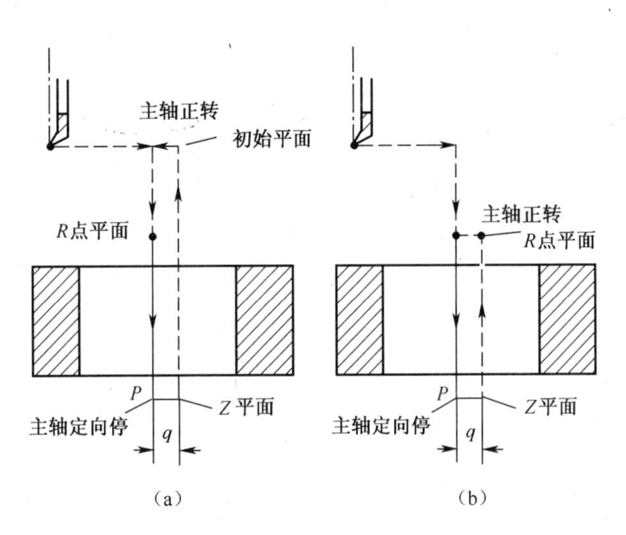

图 3-42 G76 精镗循环动作示意图

(a) G98 G76(返回初始平面);(b) G99 G76(返回 R 点平面)。

指令格式:G76 X__Y__Z__R__Q__P__F__K__

其中:X_ Y_为孔位数据;

Z_为孔底深度(绝对坐标);

R_为每次下刀点或抬刀点(绝对坐标);

P_为孔底暂停时间(单位为 ms);

Q_为孔底的偏移量；

F_为切削进给速度；

K_为重复次数（仅限需要重复时）。

6）攻丝循环指令 G84

该指令用于攻丝加工，首先刀具沿 X、Y 轴定位到孔位后，刀具快速定位至 R 点平面，然后以工进方式切削进给到孔底，主轴反转，刀具以工进方式从孔底退出，最后恢复主轴正转，动作如图 3－43 所示。

指令格式：G84 X__Y__Z__R__P__F__K__

其中：X_ Y_为孔位数据；

Z_为孔底深度（绝对坐标）；

R_为每次下刀点或抬刀点（绝对坐标）；

P_为孔底暂停时间（单位为 ms）；

F_为切削进给速度；

K_为重复次数（仅限需要重复时）。

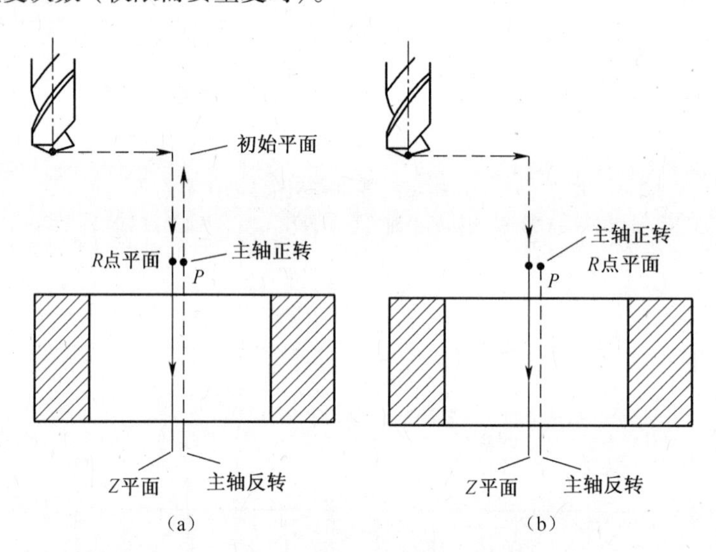

图 3－43　G84 攻丝循环动作示意图

(a) G98　G84（返回初始平面）；(b) G99　G84（返回 R 点平面）。

7）钻孔固定循环取消指令 G80

指令格式：G80；

该指令取消所有的钻孔用固定循环，机床回到执行正常操作状态。孔的加工数据包括 R 点、Z 点等，都被取消，但移动速率命令会继续有效。

注意：要取消固定循环方式，用户除了使用 G80 命令，还可以采用 G 代码 01 组（G00，、G01、G02、G03 等）中的任意一个命令。

3.5.3　孔加工编程实例

例 3－7　编制如图 3－44 所示底板零件中的孔，毛坯为 45 钢。

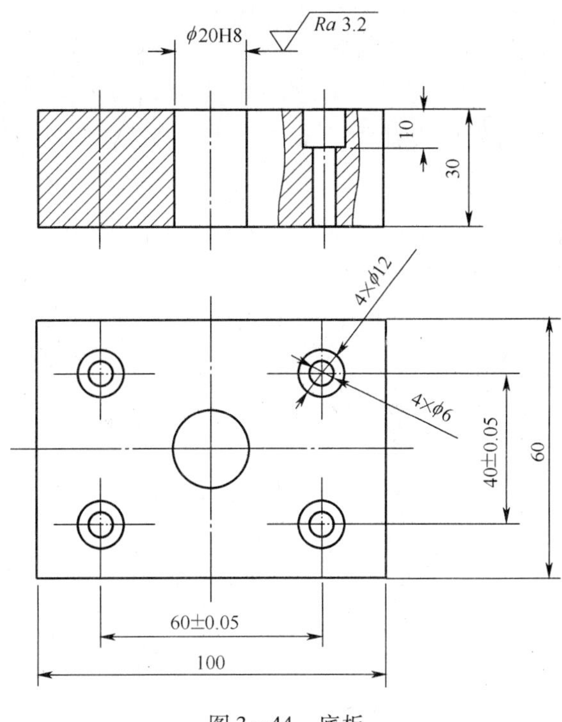

图 3-44　底板

(1) 数控切削工艺工装分析。

① 加工及装夹方案的选择：由于零件要求加工孔，其中 ϕ20H8 的表面粗糙度 Ra = 3.2μm，精度要求较高，可以通过钻孔粗加工、镗孔半精加工两个工步来完成；4 个 ϕ6 孔较深，可以采用深孔啄钻来完成，4 个 ϕ12 孔采用锪钻或立铣刀来完成。零件尺寸不大且为规矩的矩形，采用机用台钳装夹即可，注意不要将垫铁放置在孔位下方，否则会产生干涉导致危险。

② 刀具选择：ϕ20H8，粗糙度 Ra = 3.2μm 的孔粗加工可以采用 ϕ19 高速钢钻头 (T_1)，然后采用硬质合金微调镗刀调至 ϕ20(T_2)进行镗削；4 个 ϕ6 孔尺寸精度无特殊要求，只要保证位置精度即可，采用 ϕ6 高速钢钻头(T_3)；4 个 ϕ12 孔在 ϕ6 孔加工后余量不大，可以采用 ϕ12 硬质合金立铣刀来完成。

(2) 确定加工顺序及走刀方案。

① 编程原点的选定：为了保证孔的位置精度及对称性，以及编程计算方便且与设计基准统一，选择将编程原点建立在工件上表面的中心。

② 确定起刀点、返回点、进刀退刀平面：起刀点、返回点设在工件上表面对称中心 O 点上方 50mm 处。由于工件采用机用台钳装夹，工件上表面最高，周围无干涉，可以将安全平面定义为工件上表面 5mm，以提高加工效率，并保证安全。

③ 加工顺序：根据"先重要后一般，先粗后精"原则，先粗钻中心 ϕ19 孔然后精镗 ϕ20 孔，其次按如图 3-45 所示 1-2-3-4 的顺序钻 ϕ6 孔，最后按 1-2-3-4 的顺序加工 ϕ12 台阶孔。

(3) 切削用量：ϕ20H8，粗糙度 Ra = 3.2μm 的孔粗加工时切削速度 v_c = 15m/min，转

速 $n=1000\times16/(\pi\times19)=268\approx260$(r/min),进给量 $f=0.2\times260\approx50$(mm/min);精加工时采用镗削,背吃刀量 $a_p=0.5$mm,切削速度 $v_c=100$m/min,转速 $n=1000\times100/(\pi\times20)=1592\approx1600$(r/min),进给量 $f=0.15\times1600\approx240$(mm/min)。$\phi6$ 高速钢钻头加工 45 钢,切削速度 $v_c=15$m/min,转速 $n=1000\times16/(\pi\times6)=736\approx700$(r/min),进给量 $f=0.1\times700=70$(mm/min);$\phi12$ 硬质合金立铣刀加工 45 钢,切削速度 $v_c=60$m/min,转速 $n=1000\times60/(\pi\times12)=1532\approx1500$(r/min),进给量 $f=0.05\times1500\approx75$(mm/min)。

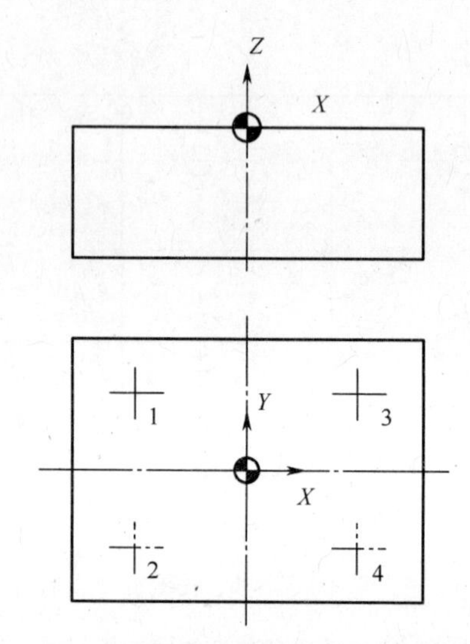

图 3-45　底板编程零点及孔加工顺序示意图

(4) 填写数控加工工序卡,见表 3-17 所列。

表 3-17　钻镗孔数控加工工序卡

数控加工工序卡				工序号		工序内容		
				1		孔加工		
钻镗孔				零件名称	材料	夹具名称		使用设备
				底板	45 钢	机用虎钳		VDL-600A
工步号	程序号	工步内容	刀具号	刀具规格 /mm	主轴转速 /(r/min)	进给量 /(mm/min)	背吃刀量 /mm	备注
1	O3531	粗钻 $\phi20$ 孔	T_1	$\phi19$ 高速钢钻头	260	50	—	
2	O3531	镗 $\phi20$ 孔	T_2	$\phi20$ 硬质合金微调镗刀	1600	240	0.5	
3	O3531	钻 $\phi6$ 孔	T_3	$\phi6$ 高速钢钻头	700	70	—	
4	O3531	钻 $\phi12$ 台阶孔	T_4	$\phi12$ 硬质合金立铣刀	1500	75	—	
编制	×××	审核		×××		第 1 页		共 1 页

(5) 孔加工程序如下:

程序	程序说明
O3531;	程序名

```
N10 T1M06;                              换1号φ19钻头
N20 T2;                                 准备2号φ20镗刀
N30 G54G90G40G49G80;                    程序初始化并选取工件坐标系
N40 G00G43X0Y0Z50H01M08;                快速定位到φ20孔上方起刀点并打开切削液
N50 M03S260;                            启动主轴
N60 G98G81Z-36R5F50;                    钻φ19孔
N70 G49M05M09;                          关闭切削液
N80 M06;                                换2号φ20镗刀
N90 T3;                                 准备3号φ6钻头
N100 G43G00X0Y0Z50H02M08;               采用刀具长度补偿快速至起刀点打开切削液
N110 M03S1600;                          启动主轴
N120G98G76Z-32R5Q1P1000F240;            镗削φ20孔
N130 G49M05M09;                         取消刀具长度补偿并停止主轴关闭切削液
N140 M06;                               换3号φ6钻头
N150T4;                                 准备4号φ12立铣刀
N160 G43G00X0Y0Z50H03M08;               采用刀具长度补偿快速定位至起刀点
N170 M03S700;                           启动主轴
N180 G99G73X-30Y20Z-33R5Q5F70;          钻1号φ6孔
N190 Y-20;                              钻2号φ6孔
N200 X30Y20;                            钻3号φ6孔
N210 G98Y-20;                           钻4号φ6孔快速抬刀至初始平面
N220 G00G49X0Y0M09;                     快速返回并取消刀具长度补偿关闭切削液
N230 M05;                               停止主轴
N240 M06;                               换4号φ12立铣刀
N250 T1;                                准备1号φ19钻头
N260 G00G43X0Y0Z50H04M08;               采用刀具长度补偿快速定位至起刀点
N270 M03S1500;                          启动主轴
N280 G99G82X-30Y20Z-10R5F75;            钻1号φ12孔
N290 Y-20;                              钻2号φ6孔
N300 X30Y20;                            钻3号φ6孔
N310 G98Y-20;                           钻4号φ6孔快速抬刀至初始平面
N320 G00G80G49X0Y0Z50M09;               快速返回并取消刀具长度补偿取消钻孔循环
N330 M05;                               停止主轴
N340 M30;                               程序结束
```

注意:在程序执行前确认刀具长度补偿值正确输入对应地址,以 T_4 作为基准刀对刀,然后通过对刀或测量 T_1、T_2、T_3 与 T_4 的长度差,分别输入“形状(H)”列中的001、002、003中,在004中输入“0”。

3.5.4 数控加工中心综合零件编程实例

例3-8 编制如图3-46所示法兰零件加工工艺及数控程序,毛坯为135mm×55mm

×32mm 的 45 钢已加工方料。

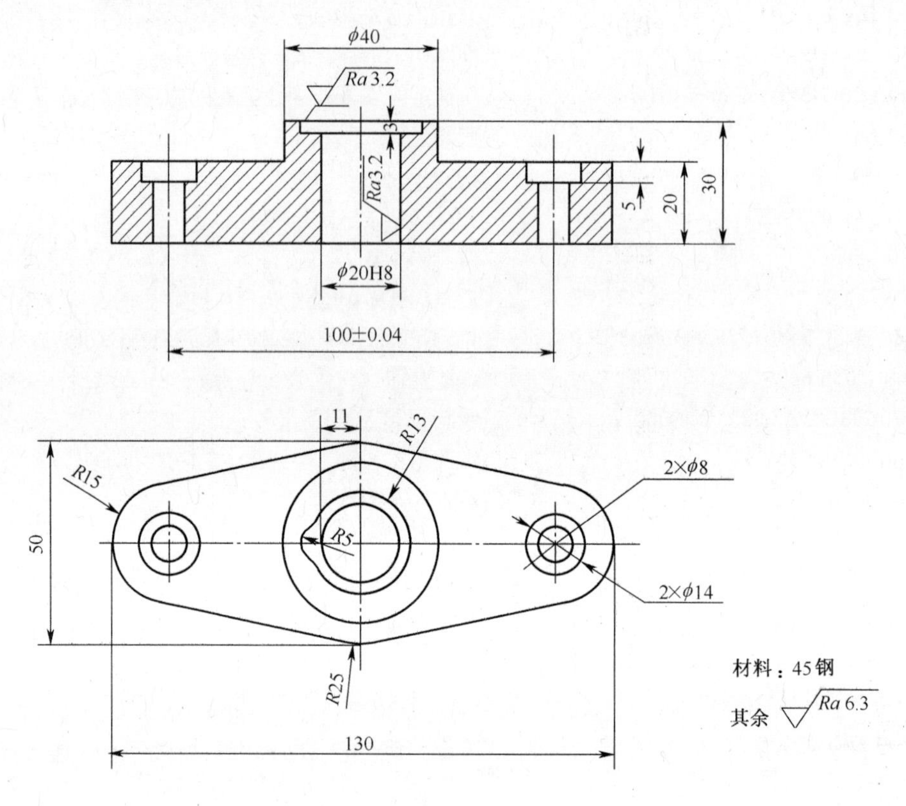

图 3-46 法兰零件

（1）数控切削工艺工装分析。

① 加工及装夹方案的选择：该零件加工轮廓主要包括上/下平面、台阶面、台阶 φ40 外轮廓、内轮廓、φ14 台阶孔、φ8 孔、φ20 内孔等，如图 3-47 所示。其中上/下平面、台阶面、外轮廓、台阶 φ40 外轮廓 3 等表面粗糙度 $Ra=6.3\mu m$，可以通过粗铣、半精铣来完成；中心 φ20H8 内孔精度要求较高，表面粗糙度 $Ra=3.2\mu m$，可以通过钻削、镗削来完成；中心内轮廓表面粗糙度 $Ra=3.2\mu m$，在 φ20H8 孔镗削后加工，可以直接铣削来完成；φ14 孔 5 和 φ8 孔的精度要求不高，可以直接钻削完成。除外轮廓以外，其余面等可以先加工，采

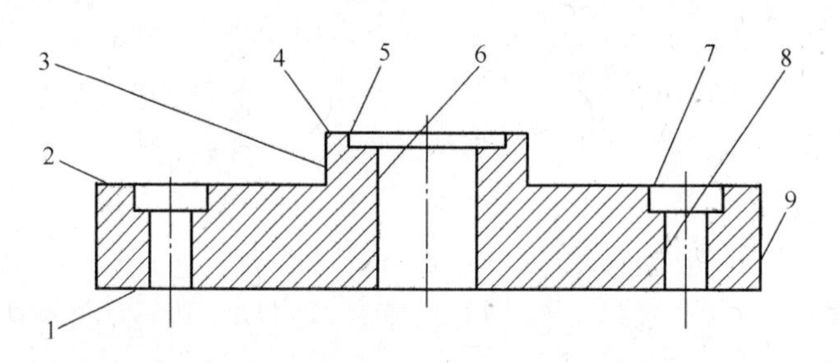

图 3-47 法兰加工表面分析

1—下平面；2—台阶面；3—台阶 φ40 外轮廓；4—上平面；5—内轮廓；6—φ20 内孔；7—φ14 台阶孔 ；8—φ8 孔；9—外轮廓。

用机用台钳装夹；待内孔加工完成后，借助 ϕ20H8 孔和 1 个 ϕ8 孔采用一面两销方式定位并通过 ϕ20H8 孔和 2 个 ϕ8 孔进行装夹。

② 刀具选择见表 3－18。

表 3－18　数控加工刀具卡

零件编号		1	数控加工刀具卡			使用设备
零件名称		法兰				VDL－600A
刀柄型号		BT40	换刀方式	自动		
	序号	编号	刀具名称	规格	数量	备注
刀具组成	1	T1	4 刃 ϕ63 硬质合金端铣刀	ϕ63	1	
	2	T2	2 刃 ϕ20 硬质合金立铣刀	ϕ20	1	
	3	T3	ϕ19 高速钢钻头	ϕ19	1	
	4	T4	ϕ20 微调镗刀	ϕ20	1	
	5	T5	ϕ7.8 高速钢钻头	ϕ7.8	1	
	6	T6	ϕ14 硬质合金立铣刀	ϕ14	1	
	7	T7	ϕ8 机铰刀	ϕ8	1	
	8	T8	ϕ8 硬质合金两刃键槽铣刀	ϕ8	1	
备注						
编制	×××	审核	×××	批准		共　页　第　页

(2) 确定加工顺序及走刀方案。

① 编程原点的选定：为了保证孔的位置精度及对称性，以及编程计算方便且与设计基准统一，选择将编程原点建立在工件上表面的中心。

② 确定起刀点、返回点、进刀退刀平面：起刀点、返回点设在工件上表面对称中心 O 点上方 50mm 处。采用机用虎钳装夹加工内孔、内轮廓等时安全平面可以选择在零件上表面上方 5mm；而以一面两销定位装夹加工外轮廓时则需要注意夹具干涉，安全平面以最高夹具表面上方 10mm 为安全平面，保证加工的安全稳定进行，工件安装和零点设定见表 3－19 所列。

③ 加工顺序：根据“先重要后一般，先粗后精”原则，加工工艺过程卡见表 3－20 所列，先加工下平面①，然后翻面铣上平面④到尺寸；粗铣、精铣台阶面②，进刀路线见表 3－21 所列；精铣台阶外轮廓面③，进刀路线见表 3－21 所列；粗加工 ϕ20 孔⑥（钻 ϕ19）后精镗 ϕ20 孔⑥，然后加工 2 个 ϕ8 孔（钻 ϕ7.8）⑧；铰 ϕ8 孔⑧后铣 ϕ14 台阶孔⑦；接着进行内轮廓面⑤的粗铣和半精精铣，进刀路线见表 3－22 所列；然后最后按如图 3－48(c) 粗铣、半精铣零件外轮廓面⑨，进刀路线见表 3－23 所列。

表 3-19　数控加工工件安装和零点设定卡

零件图号	1	数控加工工件安装和零点设定卡	工序号	7
零件名称	法兰		装夹次数	1

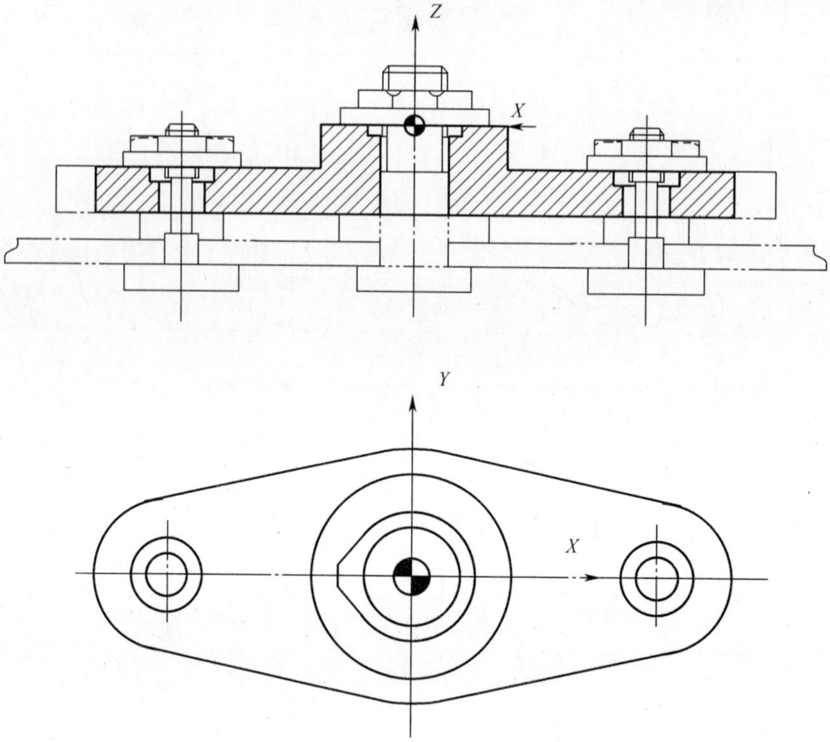

			3	T 形螺钉	1
			2	带螺纹削边销	1
编制日期		第 1 页	1	带螺纹销	1
批准(日期)		共 1 页	序号	夹具名称	数量

表 3-20　数控加工工艺过程卡

数控加工工艺卡		零件名称	使用机床		材料	45 钢
		法兰	加工中心 VDL-600A		数量	10
工序号	工步号	名称	加工表面	刀具号	刀具规格	装夹方法
1	1	铣下平面	下平面	T1	四刃 $\phi63$ 硬质合金端铣刀	机用台钳
2	2	铣上平面	上平面	T1	四刃 $\phi63$ 硬质合金端铣刀	翻面后 机用台钳
3	3	粗铣 $\phi40$ 台阶面	台阶面	T1	四刃 $\phi63$ 硬质合金端铣刀	机用台钳
	4	精铣 $\phi40$ 台阶面	台阶面	T1	四刃 $\phi63$ 硬质合金端铣刀	
4	5	精铣台阶 $\phi40$ 外轮廓面	台阶 $\phi40$ 外轮廓	T2	$\phi20$ 的两刃硬质合金立铣刀	

（续）

数控加工工艺卡		零件名称	使用机床		材料	45 钢
		法兰	加工中心 VDL－600A		数量	10
工序号	工步号	名称	加工表面	刀具号	刀具规格	装夹方法
5	6	粗钻 ϕ20 孔	ϕ20 内孔	T3	ϕ19 高速钢钻头	机用台钳
		镗 ϕ20 孔	ϕ20 内孔	T4	ϕ20 镗刀	
	7	粗钻 ϕ8 孔	ϕ8 孔	T5	ϕ7.8 高速钢钻头	
	8	铰 ϕ8 孔	ϕ8 孔	T6	ϕ14 硬质合金立铣刀	
	9	铣 ϕ14 台阶孔	ϕ14 台阶孔	T7	ϕ8 机铰刀	
6	10	粗铣内轮廓面	内轮廓	T8	ϕ8 硬质合金两刃键槽铣刀	
	11	精铣内轮廓面	内轮廓	T8	ϕ8 硬质合金两刃键槽铣刀	
7	12	粗铣外轮廓面	外轮廓	T2	ϕ20 硬质合金立铣刀	一面两销
	13	精铣外轮廓面	外轮廓	T2	ϕ20 硬质合金立铣刀	一面两销
编制	×××	审核	×××	共 1 页	日期	×××

表 3－21　加工台阶面及 ϕ40 外轮廓刀具运行轨迹图

××机械厂	加工台阶面及 ϕ40 外轮廓刀具运行轨迹图			比例	共　页
					第　页
零件图号	1	零件名称	法兰		
程序编号	O3534	机床型号	VDL－600A		
刀位号	粗：T1；精：T2	加工台阶面； 加工 ϕ40 台阶外轮廓。 两次刀具运行轨迹相同，仅刀具不同，补偿值不同。			
刀补号	粗：D01；精 D02				
刀具规格	ϕ63；ϕ20				
刀具半径补偿	D01＝32；D02＝10				
刀具长度补偿	H01＝　；H02＝				
P_1（X－53，Y－57.5）	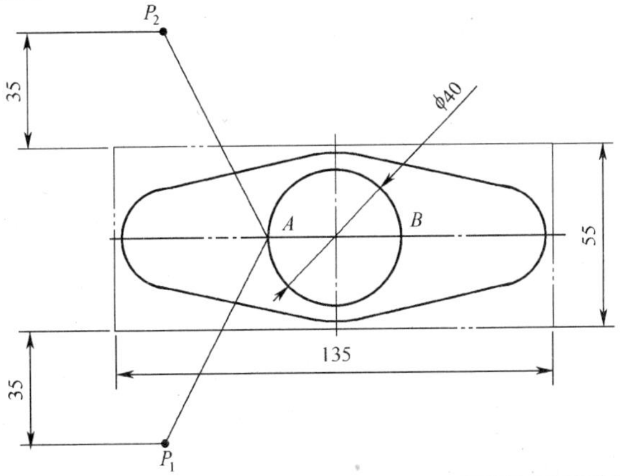				
P_2（X－53，Y57.5）					
A（X－20，Y0）					
B（X20，Y0）					
	备注				
编制	×××	审核	×××		

表 3-22　粗、精加工内轮廓刀具运行轨迹图

××机械厂	粗精加工内轮廓刀具运行轨迹图			比例	共　页 第　页
零件图号	1	零件名称	法兰		
程序编号	O3538	机床型号	VDL-600A		
刀位号	T8	加工内轮廓面； 两次刀具运行轨迹相同，仅刀具半径补偿地址及补偿值不同。			
刀补号	粗：D08；精 D18				
刀具规格	ϕ8				
刀具半径补偿	D01=4.5；D02=4				
刀具长度补偿	H08=				
O(X0，Y0)					
A(X-7，Y-7)					
B(X7，Y-7)					
P_1(X0，Y-13)					
P_2(X0，Y13)					
P_3(X-9，Y9)					
P_4(X-14，Y4)					
P_5(X-14，Y-4)					
P_6(X-9，Y-9)					
	备注				
编制	×××	审核	×××		

表 3-23　粗、精加工外轮廓刀具运行轨迹图

××机械厂	粗精加工外轮廓刀具运行轨迹图			比例	共　页 第　页
零件图号	1	零件名称	法兰		
程序编号	O3540	机床型号	VDL-600A		
刀位号	T2	加工外轮廓面； 两次刀具运行轨迹相同，仅刀具半径补偿地址及补偿值不同。			
刀补号	粗：D12；精 D02				
刀具规格	ϕ20				
刀具半径补偿	D02=10；D12=10.5				
刀具长度补偿	H02=				
A(X-75，Y-40.5)					
B(X-75，Y40.5)					
P_1(X-65，Y0)					
P_2(X-53，Y14.697)					
P_3(X-5，Y24.495)					
P_4(X5，Y24.495)					
P_5(X53，Y14.697)					
P_6(X53，Y-14.697)					
P_7(X5，Y-24.495)					
P_8(X-5，Y-24.495)					
P_9(X-53，Y-14.697)					
	备注				
编制	×××	审核	×××		

（3）切削用量见表3－24。

（4）数控加工工序卡见表3－24。

表3－24　铣平面数控加工工序卡

数控加工工序卡				工序号		工序内容		
				1		铣平面		
铣平面				零件名称	材料	使用设备		
				四方	45钢	VDL－600A		
工序号	程序号	工步内容	刀具号	刀具规格/mm	主轴转速/(r/min)	进给量/(mm/min)	背吃刀量/mm	装夹方式
1	O3532	铣上、下平面	T1	ϕ63硬质合金端铣刀	400	160	1	机用台钳
2								
3	O3533	粗、精铣台阶面	T1	ϕ63硬质合金端铣刀	400	160	3	机用台钳
4	O3535	精铣台阶ϕ40外轮廓	T2	ϕ20硬质合金立铣刀	1600	300	5	机用台钳
5	O3536	粗钻ϕ20孔	T3	ϕ19高速钢钻头	260	50	—	机用台钳
		镗ϕ20孔	T4	ϕ20镗刀	1600	240	0.5	
		钻2×ϕ7.8孔	T5	ϕ7.8高速钢钻头	600	60	—	
		铰2×ϕ8孔	T6	ϕ8机铰刀	80	30	0.1	
		铣2×ϕ14台阶孔	T7	ϕ14硬质合金立铣刀	1300	150	5	
6	O3537	粗铣内轮廓	T8	ϕ8硬质合金两刃键槽铣刀	2400	500	2.5	机用台钳
		精铣内轮廓	T8	ϕ8硬质合金两刃键槽铣刀	3000	600	0.5	
7	O3539	粗铣外轮廓	T2	ϕ20硬质合金立铣刀	1000	200	6	一面两销
		半精铣外轮廓	T2	ϕ20硬质合金立铣刀	1600	300	20	
编制		×××	审核		×××	第1页		共1页

（5）数控加工程序。

上、下平面铣削程序如下：

```
程序                          程序说明
O3532;                        铣上、下平面程序
N10T1M06;                     换1号φ63硬质合金端铣刀
N20G54G90G49G40G80;           程序初始化
N30M03S400;                   主轴正转
N40G00G43X0Y0Z50H01;          快速定位到起始平面
N50X－102Y0;                  快速定位到切入点A上方
N60Z5M08;                     快速下刀至进刀平面并打开切削液
N70G01Z－1F160;               垂直下刀到切削深度
N80X102;                      铣削平面
N100G01Z5;                    工件切出至退刀平面
N110G00Z100M09;               抬刀返回至返回平面并关闭切削液
```

N120M05;　　主轴停止

N130M30;　　程序结束

注意：在翻面后铣第二个平面时根据加工余量调整“N70G01Z－1F160;”中的Z值，以确保零件高度。

粗、精铣台阶面程序如下：

程序	程序说明
O3533;	粗、精铣台阶面
N10 T1M06;	换1号 ϕ63 硬质合金端铣刀
N20 G54G90G49G40G80;	程序初始化
N30 G00G43X0Y0Z50H01;	采用刀具长度正补偿，并快速定位至起始平面
N40G00Z5M08;	快速定位至安全平面，打开切削液
N50M03S400;	主轴正转
N60G00X－53Y－57.5;	快速定位至进刀点 P_1 上方
N70G01Z－3F160;	进刀
N80D01;	选用刀具半径补偿值
N90M98P3534;	调用台阶面外轮廓铣削子程序
N100G00Z5;	抬刀至安全平面
N110G00X－53Y－57.5;	快速定位至进刀点 P_1 上方
N120G01Z－6F160;	进刀
N130D01;	选用刀具半径补偿值
N140M98P3534;	调用台阶面外轮廓铣削子程序
N150G00Z5;	抬刀至安全平面
N160G00X－53Y－57.5;	快速定位至进刀点 P_1 上方
N170G01Z－9F160;	进刀
N180D01;	选用刀具半径补偿值(D01=32)
N190M98P3534;	调用台阶面外轮廓铣削子程序
N200G00Z5;	抬刀至安全平面
N210G00X－53Y－57.5;	快速定位至进刀点 P_1 上方
N220G01Z－10F160;	进刀
N230D01;	选用刀具半径补偿值
N240M98P3534;	调用台阶面外轮廓铣削子程序
N250G00Z5M09;	抬刀至安全平面，关闭切削液
N260G00G49X0Y0Z50;	快速返回起始平面，取消刀具长度补偿
N270M05;	主轴停止
N280M30;	程序结束

台阶外轮廓子程序如下：

程序	程序说明
O3534;	台阶外轮廓子程序
N10 G90G01G41X－20Y0;	进刀至 A 并建立刀具半径补偿
N20 G02X20Y0R20;	A–B 上半圆
N30 G02X－20Y0R20;	B–A 下半圆
N40 G01G40X－53Y57.5;	退刀至 P_2 取消刀具半径补偿

N50 M99　　子程序结束

粗、精铣 φ40 台阶面外轮廓程序如下：

程序	程序说明
O3535;	粗、精铣 φ40 台阶面外轮廓
N10 T2M06;	换 2 号 φ20 硬质合金立铣刀
N20 G54G90G49G40G80;	程序初始化
N30 G00G43X0Y0Z50H02;	采用刀具长度正补偿,并快速定位至起始平面
N40G00Z5M08;	快速定位至安全平面,打开切削液
N50M03S1600;	主轴正转
N60G00X-53Y-57.5;	快速定位至进刀点 P_1 上方
N70G01Z-10F300;	进刀
N80D02;	选用刀具半径补偿值(D02=10)
N90M98P3534;	调用台阶面外轮廓铣削子程序
N100G00Z5M09;	抬刀至安全平面
N110G00G49X0Y0Z50;	快速返回至初始平面,取消刀具长度补偿
N120M05;	停止主轴
N130M30;	程序结束

孔加工程序如下：

程序	程序说明
O3536;	粗、精铣 φ40 台阶面外轮廓
N10 T3M06;	换 3 号 φ19 高速钢钻头
N20 G54G90G49G40G80;	程序初始化
N30 G00G43X0Y0Z50H03M08;	采用刀具长度正补偿,并快速定位至起始平面
N40M03S260;	主轴正转,转速为 260r/min
N50G98G81Z-36R5F50;	钻 φ19 孔
N60G49M05M09;	取消刀具长度补偿,停止主轴,关闭切削液
N70 T4M06;	换 4 号 φ20 镗刀
N80 G00G43X0Y0Z50H04M08;	采用刀具长度正补偿,快速定位至起始平面
N90 M03S1600;	启动主轴
N100 G98G76Z-32R5Q2P1000F240;	镗 φ20 孔
N110G49M05M09;	取消刀具长度补偿,停止主轴,关闭切削液
N120 T5M06;	换 5 号 φ7.8 钻头
N130G00G43X0Y0Z50H05M08;	采用刀具长度正补偿,快速定位至起始平面
N140 M03S600;	启动主轴
N150 G99G73X-50Z-33R5Q5F60;	钻左边 φ7.8 孔
N160G98X50;	钻右边 φ7.8 孔
N170G00G49X0Y0M05M09;	快速返回起刀点,停止主轴,关闭切削液
N180T6M06;	换 6 号 φ8 机铰刀
N190G00G43X0Y0Z50H06M08;	采用刀具长度正补偿,快速定位至起始平面
N200 M03S80;	启动主轴
N210 G99G81X-50Z-32R5F30;	铰左边 φ8 孔
N220 G98X50;	铰右边 φ8 孔
N230 G00X0Y0;	快速返回起刀点

N240 T7M06;	换7号ϕ14立铣刀
N250 G00G43X0Y0Z50H07M08;	采用刀具长度正补偿,快速定位至起始平面
N260 M03S1300;	启动主轴
N270 G99G82X-50Z-5R5P1000F150;	铣左边ϕ14台阶孔
N280 G98X50;	铣右边ϕ14台阶孔
N290 G00G49X0Y0M05M09;	快速返回起刀点,停止主轴,关闭切削液
N300 G49M09;	取消刀具长度补偿,关闭切削液
N310 M05;	停止主轴
N320 M30;	程序结束

粗、精铣内轮廓程序如下:

程序	程序说明
O3537;	粗、精铣内轮廓
N10 T1M08;	换8号ϕ8硬质合金键槽铣刀
N20 G54G90G49G40G80;	程序初始化
N30 G00G43X0Y0Z50H08;	采用刀具长度正补偿,并快速定位至起始平面
N40G00Z5M08;	快速定位至安全平面,打开切削液
N50M03S2400;	主轴正转
N60G01Z-3F500;	工进至进刀点
N70D08;	设置刀具半径补偿值(D08=4.5)
N80M98P3538;	调用内轮廓子程序粗铣内轮廓
N90M03S3000	提高转速
N100D18F600;	设置刀具半径补偿值(D18=4)提高进给速度
N110M98P3538;	调用内轮廓子程序精铣内轮廓
N120G01Z5;	抬刀
N130G00G49Z50M09;	快速回退至初始平面并关闭切削液
N140M05;	主轴停止
N150M30;	程序结束

内轮廓子程序如下:

程序	程序说明
O3538;	内轮廓子程序
N10 G90G01G41X-7Y-7;	进刀至A并建立刀具半径补偿
N20 G03X0Y-13R9;	$A \to P_1$
N30 G03X0Y13R13;	$P_1 \to P_2$
N40 G03X-9Y9R13	$P_2 \to P_3$
N50 G01X-14Y4	$P_3 \to P_4$
N60 G03 Y-4R5	$P_4 \to P_5$
N70 G01X-9Y-9	$P_5 \to P_6$
N80G03X0Y-13R13	$P_6 \to P_1$
N90 G03X7Y-7R9;	$P_1 \to B$
N90 G01G40X0Y0;	退刀至O取消刀具半径补偿
N100 M99	子程序结束

粗、精铣外轮廓程序如下:

程序	程序说明
O3539;	粗、精铣外轮廓
N10 T2M08;	换2号 ϕ20 硬质合金立铣刀
N20 G54G90G49G40G80;	程序初始化
N30 G00G43X0Y0Z50H02;	采用刀具长度正补偿,并快速定位至起始平面
N40 X-75Y-40.5;	快速定位至进刀点 A 上方
N50G00Z5M08;	快速定位至安全平面,打开切削液
N60M03S1000;	主轴正转启动
N70G01Z-5F200;	工进至第一层进刀点
N80D12;	设置刀具半径补偿值(D12=10.5)
N90M98P3540;	调用外轮廓子程序粗铣外轮廓
N100G00Z5;	抬刀至安全平面
N110G00 X-75Y-40.5;	快速定位至进刀点 A 上方
N120G01Z-10;	工进至第二层进刀点
N130M98P3540;	调用外轮廓子程序粗铣外轮廓
N140G00Z5;	抬刀至安全平面
N150G00 X-75Y-40.5;	快速定位至进刀点 A 上方
N160G01Z-15;	工进至第三层进刀点
N170M98P3540;	调用外轮廓子程序粗铣外轮廓
N180G00Z5;	抬刀至安全平面
N190G00 X-75Y-40.5;	快速定位至进刀点 A 上方
N200G01Z-21;	工进至第四层进刀点
N210M98P3540;	调用外轮廓子程序粗铣外轮廓
N220G00Z5;	抬刀至安全平面
N230G00 X-75Y-40.5;	快速定位至进刀点 A 上方
N240M03S1600	提高转速
N250D02F300;	设置刀具半径补偿值(D02=10)提高进给速度
N260M98P3540;	调用外轮廓子程序精铣外轮廓
N270G01Z5;	抬刀至安全平面
N280G00G49Z50M09;	快速回退至初始平面并关闭切削液
N290G00X0Y0	快速返回起刀点
N300M05;	主轴停止
N310M30;	程序结束

外轮廓子程序如下:

程序	程序说明
O3540;	台阶外轮廓子程序
N10 G90G01G41X-65Y0;	进刀至 P_1 并建立刀具半径补偿
N20 G02X-53Y14.697R15;	$P_1 \rightarrow P_2$
N30 G01X-5Y24.495;	$P_2 \rightarrow P_3$
N40 G02X5R25;	$P_3 \rightarrow P_4$
N50 G01X53Y14.697;	$P_4 \rightarrow P_5$
N60 G02Y-14.697R15;	$P_5 \rightarrow P_6$
N70 G01X5Y-24.495;	$P_6 \rightarrow P_7$

```
N80 G02X-5R25;                     P7→P8
N90 G01X-53Y-14.697;               P8→P9
N100 G02X-65Y0R15;                 P9→P1
N40 G01G40X-75Y40.5;               退刀至B 取消刀具半径补偿
N50 M99                            子程序结束
```

注意:H01 ~ H08 为刀具长度补偿地址,在程序执行前,选定 T1 ~ T8 中的一把刀作为基准刀进行对刀,输入 G54 工件坐标系,并将其对应的"形状(H)"补正值设置为 0,然后将其余刀具与基准刀具的长度差值输入相应刀具的"形状(H)"中。

3.5.5 数控加工中心操作提高

1. 测量刀具长度差

当采用刀具长度补偿时需要在"形状(H)"补正中输入刀具与基准刀具的长度差,以便程序自动进行刀具长度偏置。下面以例 3-5 的加工程序为例说明刀具长度补偿相关操作方法。

例 3-5 中使用的刀具规格见表 3-25 所列。

表 3-25 刀具规格

刀具号	刀具规格/mm	长度补偿地址	长度差	备注
T1	ϕ19 高速钢钻头	H01		
T2	ϕ20 硬质合金微调镗刀	H02		
T3	ϕ6 高速钢钻头	H03		
T4	ϕ12 硬质合金立铣刀	H04	0	基准刀

为了对刀方便,选择 T4 的 ϕ12 硬质合金立铣刀作为基准刀进行对刀操作,并将其工件零点的机械坐标输入 G54 工件坐标系中;然后分别测量 T1、T2、T3 与 T4 的长度差,并将其输入刀具补正的"形状(H)"列中。测量刀具长度差可以通过精密对刀仪(图 3-48)进行精确测量,也可通过在利用 Z 轴定位器和机床坐标进行计算,如图 3-49 为 50mm Z 轴定位器。

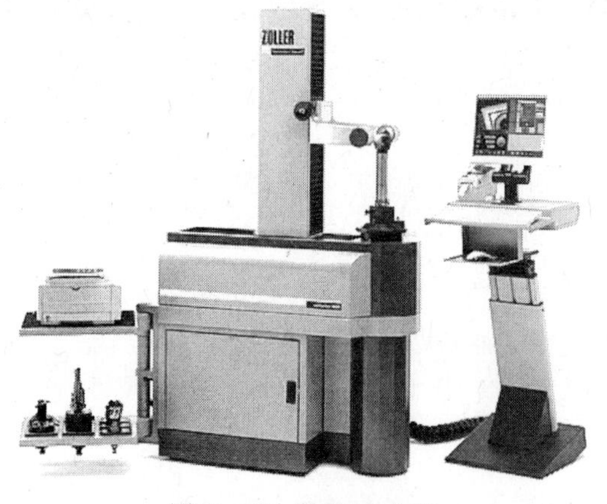

图 3-48 数控对刀仪

图 3-49 Z 轴定位器

（1）基准刀 Z 轴对刀。如采用 T4ϕ12 立铣刀作为基准刀，采用 Z 轴定位器对刀时，首先通过执行“T4M06；”将 T4 换至机床主轴上，刀具不转动，移动刀具下降并压在 Z 轴定位器的上表面中心位置，继续慢速下降，直到表针顺时针转过 1 圈（即压表 1 圈），如图 3－50 所示，此时刀具下表面中心距离工件上表面为 50mm，若选择工件上表面中心作为工件零点，记下此时的 Z 轴机械坐标 Z_0 如－193.962；此时在 G54 中输入“Z50.”，然后按【测量】屏幕软键即可完成 T4 的 Z 轴对刀。确认刀具补正中番号 004 对应的“形状（H）”的数值为 0。

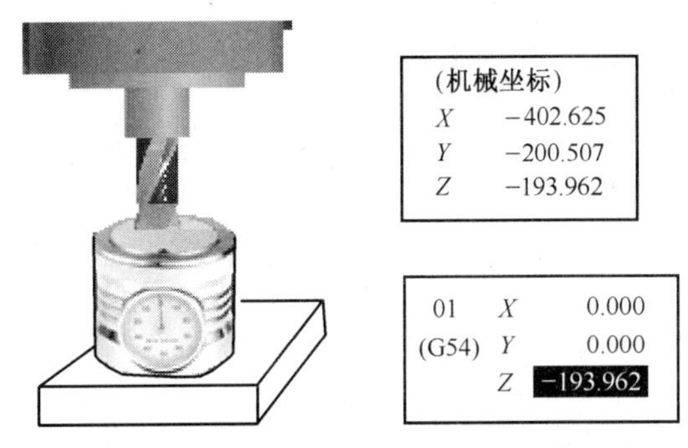

图 3－50 采用 Z 轴定位器对刀示意图

（2）然后测量 T1 刀具 ϕ19 钻头与 T4ϕ12 立铣刀的长度差。首先执行“T1M06；”将 T1 换至机床主轴上，同样移动 Z 轴使 T1 刀具压表 1 圈，记下此时的 Z 轴机械坐标 Z_2 如－71.438；则 T1 与 T4 的长度差 $Z_1-Z_0=-71.438-(-193.962)=122.524$，即为 H01 中的值。

（3）将上一步计算出的刀具长度差输入刀具补正中番号 001 对应的“形状（H）”列中，具体步骤为：【OFFSET SETTING】→【补正】→移动光标至“番号”中与 H 地址相同的号与“形状（H）”列相交的位置，输入 H01 的数值，按【输入】即可，结果如图 3－51 所示。

采用同样的方法，重复步骤（2）、（3）来完成 T2、T3 的长度补偿值设置。

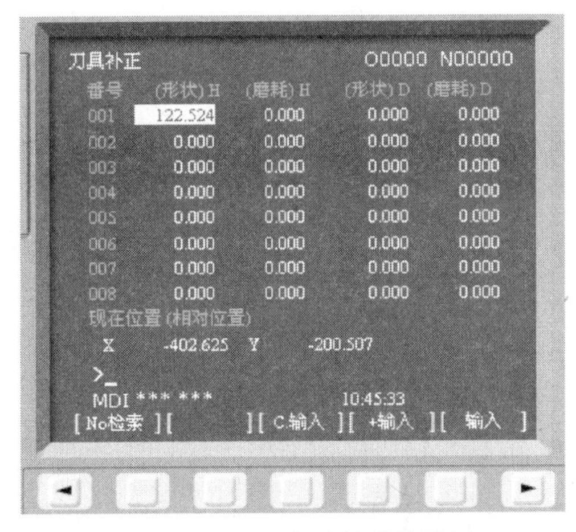

图 3－51 刀具长度补偿值设置

2. 调试程序

这里介绍采用机床空运行与图形功能结合进行程序调试的方法。

(1) 在程序输入完成后,检查刀具半径补偿值及刀具长度补偿值的设置,然后进行程序调试。在程序调试时,【EDIT】方式下,按下键盘上的【PROG】功能键将屏幕显示切换至程序界面,将光标移至程序起始处;将工作方式置于【AUTO】;按下机床操作面板上的【AUX LOCK】、【MACHINE LOCK】、【Z AXIS CANCEL】以及【DRY RUN】按钮;然后按下屏幕下方的【检视】屏幕软键使屏幕显示正在执行的程序及坐标(图 3-52);或按下键盘上的【CSTM GRPH】及【图形】屏幕软键切换至刀具轨迹图形显示界面(图 3-53);最后按下机床操作面板上的【CYCLE START】按钮开始执行程序。该种方式在程序执行过程中,机床 X、Y、Z 轴锁住不产生实际动作,辅助功能不动作(如切削液、主轴等),机床以快速运行的速度执行整个程序,在图形界面下显示刀具轨迹。此方法可以快速检查程序编写格式以及刀具轨迹错误,避免刀具发生误动作引起可能损坏机床、刀具、工件甚至伤害操作者,但不能观察刀具的实际位置以及切削用量是否合适等。在检查后可以再进行首件试切,全面检查程序,以确保程序的正确运行。

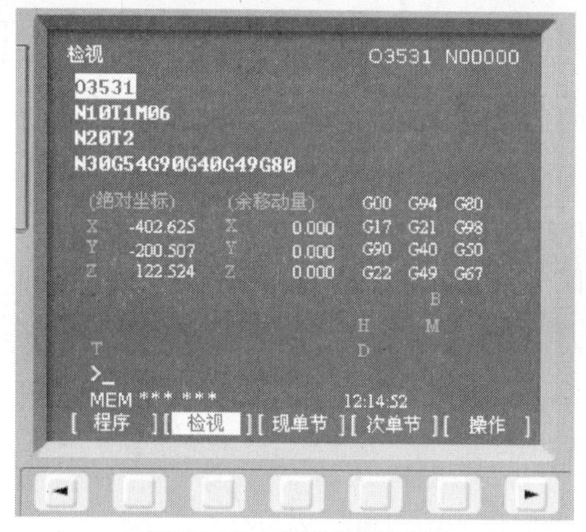

图 3-52 程序检视界面

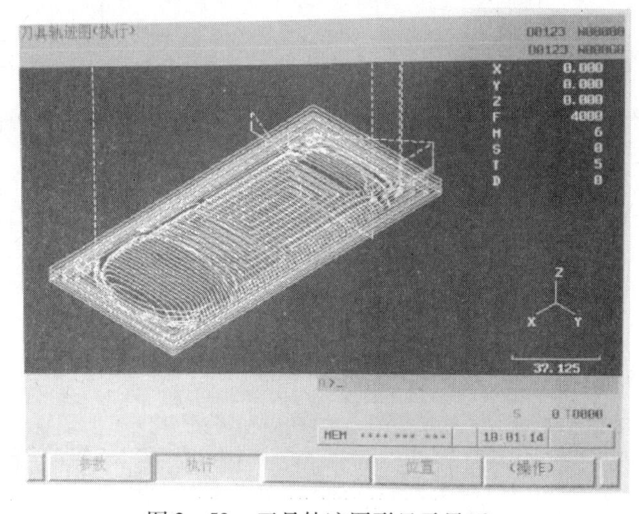

图 3-53 刀具轨迹图形显示界面

(2) 绘图参数设置。在采用图形显示刀具轨迹时,可以进行绘图参数设置,以方便观察刀具轨迹。设置时首先将工作方式置于【MDI】下，按功能键【CSTM GRPH】，即进入刀具轨迹图显示界面（图3-54），根据需要显示的坐标系以及绘图中心坐标等输入相应数据，然后按下【INPUT】或屏幕下方的【输入】软键即可。其中画图中心及绘图范围中的最大值最小值皆为工件坐标系下的坐标。

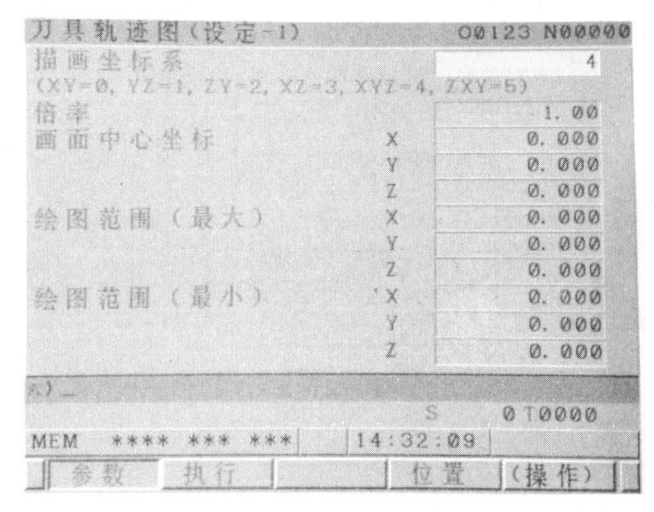

图3-54 图形参数设置界面

思考题

1. 加工中心可分为哪几类？简述加工中心的加工工艺范围。

2. 内、外轮廓铣削时如何使用刀具半径偏置？如何实现轮廓的粗加工和精加工？

3. 编写如图3-55所示零件中孔的数控加工程序，毛坯为80mm×60mm×55mm的45钢。

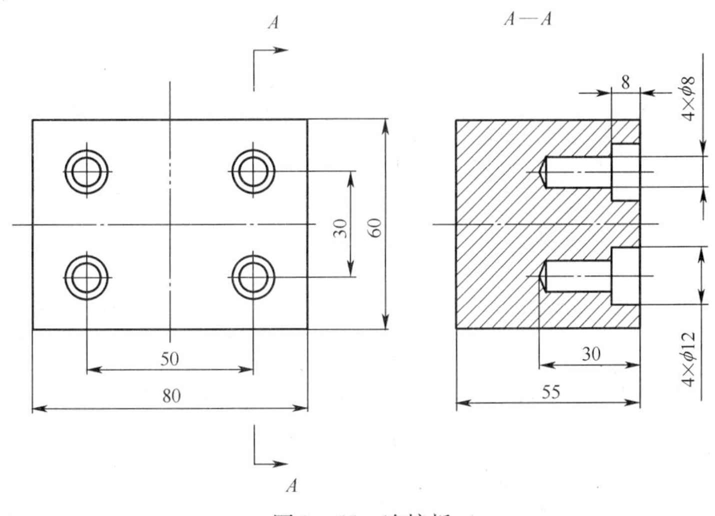

图3-55 连接板

4. 编写如图 3－56 示零件中的外轮廓铣削程序。

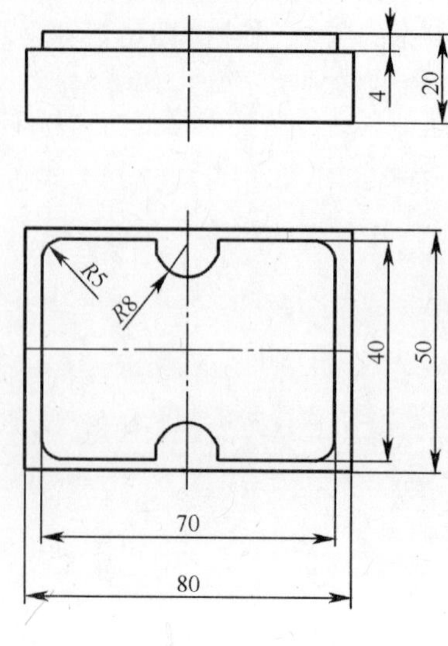

图 3－56　凸台

5. 编写如图 3－57 所示应急锤零件中的□20 平面以及 30mm×15mm×1mm 的型腔外轮廓铣削程序。

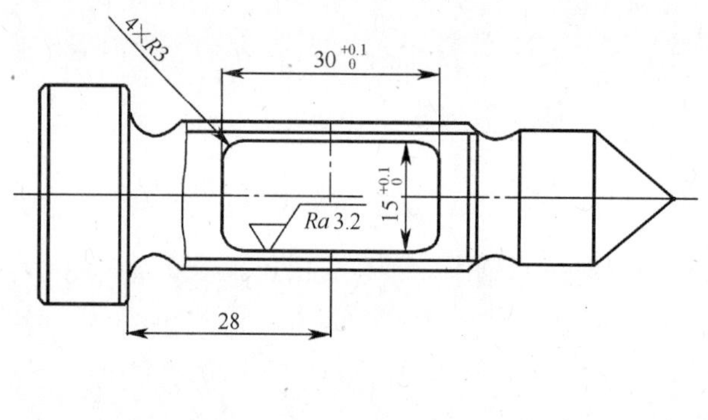

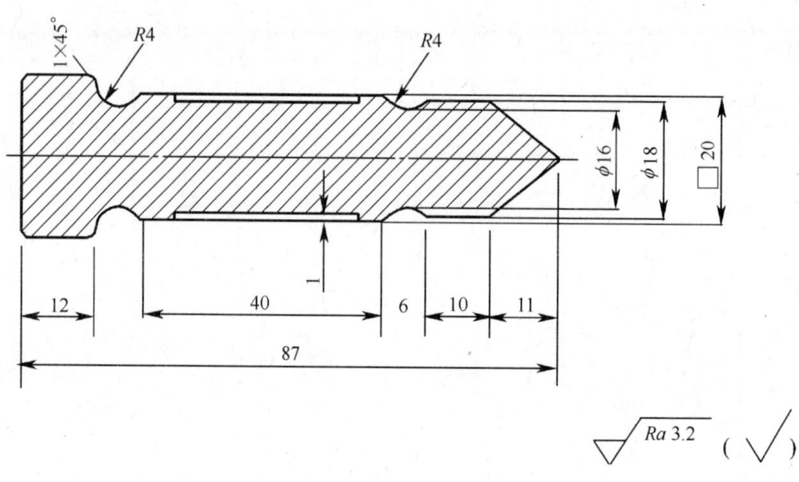

图 3－57　应急锤

6. 分析如图 3－58 所示零件的精度要求，以及合理的加工工序，以及合适的切削刀具和切削参数，完成零件加工程序的编写。

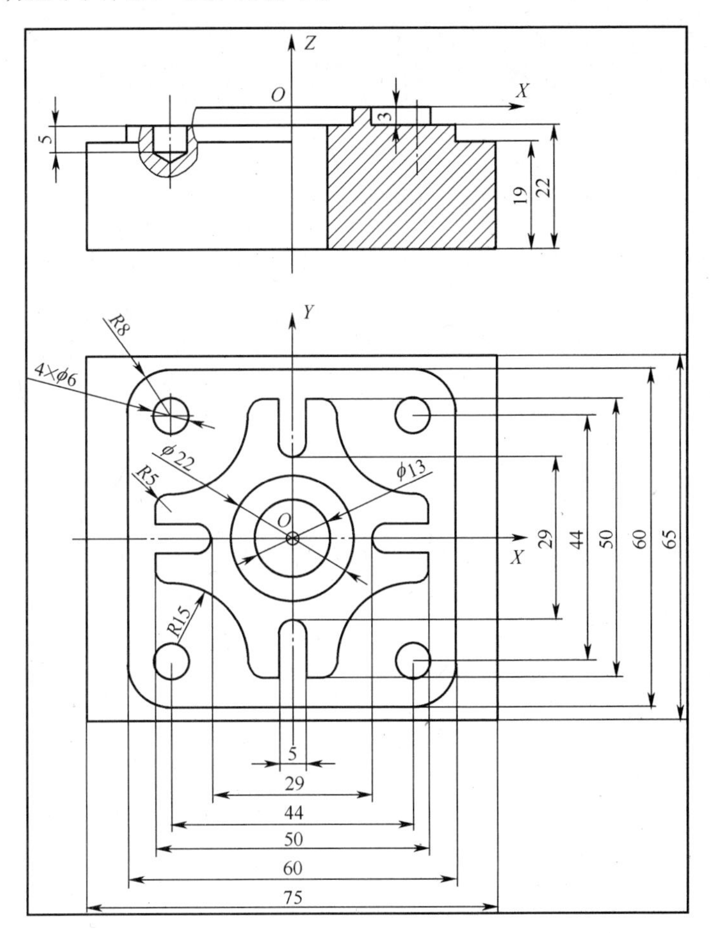

图 3－58　槽轮零件图

第4章　数控电火花线切割编程与操作

数控电火花线切割加工属于脉冲放电加工，要求被加工零件的导电性能良好，数控线切割机床的结构和操作方法与数控车床及数控加工中心相比有很大区别。

数控线切割主要用于高硬度模具零件的加工，如经过淬火的模具型芯零件。由于线切割加工的特殊性，只能用于直通的可展直纹面的加工，比如平面二维轮廓零件和上、下异型可展直纹曲面。采用线切割加工时，存在理论上的逼近误差。线切割不能加工非直通的表面。简单平面二维轮廓零件的数控线切割加工一般采用手工编程，对于上、下异型直通曲面的加工，简单的可以手工编程，复杂零件可以采用图形辅助编程和计算机辅助编程。

本章以 DK7725 型快走丝数控电火花线切割机床为例，首先介绍数控线切割机床的原理、组成和加工范围，然后介绍数控线切割机床加工的操作和编程，主要分为基础阶段、中级阶段、高级阶段三个部分，由浅入深地介绍数控线切割实习过程中需掌握的相关知识和技能。

4.1　概述

4.1.1　数控电火花线切割加工原理

数控电火花线切割（简称线切割）加工，是利用作为负极的电极丝（钼丝或黄铜丝等）和作为正极的金属材料（工件）之间进行脉冲放电，产生局部瞬间高温，使金属材料熔化或汽化，从而蚀除多余金属材料，并将多余材料由切削液带走。同时，在控制系统的控制下，钼丝以一定的速度做往复运动，不断地进入和离开放电区域，工作台带着工件按照数控程序的指令做纵、横向两向联动，从而沿指定轨迹切割工件，达到一定形状、尺寸及表面质量。线切割加工原理如图 4-1 所示。

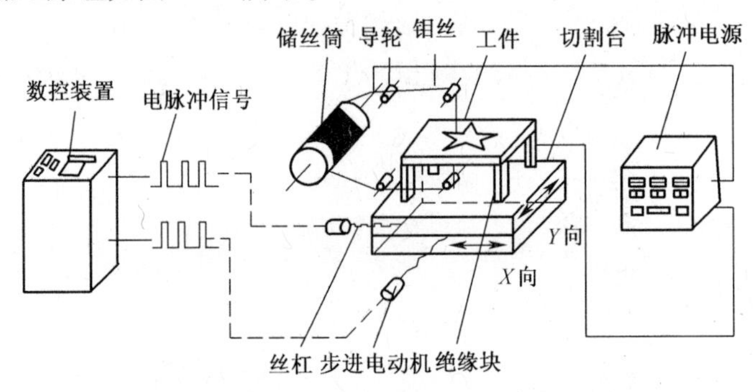

图 4-1　数控电火花线切割加工原理示意图

4.1.2 数控电火花线切割工艺特点及应用

数控电火花线切割与传统切削加工相比，具有以下特点：

(1) 由于电火花线切割加工中采用电火花高温蚀除工件材料进行切割，且电极丝与工件不直接接触，因此加工中不存在明显的切削力。

(2) 与传统金属切削加工不同，电火花线切割加工不是采用挤压切削进行切割，因此工具(钼丝等)材料的硬度可以大大低于工件材料的硬度，适宜加工高硬度且导电的材料。

(3) 电火花线切割加工采用的电极丝一般为比较细(ϕ0.02~0.3mm)的钼丝或黄铜丝，因此适宜加工窄缝、小孔等微细结构；而且切割时去除的工件材料较少，材料的利用率比较高。

(4) 数控电火花线切割机床的数控系统采用两轴联动进行直线、圆弧插补运算，可以方便地完成复杂形状零件的加工。

(5) 直接利用电能、热能进行加工，可以方便地对影响加工精度的参数(如脉冲宽度、脉冲间隔、电流等)进行调整，并且加工时电极丝是不断运动的，电极丝损耗极小，因而加工精度和表面质量都较高。

综上所述，线切割广泛用于淬火钢、硬质合金、有色金属、导电陶瓷、钛合金等导电材料的加工，尤其擅长加工冲孔和落料模具、样板、小孔、窄槽以及形状复杂的零件，在模具行业的应用尤为广泛。

4.1.3 数控电火花切割机床的结构组成及主要参数

1. 数控电火花切割机床的结构组成

数控电火花线切割机床主要由机械装置(包括床身、工作台、走丝机构等)、伺服系统、脉冲电源、切削液供给系统和控制柜所组成。如图 4-2 为 DK7725 数控电火花线切割机床的结构。

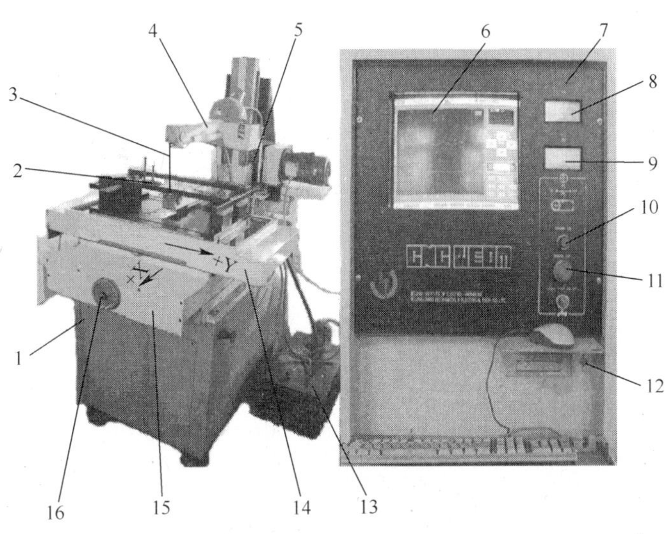

图 4-2 DK7725 数控电火花线切割机床结构

1—床身；2—装夹台；3—电极丝；4—丝架；5—储丝筒；6—显示器；7—控制柜；8—电流表；9—电压表；10—切割电源开关；11—急停开关；12—计算机电源；13—水箱；14—纵向工作台；15—横向工作台；16 横向控制手柄。

机床型号 DK7725 中各符号的含义如下：

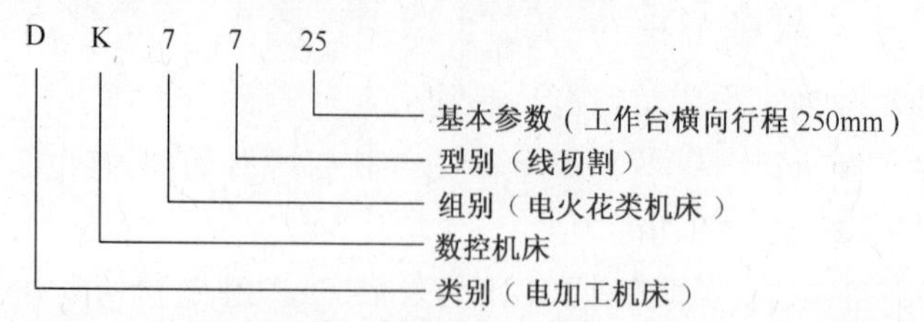

数控电火花线切割机床按走丝速度不同可分为快走丝和慢走丝两种。慢走丝机床(也称低速走丝电火花线切割机床)的电极丝做低速单向运动,一般走丝速度低于 0.2m/s,精度达 0.001mm 级,表面质量也接近磨削水平。电极丝放电后不再使用,工作平稳、均匀、抖动小、加工质量较好;而且采用先进的电源技术,实现了高速加工,最大生产率可达 $350mm^2/min$。

快走丝机床的电极丝一端经上丝臂上的上导轮定位后,穿过工件,再经下丝臂上的下导轮导向后,返回到丝筒的另一端,如图 4-3 所示。加工时,直流电动机驱动丝筒旋转,带动电极丝做高速往复移动,然后经导向器导向后整齐地排列在丝筒上,当丝筒在滑板上移动到极限位置后,由换向机构传感器发出信号使直流电动机反向旋转进行换向,从而使电极丝在加工中不断做高速往返运动。

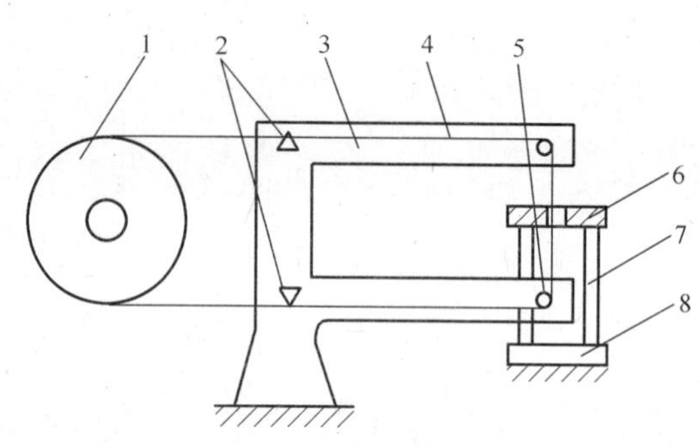

图 4-3　快走丝系统

1—储丝筒;2—导向器;3—丝架;4—电极丝;5—导轮;6—工件;7—夹具;8—切割台。

2. 数控电火花线切割机床的主要技术参数

DK7725 型数控电火花线切割机床的主要技术参数:

1）主要技术参数

工作台尺寸(长×宽):630mm×430mm

工作台行程

纵向(Y 向):350mm

横向(X 向):250mm

手轮:4mm/r,0.01mm/格

切割厚度(Z 向):100~400mm(可调)

大锥度:100~300mm(可调)

储丝筒

直径:160mm

最大往复行程:180mm

回转速度:750r/min,1400r/min

电极丝

材料:钼丝(Mo)、钨钼丝(WMo)

直径:0.1～0.25mm

速度:300r/min,660m/min

切削液:DX－1 型线切割专用乳化油

工艺指标

加工精度:±0.01mm

加工表面粗糙度 Ra:3.2μm

供电电源:交流,三相五线,50Hz

消耗功率:小于或等于 1.5kW

脉冲电源短路峰值电流:50～55A

机床质量:约 1200kg

整机外形(长×宽×高):1260mm×1100mm×1300mm

2) 数控装置主要参数

电源输入规格:220V,50Hz

用于存储容量:4GB

显示方式:15 英寸 CRT 显示器

键盘:101 标准键盘、PS/2(Din6 针)接口

指令方式:绝对

输入范围:±99999.9999

联动轴数:4 轴

插补功能:直线、圆弧

最小指令单位:0.0001mm

最小驱动单位:0.001mm

4.2 基础部分

数控线切割机床的加工过程:首先,根据工件的图样分析所需的工艺,如钼丝轨迹、原材料定位等;然后,设定图样编程时候所需的坐标系并计算所需点的坐标值;最后,根据确定好的轨迹路线及坐标进行编程加工。

4.2.1 线切割的工艺分析

1. 图样分析

数控线切割加工中,钼丝的切割轨迹只能为直线或圆弧,因此,在编制线切割加工程序前,首先要对零件的图样进行分析和修正,用直线和圆弧近似代替图样中非直线、圆弧部分,同时,明确图中尺寸标注特点、尺寸特点,分析尺寸标注是否完整、轨迹连接关系是否明确等;其次,明确加工要求,分析零件的加工精度、表面粗糙度是否在线切割加工能达到的范围内,以便在加工中选择正确的切割轨迹及加工工艺参数。此外,还需要考虑零件

如何装夹、定位,加工过程中哪些部位会发生变形,以便在编程加工中通过选择适宜的切割轨迹或增加支撑等方法解决。

2. 工件坐标系及工件原点的选择

数控电火花线切割编程需要使用各基点坐标,故首先要选取坐标系及坐标原点。工件坐标系的原点(即编程原点)由编程人员自行选取,无特殊要求,一般选择在便于测量或电极丝便于定位的位置上。若零件为对称图形,应尽量选择在零件的对称中心,以简化编程计算。

3. 加工路线的选择

加工路线,即钼丝切割工件时所走的轨迹。加工路线选择不当,直接影响工件材料内部组织及内应力,从而影响工件的加工精度。因此,必须考虑工件在坯料中的取出位置,合理选择切割路线的走向和起点。如图 4-4(a)所示,加工程序引入点为 A,起点为 a,则切割路线有两种走向:第一种为 $A \to a \to b \to c \to d \to e \to f \to a \to A$;第二种为 $A \to a \to f \to e \to d \to c \to b \to a \to A$。若采用第二种加工路线,则在切割 $A \to a \to f$ 后,由于零件部分与夹持部分连接过少,零件会产生严重变形,导致后续加工尺寸等发生偏差,甚至可能中途影响切割或导致断丝等。

此外,在线切割中若毛坯四周皆为未加工表面,为减小变形量,引入点通常不能与程序起点重合,因此需要设置引入程序。电极丝切割的图样轨迹与原材料边缘的距离应大于 5mm,如图 4-4(a)所示。

有时工件轮廓切完之后,钼丝还需沿切入路线反向切出。但是材料的变形易使切口闭合,当钼丝切至边缘时,会卡断钼丝。所以应在切出过程中,增加一段保护钼丝的切出程序,如图 4-4(b)所示($A' \to A''$)。A'点距工件边缘的距离,应根据变形力的大小而定,一般为 1mm 左右。

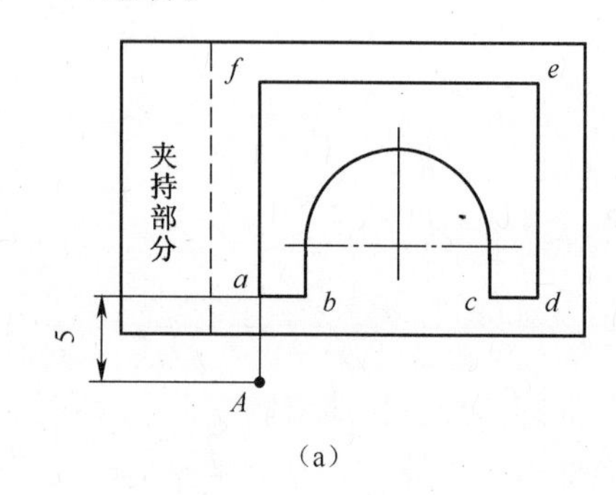

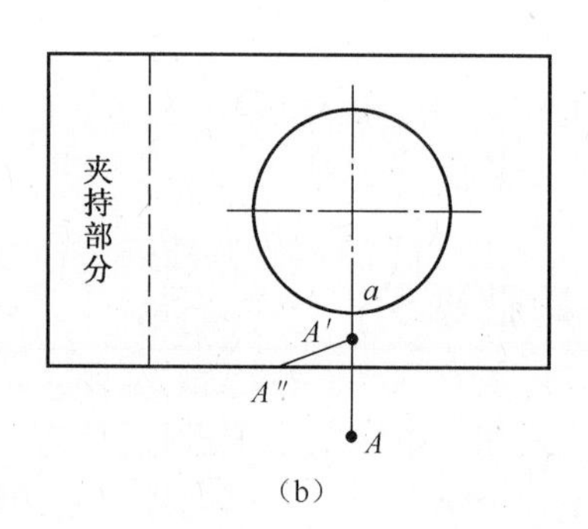

图 4-4 加工路线选择

4. 尺寸分析计算

线切割编程时,需要用到直线段终点坐标和圆弧段终点及圆心坐标,因此,需要根据加工零件的几何尺寸计算出每段直线终点坐标、每段圆弧的终点坐标及圆心坐标。

4.2.2 常用的编程指令

我国快走丝数控电火花切割机床与国际上使用的标准基本一致,采用 ISO 代码指令进行编程。但不同厂家生产的数控系统采用的代码不尽相同,下面以配置 HF 系统的 DK7725 型数控电火花线切割机床为例,介绍使用 ISO 标准 G 代码的编程。

1. 建立工件(编程)坐标系指令(G92)

指令格式:G92 X__ Y__

其中:X__Y__为程序起点(也称起割点)在工件坐标系下的绝对坐标。

功能:将编程人员设定的编程原点位置输入机床。因为不同的图样,编程人员选定的原点位置不同,所以每次都需要设定工件坐标系。装夹好工件后,钼丝所在的位置即为起割点,给出起割点坐标,机床即可计算出原点所在位置,从而确定整个图样在原材料上的位置。

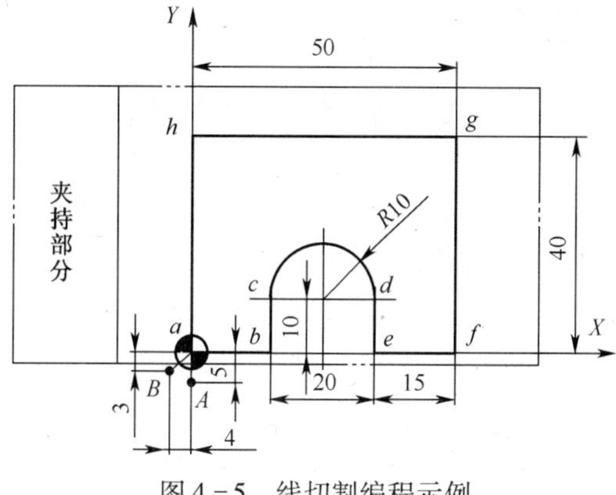

图 4-5　线切割编程示例

如图 4-5 所示,若将工件坐标系原点建立在 a 点,起割点为 A,则编程指令如下:

G92 X0 Y-5

2. 直线插补指令(G01)

指令格式:G01 X__Y__

其中:X__Y__为直线段切割终点的绝对坐标。

功能:用于线切割机床在各个坐标平面内加工任意斜率的直线轮廓。

如图 4-5 所示,从 $A \to a$ 进行切割,则编程指令如下:

G01 X0 Y0

从 $a \to b$ 进行切割,则编程指令如下:

G01 X15 Y0

3. 圆弧插补指令(G02/G03)

指令格式:$\begin{cases} \text{G02X\_\_Y\_\_I\_\_J\_\_} \\ \text{G03X\_\_Y\_\_I\_\_J\_\_} \end{cases}$

其中:G02 表示顺时针圆弧插补指令,G03 表示逆时针圆弧插补指令,X__Y__表示圆弧终点的绝对坐标,I__J__表示圆心的绝对坐标,如图 4-6 所示。顺时针和逆时针的判断方式为垂直纸面由外向内看,如图 4-7 所示,从 A 到 B 即为顺时针,反之为逆时针。

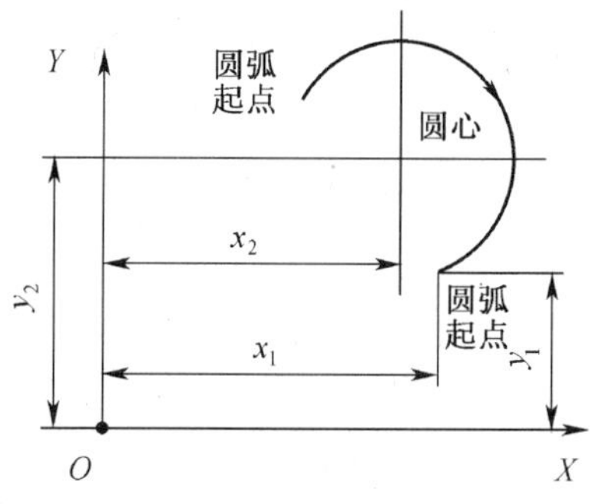

图 4-6　圆弧指令坐标示意图

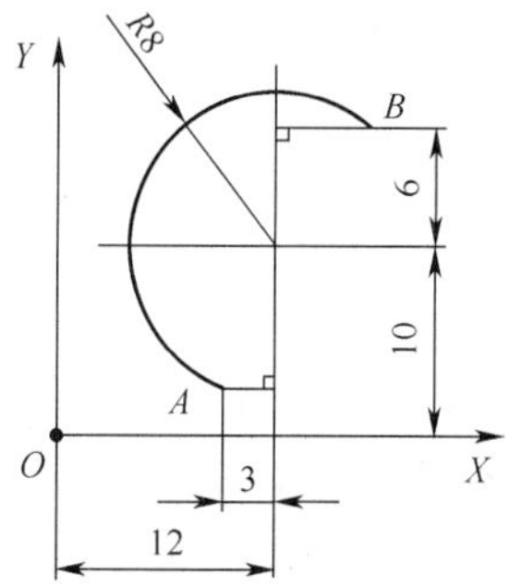

图 4-7　圆弧示例

如图 4-7 所示,从 $A \to B$ 的编程指令如下:

G02 X17.292 Y16 I12 J10

其中:“X17.292 Y16”为 B 点坐标;“I12 J10”为 C 点坐标。

从 $B \to A$ 的编程指令如下:

G03 X9 Y2.584 I12 J10

其中:“X9 Y2.584”为 A 点坐标,“I12 J10”为 C 点坐标。

如图 4-5 所示,从 $c \to d$ 切割 $R10$ 的圆弧,编程指令如下:

G02 X35 Y10 I25 J10

注意:HF 系统的圆弧指令中必须给出圆心位置 I__ J__,不能用 R__表示。

4. 程序结束指令(M02)

与数控车床、数控铣床等类似,用 M02 指令表示程序结束。程序执行到 M02 指令时,系统会自动切断电源,停止切割加工。

注意:在 HF 系统中,若程序文件中未输入该指令,则在单击【读盘】时,系统在右下角提示“执行有错”,读取程序文件失败。

4.2.3 线切割加工编程实例

例 4-1 编制如图 4-5 所示零件的线切割加工程序。

(1)切割路线:$A \to a \to b \to c \to d \to e \to f \to g \to h \to a \to B$

(2)线切割加工程序如下:

程序	程序说明
N10 G92X0Y-5	设置起割点
N20 G01X0Y0	$A \to a$
N30 G01X15Y0	$a \to b$
N40 G01X15Y10	$b \to c$
N50 G02X35Y10I25J10	$c \to d$
N60 G01X35Y0	$d \to e$
N70 G01X50Y0	$e \to f$
N80 G01X50Y40	$f \to g$
N90 G01X0Y40	$g \to h$
N100 G01X0Y0	$h \to a$
N110 G01X-4Y-3	$a \to B$
N120 M02	程序结束

4.2.4 线切割的基本操作

数控电火花线切割机床一般采用工业计算机控制,其操作包括软件操作和硬件操作两部分。大部分功能与操作都集中在软件界面上,通过用鼠标点击相应的图标或按钮进行操作,硬件部分主要是电源开关、断丝保护开关、切削液开关等。不同厂家生产的线切割机床,软件界面相差较多。下面以市场上应用较多的 HF 数控电火花切割系统为例说明线切割操作。

1. 主界面

HF 数控电火花线切割系统主界面如图 4-8 所示。

退出系统
全绘编程
加 工
异面合成
系统参数
其 它
系统信息
V7.0
序列号:061207-2602
HF
线切割自动
编程控制系统
(正在扩展模式下)
北 京
迪蒙恒达机电有限公司

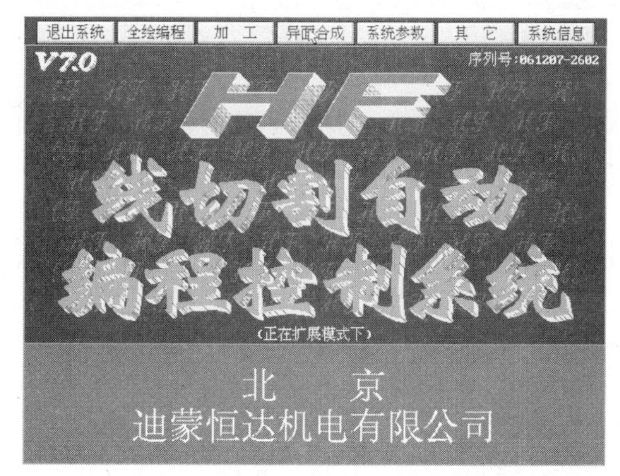

图 4－8 HF 数控电火花线切割系统主界面

2. 程序编辑界面

HF 系统的程序编辑界面如图 4－9 所示。

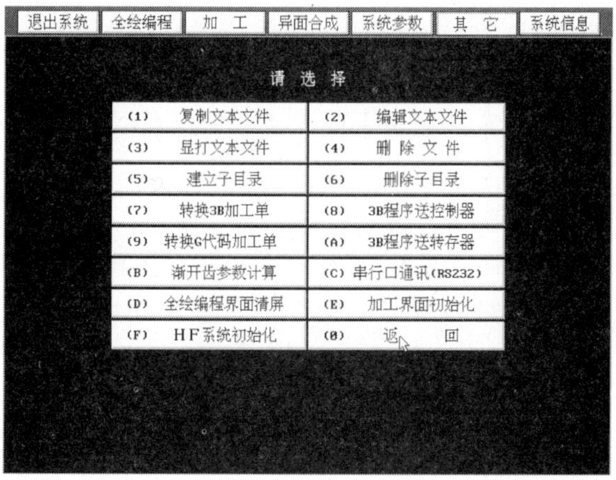

退出系统
全绘编程
加 工
异面合成
系统参数
其 它
系统信息
请 选 择
(1) 复制文本文件
(2) 编辑文本文件
(3) 显打文本文件
(4) 删 除 文 件
(5) 建立子目录
(6) 删除子目录
(7) 转换3B加工单
(8) 3B程序送控制器
(9) 转换G代码加工单
(A) 3B程序送转存器
(B) 渐开齿参数计算
(C) 串行口通讯(RS232)
(D) 全绘编程界面清屏
(E) 加工界面初始化
(F) HF系统初始化
(0) 返 回

图 4－9 HF 数控电火花线切割系统的程序编辑界面

3. 加工界面

HF 数控电火花线切割系统的程序加工界面如图 4－10 所示。

HF 编控系统
变频:
慢-
20
+快
ON/OFF
U
V
X
Y
移轴
检查
参数
返主
读盘
空走
回退
定位
回原点
对中
对边
切割
单段
继续
反割
反单
暂停
图
计时清零
00.00.00
显加工单
加工数据
模拟轨迹
回0检查
退 出
图名:
CHEMO
2NC
段号:
0
14:21:52
状态:
检查
效率(步/S)
ESC

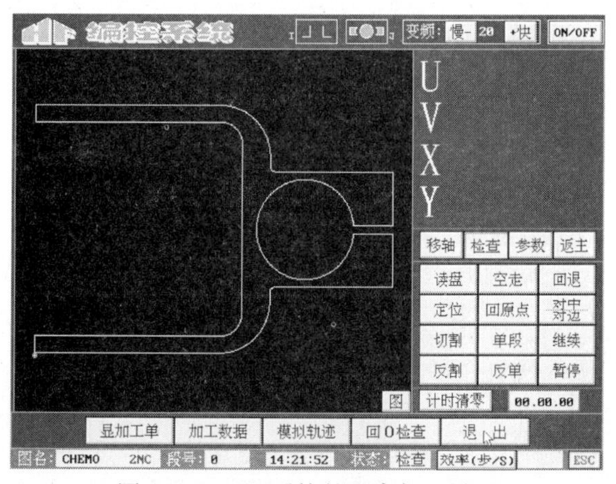

图 4－10 HF 系统的程序加工界面

数控电火花线切割机床有如下具体操作步骤。

1）程序输入及编辑

程序的输入可以采取多种方式，通过 HF 软件的界面、计算机常用的记事本、U 盘/串口或网络等将已有的程序传输至控制系统。

（1）在普通计算机上输入。用 Windows 系统自带的“记事本”或文本文档输入程序，每行一段程序，字母大小写均可，不用空格，不使用分号等标点符号，输完一段回车换行即可。

以字母和数字命名程序文件，将扩展名改为“2NC”。

用 U 盘或通过网络将程序文件传输至机床控制系统。

（2）通过 HF 界面输入。

① 单击主界面上的【其他】。

② 单击【编辑文本文件】，进入 DOS 文本文档输入界面。

③ 输入文件名“#abc123.2NC”（#表示将程序存至 C:\1\，abc123 为文件名），按键盘上的回车键。

④ 进入程序输入界面，逐段输入程序。

⑤ 输入完成后，按键盘上的 ESC 键。

⑥ 系统询问是否保存文件，按键盘上的 Y 键保存文件，按 N 不保存。

2）程序检查

（1）单击软件主界面上的【加工】，进入加工子界面。

（2）单击加工子界面上的【读盘】，然后用鼠标选择程序存储路径，默认为虚拟硬盘。单击【另选盘号】，输入磁盘盘符如 C 或 F（U 盘），然后用鼠标点击查找自己的程序文件，单击【打开】。

（3）系统读取程序，并在左边图形区域内显示程序对应的图形，仔细观察并与自己所设计的图形对比，查找有无错误并采用步骤 1）的方法进行修改。修改后的程序需重新读盘。

（4）单击加工子界面上的【检查】，进行程序代码显示或图形模拟，输入显示或模拟的起始段号（默认为第一段），回车，再输入程序结束段号（默认为最后一段），回车。系统根据程序显示代码，或程序加工时的路径。模拟完后，单击【返回】，返回到加工界面。

3）工件装夹

由于线切割加工时电极丝要穿过工件进行加工，因此，在装夹工件时，必须保证工件的切割部位位于机床工作台纵向、横向进给的允许范围之内，避免超出极限，同时应考虑切割时电极丝运动空间。此外，还要考虑工件的定位及支撑方式，尤其在加工接近快结束时，工件的变形、重力的作用会使电极丝被夹紧，影响加工。常用的工件装夹方式为悬臂式装夹和两端支撑方式装夹，如图 4-11 所示。

悬臂式装夹是将工件一边用压板螺钉等固定在安装台上，其余部分悬伸在外，如图 4-11（a）所示。这种方式装夹方便、通用性强，但工件在加工中容易变形，易出现切割表面与工件上、下平面间的垂直度误差等。适用于加工要求不高或悬臂较短的情况。

两端支撑方式装夹是将工件的两边定位在安装台的支架上并压紧，如图 4-11（b）所示。这种方式装夹方便、稳定，定位精度高，但不适于装夹尺寸较大的零件。

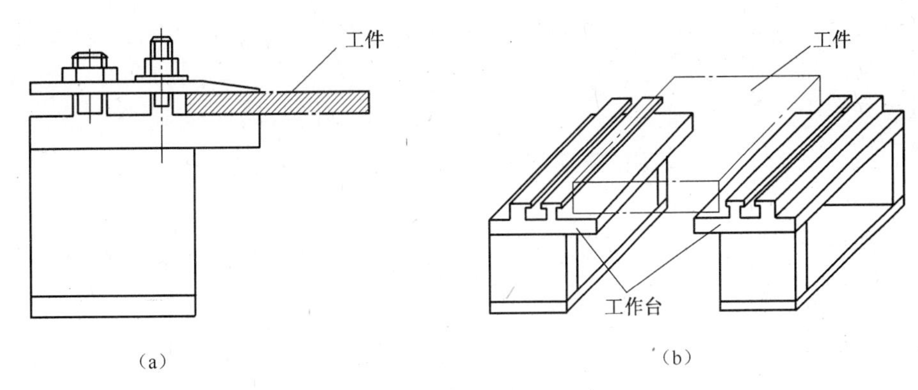

图 4-11　工件装夹方法示意图
(a)悬臂式装夹;(b)两端支撑方式装夹。

工件装夹操作过程如下:

(1) 用手摇轮将工作台移至安全位置。

(2) 用扳手松开压板螺母,将原材料压在压板下,保证悬在工作台内的材料大于所要加工零件的最大尺寸。

(3) 用扳手锁紧压板螺母。

4. 电极丝位置调整(对刀)

线切割编程与加工中,采用 G92 指令利用电极丝的当前位置建立工件坐标系。因此,在线切割加工之前,应手动将电极丝调整到编程中起割点的位置。对于加工要求较低的工件,在确定电极丝与工件基准间的相对位置时,可以直接利用目测法来进行观察。

目测法对刀操作过程如下:

(1) 观察自己程序的起割点相对于原材料的位置。

(2) 手摇两个工作台,将钼丝调整至起割点处,保证钼丝与工件相距 1~3mm,注意不可将钼丝与工件直接接触上,否则会引起短路。

5. 零件的加工

(1) 按下机床控制柜上绿色的电源【POWER ON】按钮。

(2) 单击加工界面上的【切割】。

在加工过程中,要随时注意观察,若出现“短路回退”,或切割到工作台,或加工完毕机器未自动停止的情况等,立即按机床控制柜上红色的【POWER OFF】(急停)按钮。

(3) 加工完成后,用扳手松开压板螺母,卸下工件,调整工作台,使钼丝处于安全位置。

4.3 中级部分

4.3.1 工艺分析

1. 工艺过程

数控电火花线切割加工,一般是作为工件加工的最后工序。要达到加工精度及表面粗糙度的要求,应合理控制线切割加工时的各种工艺因素(电参数、切割速度、工件装夹等),同时应安排好零件的工艺路线及线切割加工前的准备。线切割加工的工艺准备和工艺过程如图4-12所示。

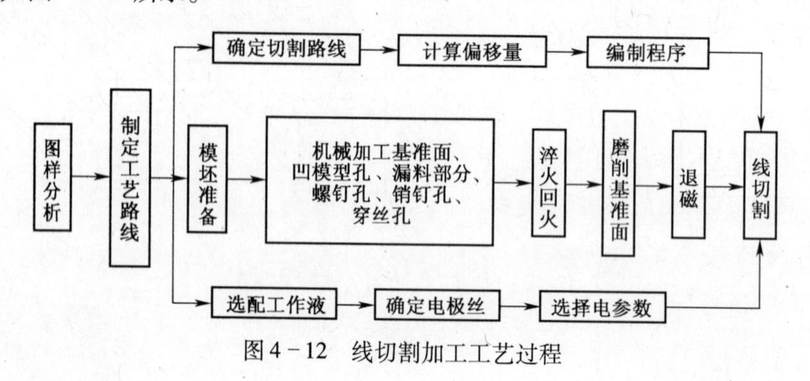

图4-12 线切割加工工艺过程

2. 电参数的选择

线切割加工时可以调整的电参数主要有脉冲宽度、脉冲间隔、峰值电流、空载电压、放电电流等,这些参数的大小会影响到零件的表面粗糙度、精度、生产率及电极损耗等。

脉冲宽度是指加到电极丝和工件上放电间隙两端的电压脉冲的持续时间。脉冲宽度越大,切割速度越快,表面粗糙度越差。同时,蚀除金属量也越大,若排除不畅,则容易引起断丝。

脉冲间隔是指两个电压脉冲之间的间隔时间。脉冲间隔越小,切割速度越快,但过小会引起放电间隙来不及消电离和恢复绝缘,容易产生电弧放电、烧伤工具和工件;脉冲间隔过大,则会降低生产效率。

峰值电流指火花放电时脉冲电流的最大值,是影响生产率和表面粗糙度指标的重要参数。峰值电流越大,则切割速度越快;但表面粗糙度变差,电极丝损耗加大,容易断丝。

在满足表面粗糙度的前提下,选择较高的空载电压、短路电流、脉冲宽度可以提高切割速度;若要获得较好的表面粗糙度,则选用适当的脉冲宽度、脉冲间隔以及较低的峰值电压与峰值电流。快走丝线切割加工脉冲参数的选择见表4-1所列。

表4-1 快速走丝线切割加工脉冲参数的选择

<table>
<tr><th>应 用</th><th>脉冲宽度/μs</th><th>峰值电流/A</th><th>脉冲间隔/μs</th><th>空载电压/V</th></tr>
<tr><td>快速切割或加工大厚度工件 $Ra>2.5\ \mu m$</td><td>20~40</td><td>大于12</td><td rowspan="3">脉冲间隔/脉冲宽度>3</td><td rowspan="3">70~90</td></tr>
<tr><td>半精加工 $Ra=1.25\sim2.5\ \mu m$</td><td>6~20</td><td>6~12</td></tr>
<tr><td>精加工 $Ra<1.25\ \mu m$</td><td>2~6</td><td>4.8以下</td></tr>
</table>

3. 补偿量的确定

在实际加工过程中,若按零件的基本尺寸直接进行编程,由于受电极丝半径及火花放电间隙的影响,使切割加工后工件的尺寸与工件所要求的尺寸不一致。一般来讲,切割后工件尺寸与所要求的尺寸相差一个电极丝半径 $d/2$ 与放电间隙 δ 之和,如图4-13(a)所示。

为了使加工后工件的尺寸能与所要求的尺寸一致,就要在编程时对原工件尺寸进行补偿,使电极丝实际运行的路径与原工件图形之间偏移一个距离,而这个距离就是单边补偿量。如图4-13(b)所示,图中点画线为钼丝实际加工轨迹;加工凹模时,编程轨迹需向内偏移 $\Delta R_1 = [d/2 + \delta]$;加工凸模时,编程轨迹需向外偏移 $\Delta R_2 = [d/2 + \delta]$。有些数控电火花线切割机床有刀具半径偏置指令G41/G42,可以直接按照图纸尺寸进行编程。使用HF系统的DK7725型数控电火花线切割机床没有此项功能,若用手工编程,则需手动将补偿量计入偏置后的轨迹编程,而HF系统的全绘式编程中可以很方便地通过人机对话的方式选择补偿方向,并可手动输入补偿量。

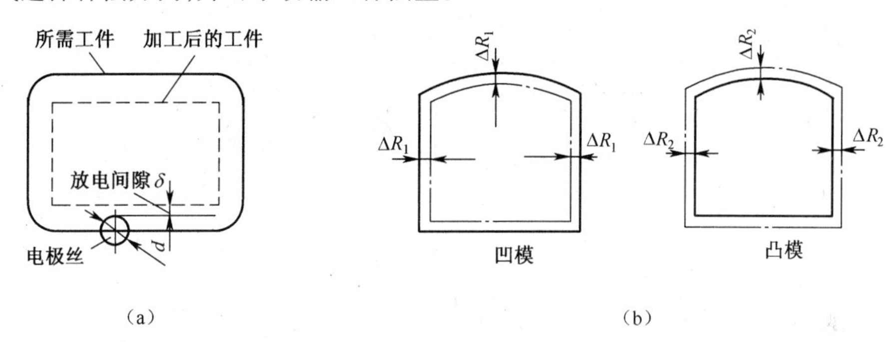

图4-13 补偿量的确定

4.3.2 线切割加工编程实例

例4-2 分别编制如图4-14所示凸模、凹模线加工程序。

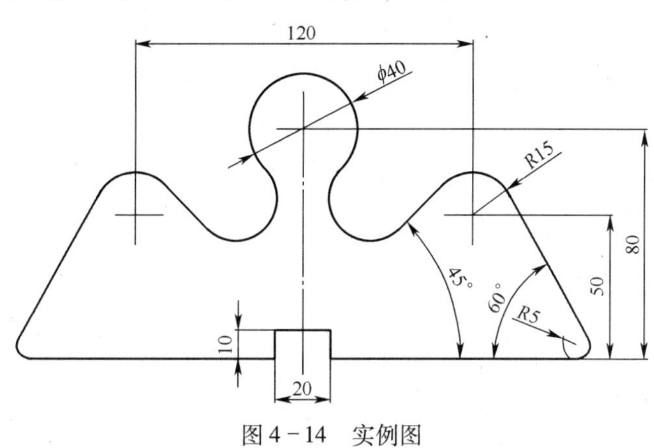

图4-14 实例图

(1) 图样分析。如图4-15所示,以 O_2 为圆心的圆是与 $\phi40$ 及45°直线相切。

(2) 相关尺寸计算。以 O_2 为圆心的圆是与 $\phi40$ 及45°直线相切,因此,其直径为 $\phi40$ 圆到45°线的最小距离。

过 O_1 作与45°直线的垂线,垂足为 E,与 $\phi40$ 的交点 D 即为切点。

$$O_1F = \sqrt{2} \times O_1E = \sqrt{2} \times (O_1D + DE) = \sqrt{2} \times (20 + DE)$$

$$OG = 60 - 50 = 10$$

$$OH = OG = 10$$

$$FI = 15$$

$$FH = \sqrt{2} \times FI = \sqrt{2} \times 15 = 21.213$$

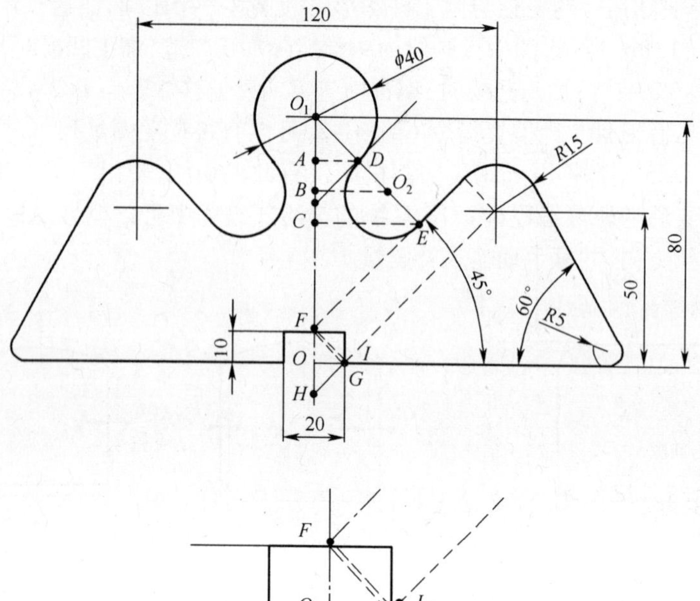

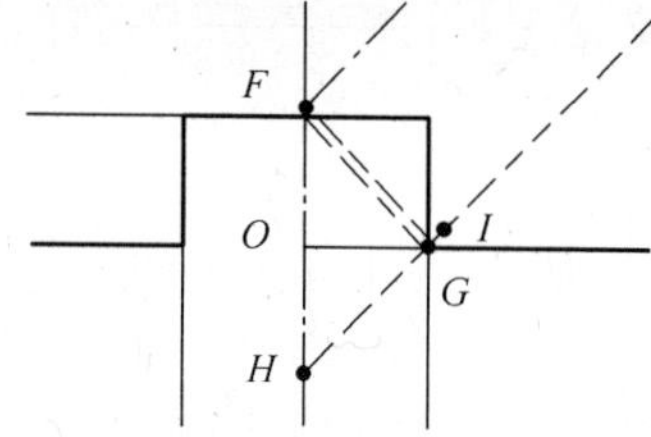

图 4－15　图样分析

$$OF = FH - OH = 21.213 - 10 = 11.213$$

$$O_1F = OO_1 - OF = 80 - 11.213 = 68.787$$

则有

$$DE = O_1F/\sqrt{2} - 20 = 68.787/\sqrt{2} - 20 = 28.640$$

因此，以 O_2 为圆心的圆半径为 $DE/2 = 14.32$。

（3）编程原点。图 4－14 所示零件为相对于 Y 轴对称图形，且纵向设计基准为底边，因此选择 O 点作为编程原点。

补偿量：如线切割所用电极丝为 $\phi0.18$ 的钼丝，其放电间隙约为 0.01mm，则补偿量为 0.1mm。

（4）凸模切割路线分析。凸模切割路线如图 4－16 中虚线所示，其轨迹为零件图向外偏移 0.1mm 所得。切割时从①的延长线 2mm 处 Q 点起割，沿①→②→③→④→⑤→⑥→⑦→⑧→⑨→⑩→⑪→⑫→⑬→⑭→⑮→⑯→①的路线进行切割，从 E 点切出。

（5）凸模基点及圆弧圆心坐标计算。

Q 点的坐标：$X_Q = 9.9, Y_Q = -2.1$

①点的坐标：$X_1 = 9.9, Y_1 = -0.1$

②点的坐标：$X_2 = 9.9, Y_2 = 9.9$

③点的坐标：$X_3 = -9.9, Y_3 = 9.9$

④点的坐标：$X_4 = -9.9, Y_4 = -0.1$

⑤点的坐标：$X_5 = -(60 + O_4A) = -(60 + O_4B + AB)$

$$= -[60 + (15 - 5)/\sin60° + (50 - 5) \times \cot60°] = -97.528$$

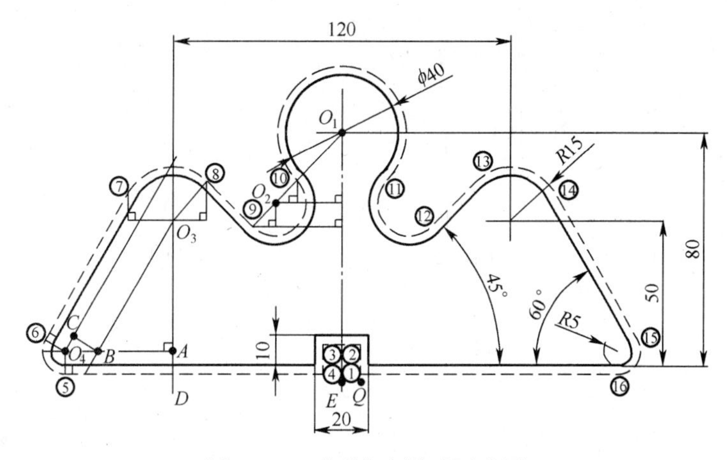

图 4-16 凸模切割轨迹示意图

$Y_5 = -0.1$

⑥点的坐标：$X_6 = X_5 + [-(5.1 \times \sin60°)] = -97.528 - 4.417 = -101.945$

$Y_6 = 5 + 5.1 \times \cos60° = 7.55$

$R5.1$ 圆弧的圆心坐标：$X_{O_4} = X_5 = -97.528, Y_{O_4} = 5$

⑦点的坐标：$X_7 = -(15.1 \times \sin60° + 60) = -73.077$

$Y_7 = 50 + (15.1 \times \cos60°) = 57.55$

⑧点的坐标：$X_8 = -(60 - 15.1 \times \cos45°) = -49.324$

$Y_8 = 50 + 15.1 \times \sin45° = 60.676$

$R15.1$ 圆弧的圆心坐标：$X = -60, Y = 50$

以 O_2 为圆心的轨迹上的圆半径：14.32-0.1=14.22

O_2 的坐标：$X_{O_2} = -(20.1 + 14.22) \times \cos45° = -24.268$

$Y_{O_2} = 80 - (20.1 + 14.22) \times \sin45° = 55.732$

⑨点的坐标：$X_9 = X_{O_2} + [-(14.22 \times \cos45°)] = -24.268 - 10.055 = -34.323$

$Y_9 = Y_{O_2} + [-(14.22 \times \sin45°)] = 55.732 - 10.055 = 45.680$

⑩点的坐标：$X_{10} = X_{O_2} + 14.22 \times \cos45° = -24.268 + 10.055 = -14.213$

$Y_{10} = Y_{O_2} + 14.22 \times \sin45° = 55.732 + 10.055 = 65.787$

$\phi40$ 的圆心 O_1 的坐标：$X_{O_1} = 0, Y_{O_1} = 80$

E 的坐标：$X_E = 0, Y_E = -2.1$

其余基点及圆弧圆心坐标根据对称计算得到。

（6）凸模加工程序如下：

程序		程序说明
N10	G 92 X9.9 Y-2.1	设置起割点（建立工件坐标系）
N20	G 01 X9.9 Y-0.1	Q→①
N30	G 01 X9.9 Y9.9	①→②
N40	G 01 X-9.9 Y9.9	②→③
N50	G 01 X-9.9 Y-0.1	③→④

```
N60    G 01 X-97.528 Y-0.1                        ④→⑤
N70    G 02 X-101.945 Y7.55 I-97.528J5            ⑤→⑥
N80    G 01 X-73.077 Y57.55                       ⑥→⑦
N90    G 02 X-49.324 Y60.676 I-60 J50             ⑦→⑧
N100   G 01 X-34.323 Y45.680                      ⑧→⑨
N110   G 03 X-14.213 Y65.787 I-24.268 J55.732     ⑨→⑩
N120   G 02 X14.213 Y65.787 I0 J80                ⑩→⑪
N130   G 03 X34.323 Y45.680 I24.268 J55.732       ⑪→⑫
N140   G 01 X49.324 Y60.676                       ⑫→⑬
N150   G 02 X73.077 Y57.55 I60 J50                ⑬→⑭
N160   G 01 X101.945 Y7.55                        ⑭→⑮
N170   G 02 X97.528 Y-0.1 I97.528 J5              ⑮→⑯
N180   G 01 X9.9 Y-0.1                            ⑯→①
N190   G 01 X0 Y-2.1                              ①→E
N200   M02                                        程序结束
```

(7) 凹模切割路线。如图 4-17 中虚线所示,其轨迹为零件图向外偏移 0.1mm 所得。切割时从 O_1 起割,沿①→②→③→④→⑤→⑥→⑦→⑧→⑨→⑩→⑪→⑫→⑬→⑭→⑮→⑯→①的路线进行切割。

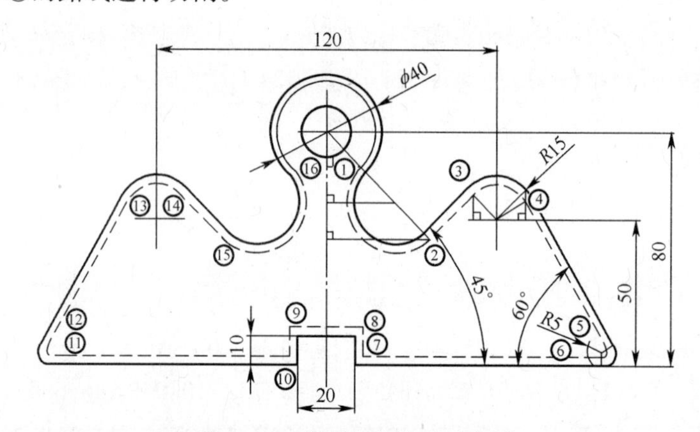

图 4-17 凹模切割轨迹示意图

(8) 凹模基点及圆弧圆心坐标计算。

$\phi 40$ 的圆心 O_1 的坐标:$X_{O_1}=0, Y_{O_1}=80$

从该圆心起割,因此 Q 点坐标:$X_Q=0$,$Y_Q=80$

偏移后该圆直径变为 $\phi 39.8$。

以 O_2 为圆心的轨迹上的圆半径为 $14.32+0.1=14.42$

O_2 的坐标:$X_{O_2}=(19.9+14.42)\times\cos 45°=24.268$

$Y_{O_2}=80-(19.9+14.42)\times\sin 45°=55.732$

①点的坐标:$X_1=19.9\times\cos 45°=14.071$

$Y_1=80-19.9\times\sin 45°=65.929$

②点的坐标:$X_2=(19.9+2\times 14.42)\times\cos 45°=34.464$

$Y_2 = 80-(19.9+2\times14.42)\times\sin45° = 45.536$

$R15$ 的圆心坐标:$X_{O_3}=60, Y_{O_3}=50$

偏移后的轨迹中该圆弧半径变为 14.9,圆心坐标不变。

③点的坐标:$X_3=(60-14.9\times\cos45°)=49.464$

$Y_3=50+14.9\times\sin45°=60.536$

④点的坐标:$X_4=(60+14.9\times\sin60°)=72.904$

$Y_4=50+(14.9\times\cos60°)=57.45$

$R5$ 圆弧向内偏移 0.1 后的圆心 O_4 位置不变,坐标:$X_{O_4}=97.528, Y_{O_4}=5$(计算过程见凸模尺寸计算)

⑤点的坐标:$X_5= X_{O_4}+4.9\times\sin60°=97.528+4.244 =101.772$

$Y_5= Y_{O_4}+4.9\times\cos60°=7.45$

⑥点的坐标:$X_6= X_{O_4}=97.528, Y=0.1$

⑦点的坐标:$X=10.1, Y=0.1$

⑧点的坐标:$X=-10.1, Y=10.1$

其余基点及圆弧圆心坐标根据对称计算得到。

(9)凹模加工程序如下:

程序		程序说明
N10	G 92 X0 Y80	设置起割点,建立工件坐标系
N20	G 01 X14.071 Y65.929	Q→①
N30	G 03 X34.464 Y45.536 I24.268 J55.732	①→②
N40	G 01 X49.464 Y60.536	②→③
N50	G 02 X72.904 Y57.45 I 60 J50	③→④
N60	G 01 X101.772 Y7.45	④→⑤
N70	G 02 X97.528 Y0.1 I97.528 J5	⑤→⑥
N80	G 01 X10.1 Y0.1	⑥→⑦
N90	G 01 X10.1 Y10.1	⑦→⑧
N100	G 01 X−10.1 Y10.1	⑧→⑨
N110	G 01 X−10.1 Y0.1	⑨→⑩
N120	G 01 X−97.528 Y0.1	⑩→⑪
N130	G 02 X−101.772 Y7.45 I−97.528 J5	⑪→⑫
N140	G 01 X−72.904 Y57.45	⑫→⑬
N150	G 02 X−49.464 Y60.536 I−60 J50	⑬→⑭
N160	G 01 X−34.464 Y45.536	⑭→⑮
N170	G 03 X−14.071 Y65.929 I−24.268 J55.732	⑮→⑯
N180	G 02 X14.071 Y65.929 I0 J80	⑯→①
N190	G 01 X0 Y80	①→Q
N200	M 02	程序结束

4.3.3 数控电火花线切割机床的操作

下面以市场上应用较多的 HF 系统为例说明线切割的操作。HF 系统软件加工界面如图 4-18 所示。

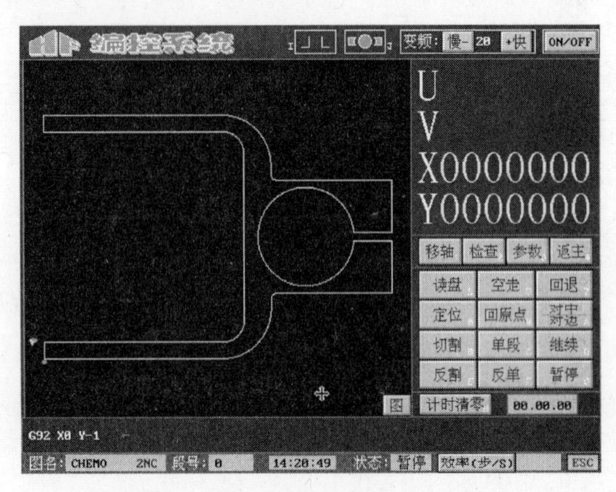

图 4-18　HF 系统软件加工界面

主要按钮名称及其功能见表 4-2 所示。

表 4-2　HF 系统加工界面主要按钮名称及其功能

序号	按钮名称	功　能
1	移轴	使 U、V、X、Y 各轴移动指定距离
2	检查	检查程序单及模拟轨迹等
3	参数	调整机床加工时的电参数
4	返主	返回主界面
5	读盘	读取硬盘或 U 盘中的 G 代码、3B 代码程序
6	空走	使工作台沿加工轨迹空走而不加工
7	定位	使程序定位到某一行
8	回原点	使工作台退回到程序原点
9	对中对边	自动找孔的边或中心
10	切割	执行程序进行切割
11	单段	一行一行地执行程序
12	继续	用于单段加工中启动下一行,或暂停后的重新启动
13	反割	沿加工轨迹反向切割
14	反单	将程序单倒置,即从末尾一行向前执行
15	暂停	暂时停止加工

数控电火花线切割机床加工操作过程如下:

(1) 读取程序。

(2) 检查程序。

(3) 工件装夹。除了基础部分介绍的悬臂式和两端支撑式装夹方法外,常用的还有桥式支撑装夹及板式支撑装夹。桥式支撑装夹是在安装台上放置垫铁后再装夹工件,如图 4-19(a)所示。该方式装夹方便,对大、中、小型工件都适宜。板式支撑装夹是根据常用的工件形状和尺寸,采用有通孔的支撑板装夹工件,如图 4-19(b)所示。这种方式装夹精度高,但通用性差。

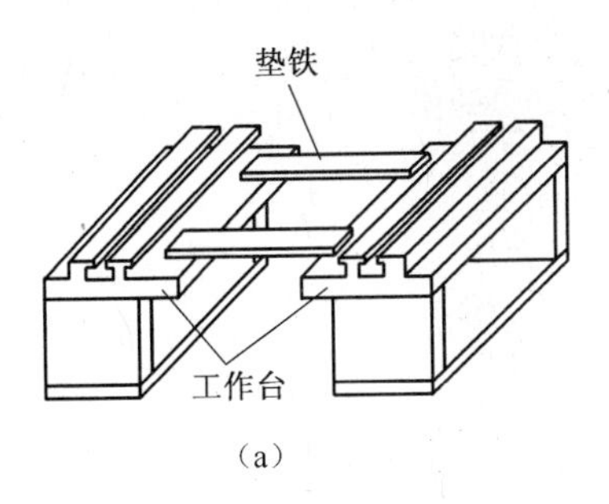

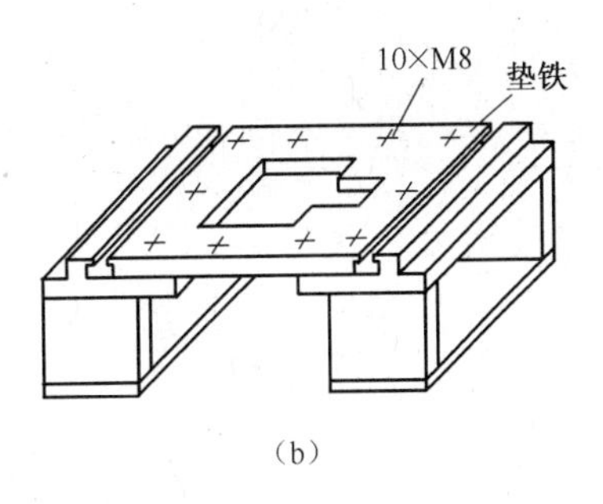

图 4-19　线切割加工常用的工件装夹方式

(a) 桥式支撑装夹;(b) 板式支撑装夹。

(4) 工件的调整。工件装夹后,还需要进行调整方能使工件的定位基准面分别与机床的工作台面和工作台的进给方向 X、Y 保持平行,以保证所切割的表面与基准面之间的相对位置精度。常用的找正方法有:

① 划线法找正。当工件的切割图形与定位基准之间的相互位置精度要求不高时,可采用划线法找正,如图 4-20(a)所示。利用固定在丝架上的划针对准工件上划出的基准线,往复移动工作台,目测划针、基准间的偏离情况,将工件调整到正确位置。

② 用百分表找正。如图 4-20(b)所示,用磁力表座将百分表固定在丝架或其他位置上,百分表的测量头与工件基面接触,依次往复移动各工作台,按百分表指示值调整工件的位置,直至百分表指针的跳动范围达到所要求的精度。适用于形状、位置精度要求比较高的零件。

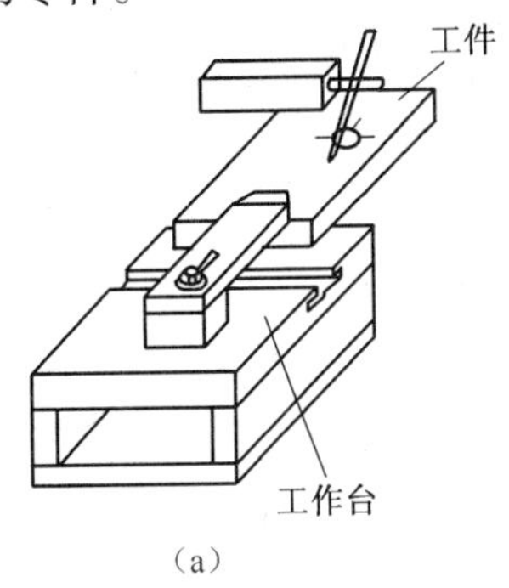

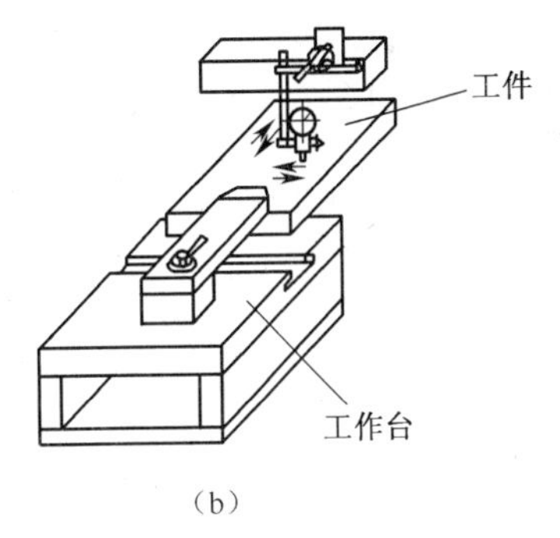

图 4-20　线切割加工常用的工件调整方法

(a) 划线法找正;(b) 用百分表找正。

(5) 电极丝的选择。常用的电极丝有钨丝、黄铜丝、钼丝。钨丝抗拉强度高,直径为 0.03 ~ 0.1mm,一般用于各种窄缝的精加工,但价格昂贵;黄铜丝抗拉强度差,适用于慢走丝加工;钼丝抗拉强度高,直径为 0.08 ~ 0.2mm。

应根据切缝宽窄、工件厚度和拐角大小来选择电极丝直径。加工带尖角、窄缝的小型模具零件宜选用较细的电极丝;若加工大厚度工件或大电流切割时应选用较粗的电极丝。

(6) 储丝筒上丝、穿丝及行程调整。线切割储丝筒如图 4-21 所示。

① 上丝。将电极丝均匀地绕在储丝筒上称为上丝。上丝操作过程如下:

a. 将新丝盘套在轴上,并用螺母锁紧。

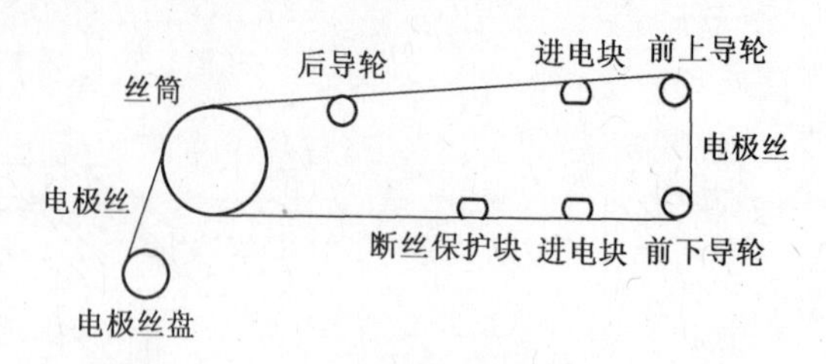

图 4-21　电极丝路径图

b. 用手把将储丝筒左端极限位置与导轮对齐。

c. 将行程挡块分别固定在左右极限位置。

d. 将丝盘上电极丝的一端拉出，从储丝筒上边绕过上导轮，从丝筒下边拉出，固定在储丝筒左端部螺钉上，剪掉多余丝头。

e. 用手把顺时针转动丝筒 10～15mm 宽度后，取下手把，打开上丝电动机开关，启动储丝筒开启按钮，电极丝就均匀整齐地绕在丝筒上，接近极限位置后，按下储丝筒急停按钮，顺时针方向抽紧电极丝，剪断多余的电极丝，固定好丝头。

② 穿丝。将丝筒右端丝头从下边拉出，依次经过断丝保护块、进电块前下导轮、前上导轮、进电块、后导轮后，用螺钉紧固在右端，如图 4-21 所示。注意，最后必须将丝头从储丝筒上边拉至螺钉处固定，剪去多余的丝，检查丝是否在导轮槽中，与进电块接触是否良好，然后用手柄将丝筒反绕几圈。

有些工件进行内轮廓的加工或避免变形过大需要从工件中间某个位置开始切割，这时就需要在起割位置预钻穿丝孔，用手把将丝筒摇至右端与导轮对齐，手动调整工作台，使工件上的穿丝孔位于上导轮外切线的正下方；取下储丝筒一端的丝头，拉紧（以防乱丝），然后从下向上依次将丝绕过下导轮，从工件上的穿丝孔穿过，绕过上导轮等，最后将丝头从储丝筒上边拉至螺钉处固定。

③ 储丝筒行程调整。穿完丝后，视储丝筒上电极丝的多少和位置来确定储丝筒的行程。从机床背后，面对储丝筒可以看见有标尺和指针，还有左、右两个可移动的行程挡块（图 4-22），调整后的两行程挡块中心之间的距离为储丝筒的行程。

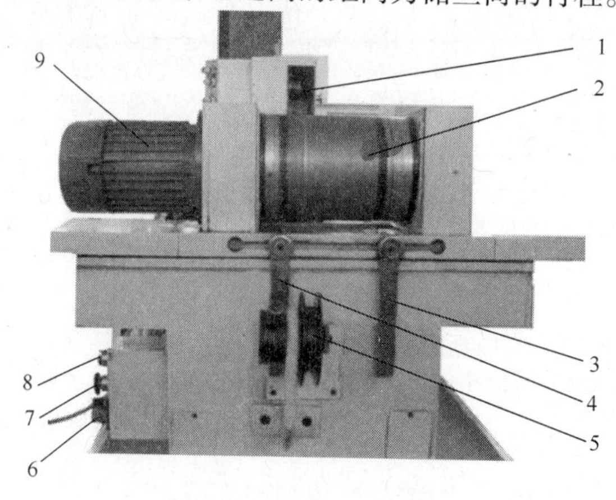

图 4-22　储丝筒图

1—上丝臂后导轮；2—储丝筒；3，4—行程挡块；5—新丝盘；
6—丝筒转速切换开关；7—急停开关；8—丝筒启动开关；9—丝筒电动机。

为防止机械性断丝，在行程挡块确定的长度之外，储丝筒两端还应各有5～8mm的储丝量，这样储丝筒才能正常运行而不断丝。

（7）电极丝位置调整。线切割编程与加工中，采用G92指令利用电极丝的当前位置进行工件坐标系的建立。因此，在线切割加工之前，应手动将电极丝调整到编程中的起割点的位置上。在从工件外边沿起割时，可以采用火花法调整电极丝的初始位置，当需要从工件内部穿丝孔中心位置起割时，需要进行找中心操作，可以采用划线目测法或自动找中心法。

① 火花法找中心。当起割点在工件已加工表面的边缘时，安装好工件；打开电源；单击软件加工界面右上角的按钮接通高频脉冲电源；手动移动工作台使工件的基准面逐渐靠近电极丝，在出现火花的瞬时停止移动即可，如图4－23(a)所示。该方法简单易行，但往往因电极丝放电间隙的变化而产生误差，用于精度要求不太高的零件加工。

② 划线目测法找中心。在穿丝孔位置划十字基准线，分别沿划线方向观察电极丝与基准线的相对位置，根据两者的偏离情况移动工作台，当电极丝中心分别与纵横方向基准线重合时，工作台纵横方向上的读数就确定了电极丝的中心位置，如图4－23(b)所示。

③ 自动找中心。自动找中心一般用于从穿丝孔中心起割的工件。该方法是根据电极丝与工件的短路信号，来确定电极丝的中心位置，从而让电极丝在工件孔的中心自动定位，如图4－23(c)所示。将电极丝穿好后，单击【对中对边】按钮，系统会让电极丝在X轴方向移动至与孔壁接触并记下当前点X坐标X_1，接着电极丝往反方向移动与孔壁接触记下当前点X坐标X_2，然后系统会自动计算X方向中点坐标$X_0=(X_1+X_2)/2$，并使电极丝到达X方向中点X_0；接着在Y轴方向进行上述过程，电极丝到达Y方向中点坐标$Y_0=(Y_1+Y_2)/2$，并使电极丝到达Y方向中点Y_0，这样就找到了孔的中心位置。

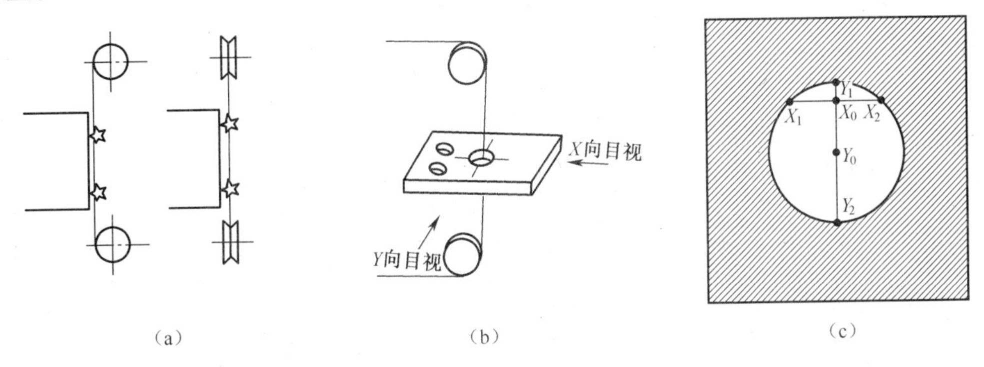

图4－23　线切割加工常用的电极丝调整方法

(a)火花法找中心；(b)划线目测法找中心；(c)自动找中心。

（8）加工参数调整。

① 电参数的调整。DK7725数控电火花线切割机床脉冲电源可向切割间隙输出短路峰值电流50～55A，有10支功率管可供选择，由5个乒乓开关来控制，每个乒乓开关控制2支功率管。乒乓开关向上为打开、向下为关闭，如图4－24所示，所使用的功率管数为4支。

脉冲宽度由4个乒乓开关选择。当每个乒乓开关单独使用时,电规准是:当开关均指向右侧时,表示开关为断开状态,脉冲宽度为80μs(最大);将右边第一个开关扳向左侧时,脉冲宽度为40μs;将右边第一个开关扳向右侧,再将右边第二个开关扳向左侧时,脉冲宽度为20μs;依次重复上述动作,扳动第三、第四个开关,则代表脉冲宽度为10μs、5μs。如图4-24所示的状态脉冲宽度为40μs。

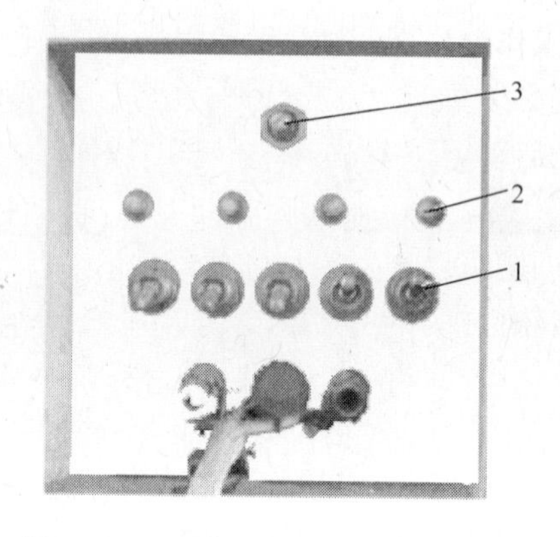

图4-24 电参数调整乒乓开关示意图

1—功率管控制开关;2—脉冲宽度选择开关;3—脉冲宽度与脉冲间隔比值调整电位器。

脉冲宽度与脉冲间隔比值由电位器自左向右旋转(顺时针),可使每一规准的脉冲宽度与脉冲间隔之比为1∶4~1∶8。脉冲电源由电压表、电流表显示其工作状态。接通脉冲电源但尚未切割时,电压表PV显示脉冲电源电动势,其值为95~115V;切割时显示切割间隙电压。切割时电流表PA的读数显示切割间隙电流的平均值。

② 进给速度是指电动机带动工作台的跟进速度。进给速度加快,可以加快切割速度,提高生产率。但进给速度过快,超过工件的蚀除速度,则容易引起短路及断丝,反而降低切割速度,而且加工后的表面粗糙度也较差。可以通过单击软件加工界面右上角的变频调整按钮 变频: 慢- 20 +快 的"慢-"、"+快"在1~21之间进行调整。

③ 走丝速度是指储丝筒带动电极丝的移动速度。走丝速度越快,则加工速度也越快。提高走丝速度有利于电极丝把工作液带入较大厚度的工件放电间隙中,有利于电蚀产物的排出和放电加工的稳定性。但走丝速度过快,则加大机械振动,加工精度和表面粗糙度也随之降低,并且容易引起断丝。DK7725机床的走丝速度有两挡,分别为5m/s、11m/s,在启动电源加工前,可以通过位于储丝筒底座侧面的旋钮进行切换。

(9) 配置线切割专用切削液。切削液在加工中充当放电介质,需要具有一定的绝缘性能、较好的消电离能力和灭弧能力。另外,还要具有较好的洗涤性能、防腐性能、润滑性能、冷却性能,且对人体无害,使用安全。

线切割切削液为DX1型线切割专用乳化油与自来水配置而成,若用蒸馏水或磁化水与乳化油配置更好。配置好后注入切削液箱,箱内液面应低于盖板20~40mm,但不得低于液箱高度的2/3。

切削液配置的质量分数取决于工件的厚度,并与加工精度和材质有关。切削液质量分数高时,放电间隙较小,工件表面粗糙度值较小,但不利于排屑,容易造成加工短路;切削液质量分数较低时,表面粗糙度值大,但利于排屑。实际加工时综合考虑以上两个因素，在保证排屑顺利、加工稳定的前提下，尽量提高表面质量。

从工件的厚度方面来看，薄型工件（厚度小于30mm）切削液质量分数为10%～15%；中厚工件（厚度为30～100mm），质量分数为5%～10%；厚工件（厚度大于100mm）质量分数为3%～5%。从材质上看，易蚀除的材料，如铜、铝等可适当提高工作液质量分数，以充分利用放电能量，提高加工效率，但切割时应选较大的丝径，以利于排屑。

工作液的使用寿命因工作温度（室温）、工件材料等不同而有所不同，一般工作液黏稠、发黑或有明显异味后则必须更换，否则会影响加工稳定性和加工表面质量。

（10）零件的加工。先启动电源开关，再单击加工界面上的【切割】即可。切割完成后切断电源。

若程序运行中间发现问题可以按控制柜上的急停按钮切断电源停止切割。若加工中需要添加支撑等，可以单击软件加工界面上的【暂停】按钮暂时停止切割，重新启动单击【继续】按钮即可。

4.4 提高部分

4.4.1 全绘编程概述

HF系统软件具有强大的绘图及自动编程功能，包括直线、圆弧及各种复杂曲线的辅助线、轨迹线的绘制与编辑，以及CAD图、轨迹图的存储与读取和图形的后置处理等。可以方便地将在AutoCAD等软件中绘制的DXF图形文件读取出来，以便进行后置处理，生成加工程序。

1. 基本术语

（1）辅助线：用来求解和产生轨迹线（也称切割线）的几何元素。它包括点、直线、圆，在软件中点用红色表示、直线用白色表示、圆用高亮度白色表示。

（2）轨迹线：是具有起点和终点的曲线段，用来表示零件实际加工时的钼丝轨迹线，可以直接用来生成加工程序。软件中将轨迹线中的直线段用淡蓝色表示、圆弧段用绿色表示。

（3）引入线和引出线：在切割起始部分和结束部分添加的一种特殊的切割线，用黄色表示。它们是成对出现的。

2. 界面

HF系统的全绘界面由图形显示框、功能选择框1和功能选择框2组成，如图4－25所示。图形显示框用来显示绘制图形，在整个全绘过程中始终存在；功能选择框随功能的选择而变化，其中，功能选择框1变成了所选功能的说明框，功能选择框2变成了对话提示框和热键提示框，如图4－26所示。

3. 功能介绍

功能选择框1主要四部分组成，包括辅助线绘制功能、轨迹线绘制功能、辅助功能、后处理功能四部分。全绘编程主要功能如图4－27所示。

功能选择框2有上下两行按钮（图4－28）：第一行按钮为轨迹线、辅助线的编辑功能；第二行为图形显示相关功能。

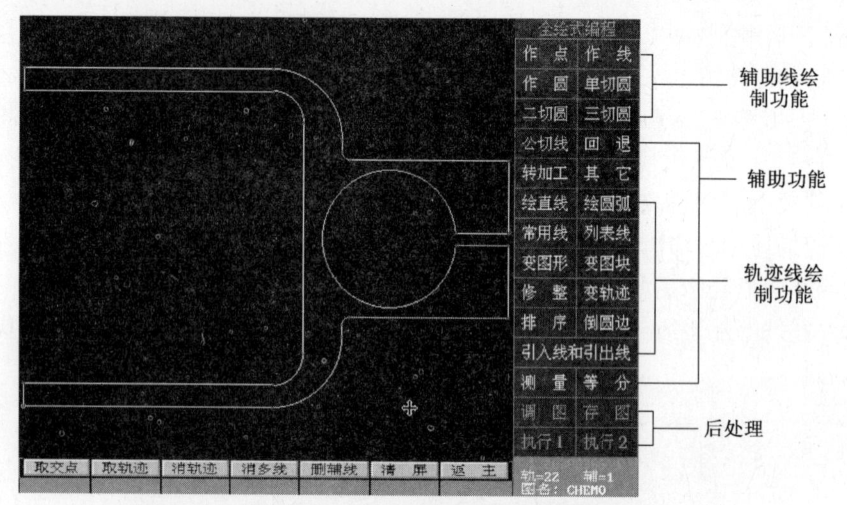

图 4－25　HF 系统软件全绘编程界面

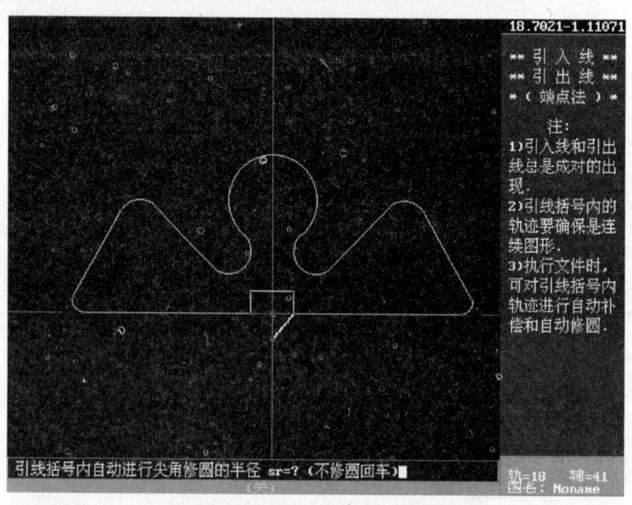

图 4－26　HF 系统软件全绘编程功能提示界面

* 定义辅助点 *
1 作 点
2 求线上点
3 取圆心
4 求圆上点 x/y
5 求圆上点 (W)
6 求直线的中点
7 轴对称
8 位 移
9 旋 转
退出....回车

(a)

定义辅助直线
1 两点线
2 点斜线
3 点角线
4 垂分线
5 一侧平行线
6 两侧平行线
7 同侧平行线
8 复制线
9 轴对称
A 位移(L,M)
B 位移(移距)
C 旋 转
0 退 出

(b)

* 定义辅助圆 *
1 心径圆
2 心点圆
3 径点点圆
4 三点圆
5 同心圆
6 复制圆
7 轴对称
8 位 移
9 旋 转
退出....回车

(c)

(d)

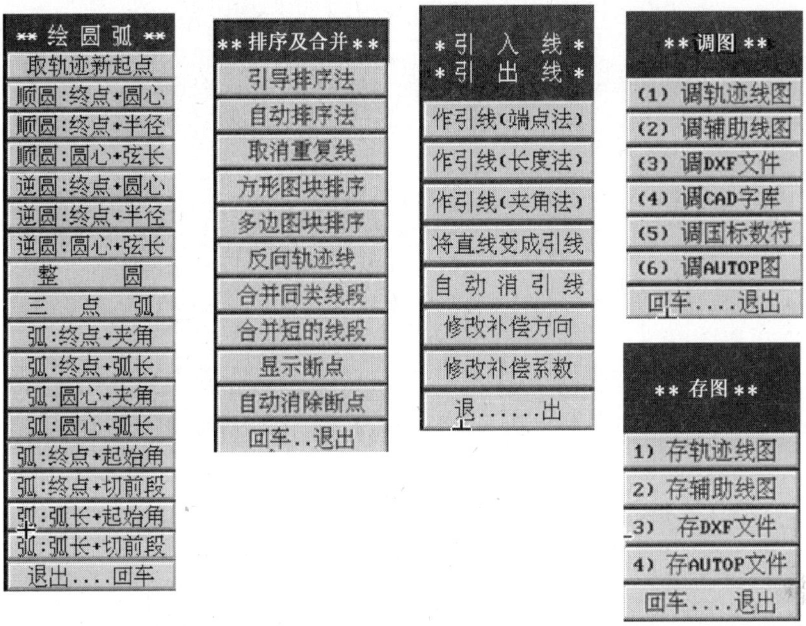

** 绘 圆 弧 **
取轨迹新起点
顺圆:终点+圆心
顺圆:终点+半径
顺圆:圆心+弦长
逆圆:终点+圆心
逆圆:终点+半径
逆圆:圆心+弦长
整 圆
三 点 弧
弧:终点+夹角
弧:终点+弧长
弧:圆心+夹角
弧:圆心+弧长
弧:终点+起始角
弧:终点+切前段
弧:弧长+起始角
弧:弧长+切前段
退出....回车
** 排序及合并 **
引导排序法
自动排序法
取消重复线
方形图块排序
多边图块排序
反向轨迹线
合并同类线段
合并短的线段
显示断点
自动消除断点
回车..退出
* 引 入 线 *
* 引 出 线 *
作引线(端点法)
作引线(长度法)
作引线(夹角法)
将直线变成引线
自 动 消 引 线
修改补偿方向
修改补偿系数
退......出
** 调图 **
(1) 调轨迹线图
(2) 调辅助线图
(3) 调DXF文件
(4) 调CAD字库
(5) 调国标数符
(6) 调AUTOP图
回车....退出
** 存图 **
1) 存轨迹线图
2) 存辅助线图
3) 存DXF文件
4) 存AUTOP文件
回车....退出

(e)　　(f)　　(g)　　(h)

图 4-27　全绘编程主要功能

(a)辅助点;(b)辅助直线;(c)辅助圆;(d)轨迹直线;(e)轨迹圆;(f)排序;(g)引入与引出;(h)调图存图。

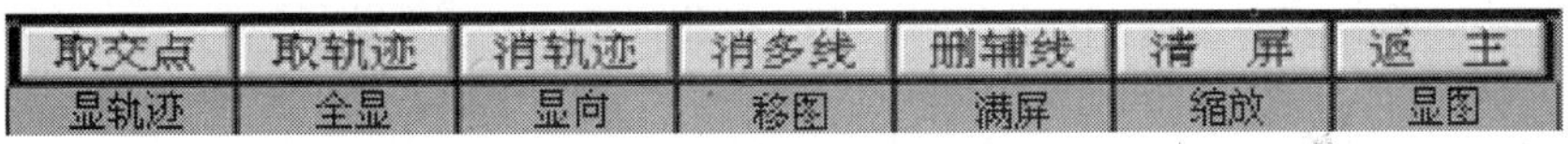

取交点
取轨迹
消轨迹
消多线
删辅线
清 屏
返 主
显轨迹
全显
显向
移图
满屏
缩放
显图

图 4-28　全绘编程功能提示框 2

(1)【取交点】:在图形显示区内,定义两条线的交点。

(2)【取轨迹】:在某一曲线上两个点之间选取该曲线的这一部分作为切割路径。

(3)【消轨迹】:删除轨迹线。

(4)【消多线】:对首尾相接的多条轨迹线进行删除。

(5)【删辅线】:删除辅助的点、线、圆功能。

(6)【清屏】:删除显示区内所有几何元素。

(7)【返主】:返回 HF 主界面。

(8)【显轨迹】:预览轨迹线的方向。

(9)【全显】:显示所有几何元素(包括辅助线和轨迹线)。

(10)【显向】:预览轨迹线的方向。

(11)【移图】:移动图形显示区域内的图形。

(12)【满屏】:将图形自动填充整个图形显示区。

(13)【缩放】:将图形的某一部分进行放大或缩小。

(14)【显图】:图形显示的一些功能,如图 4-29 所示。

** 显图 **
显轨迹线
全 显
图形移动
图形渐放
图形渐缩
显辅助线
全消辅线
全删辅线
全恢辅线
单步恢辅
显图比例
退 出

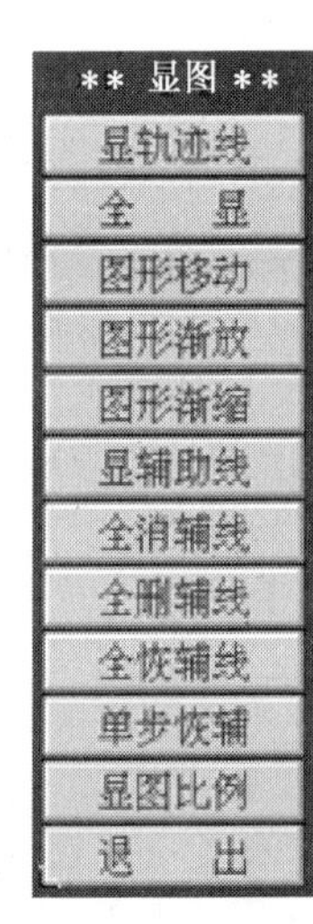

图 4-29　显图功能

4.4.2 全绘编程实例

例4-3 用全绘方式编制如图4-30所示零件的线切割程序。

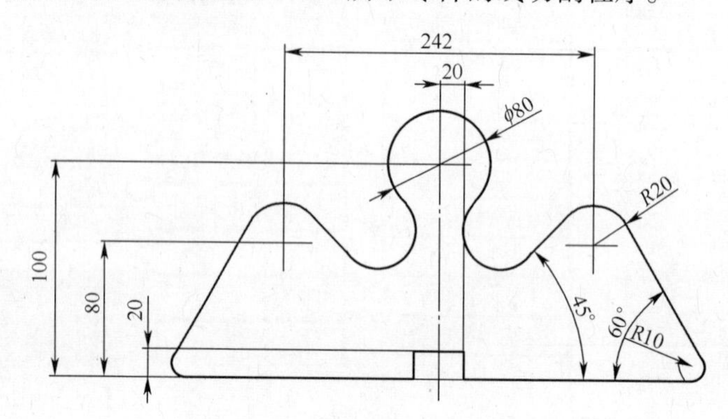

图4-30 全绘编程实例零件图

单击主程序界面的【全绘编程】，进入全绘式编程界面。

1. 绘图

(1) 绘制一组平行线作辅助线。单击功能选择框1中【作线】按钮，在【定义辅助直线】对话框中单击【平行线】按钮，绘制一系列平行线。绘制平行于 X 轴、距离分别为20、80、100的三条平行线，平行于 Y 轴、距离分别为20、121的两条平行线。绘制时，当对话提示框中显示"已知直线(x3,y3,x4,y4)"{Ln+-*/}?"时，可以用鼠标选取 X 轴、Y 轴，也可以输入L1或L2来选择 X、Y 轴，也可以在提示后输入直线的两端点坐标来确定直线；当对话提示框中显示"平移距离 L={Vn+-*/}"时，输入平行线间的距离值后回车；当对话提示框中显示"取平行线所处的一侧"时，用鼠标单击平行线所处的一侧即可。

当绘制完成以上所有的平行线后，按键盘上的【ESC】键可退出平行线的定义，回到"定义辅助直线"画面，单击【退出】或按回车键即可退出作线模块。绘制完成的平行辅助线如图4-31所示。

(2) 作 $\phi80$、$\phi40$ 两个圆。首先确定两个圆的圆心。单击功能选择框2中的【取交点】按钮，将鼠标移至 Y 轴与平行于 X 轴的距离为100的直线相交处单击，此时交点处有一个红点，该点即为 $\phi80$ 的圆心。再将鼠标移至平行于 X 轴距离为80的直线与平行于 Y 轴距离为141的直线相交处单击，取到的交点即为 $\phi40$ 的圆心。

单击功能选择框1中的【作圆】按钮，进入"定义辅助圆"功能，再单击"心径圆"按钮，按照对话提示框中的提示，用鼠标选取圆心(如 $\phi80$ 的圆心)，再输入相应圆的半径值(如40)回车即可。绘制完成的圆如图4-32所示。

按【ESC】退出辅助圆的定义，单击右侧功能提示框1中的【退出】按钮或按回车键退出"定义辅助圆"功能，返回【全绘式编程】界面。

(3) 作45°、60°的两条斜线。单击功能提示框1中的【作线】按钮进入【定义辅助直线】功能，点击【点角线】按钮，进入【点角线】定义功能。对话提示框中显示"已知直线"(x3,y3,x4,y4)"{Ln+-*/}?"时，可以用鼠标选取 X 轴，也可以输入L1来选择 X 轴；对话提示框中显示"过点(x1,y1){Pn+-*/}"时，用鼠标拾取上一步所取的 $\phi40$ 的圆心或输入该圆心点的坐标；对话提示框中显示"角(度)w={Vn+-*/}"时，输入角度值(如

45°)回车即可。用同样的方法绘制过 ϕ40 的圆心与 X 轴夹角为-60°的直线。按【ESC】键退出点角线的定义,单击右侧功能选择框 1 中的【退出】或按键盘上的回车键返回【全绘式编程】界面。

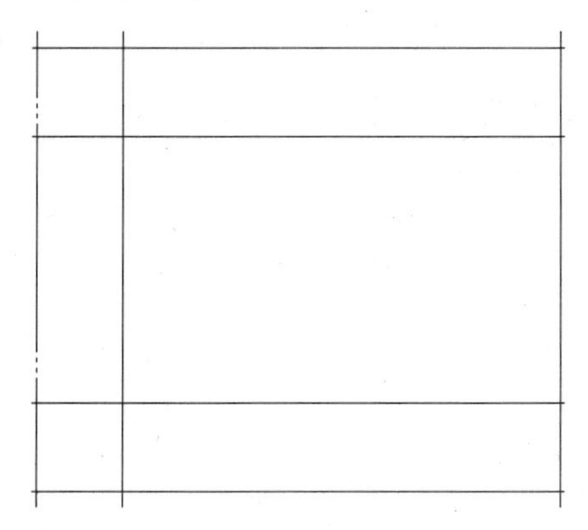

图 4-31　平行辅助线

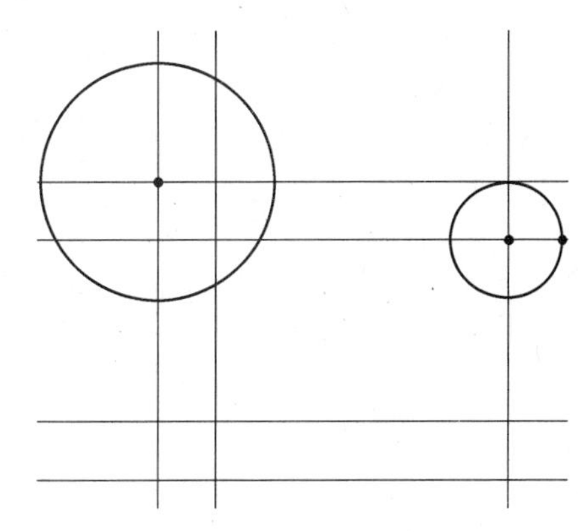

图 4-32　圆辅线

用步骤(1)中作平行线的方法,分别将 45°、60°直线向外侧平移 20,如图 4-33 所示。

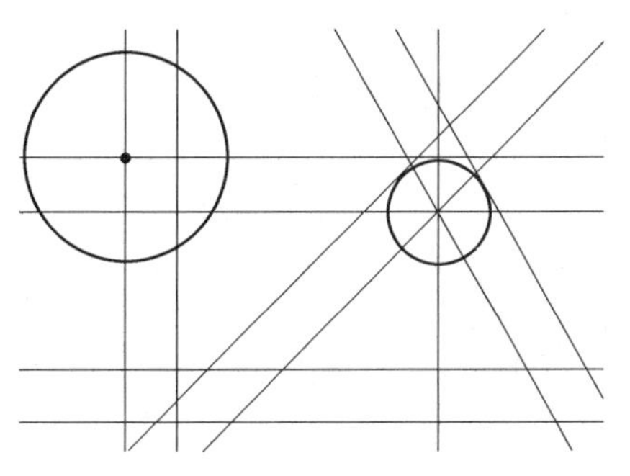

图 4-33　斜辅助线

(4) 作三切圆。单击功能选择框 1 中的【三切圆】按钮,进入【定义三切圆】功能。按如图 4-34 中所示的三个圆标示的位置分别选取三个几何元素(即 ϕ80 圆、平行于 Y 轴距离为 20 的直线,与 ϕ40 圆相切的 45°斜线),此时图形显示框中会出现满足这三个几何

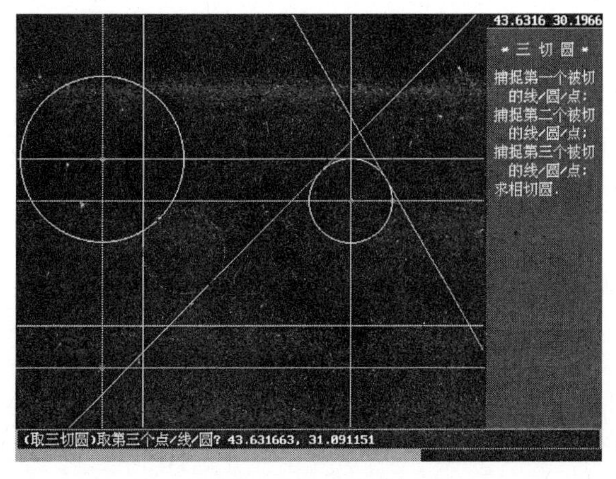

图 4-34　三切圆

元素相切的不断闪动的虚线圆，可以通过鼠标来确定所需的一个圆，完成后返回【全绘式编程】界面。

（5）通过【作线】、【作圆】中的轴对称功能来完成 Y 轴左侧的图形部分。单击功能提示框 1 中的【作线】按钮，点击【轴对称】按钮，进入【轴对称】子功能。按照对话提示框中的提示，拾取要对称的直线（平行于 Y 轴距离为 20 的直线，与 $\phi40$ 圆相切的 45°、60°直线），拾取 Y 轴作对称轴，完成直线的对称操作。返回全绘式编程主界面。

同样，单击功能提示框 1 中的【作圆】按钮，点击【轴对称】按钮，按照对话提示框中的提示，拾取要对称的圆（$\phi40$ 圆及三切圆），拾取 Y 轴作对称轴，完成直线的对称操作，如图 4－35 所示。返回【全绘式编程】界面。

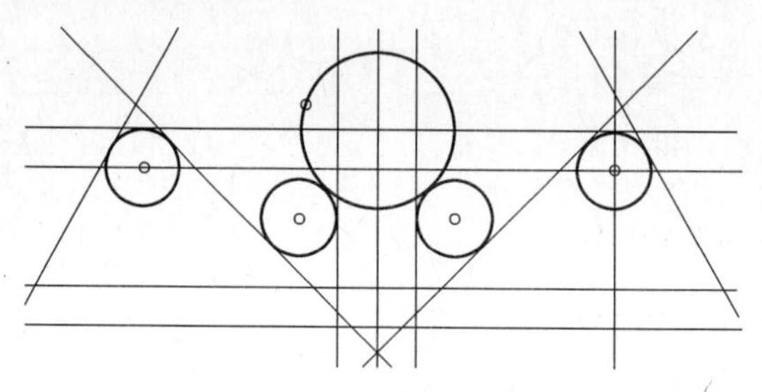

图 4－35　轴对称图形

（6）取交点。单击功能选择框 2 中的【取交点】按钮，拾取下一步取轨迹所需要的交点，如图 4－36 所示。

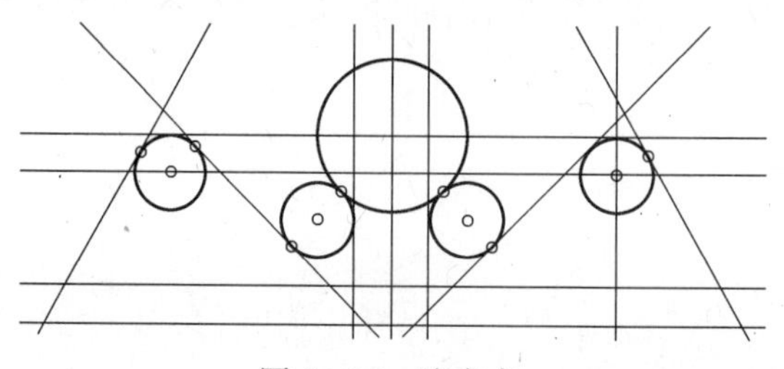

图 4－36　取交点

（7）取轨迹。单击功能选择框 2 中的【取轨迹】按钮，按照图形的轮廓形状，在图中每两个交点间的连线上单击，得到轨迹线，如图 4－37 所示。

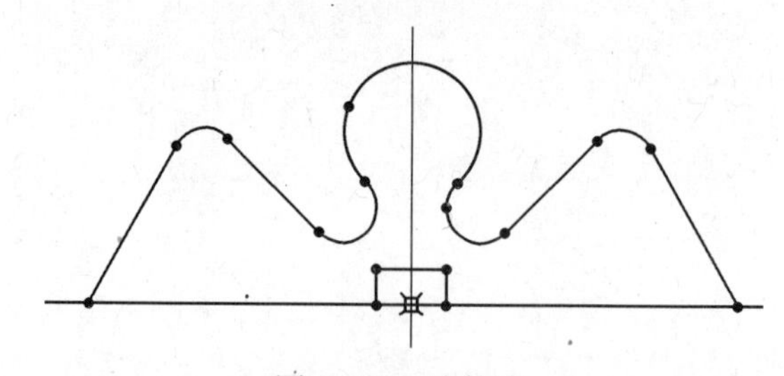

图 4－37　取轨迹

（8）通过【倒圆边】功能作两个 $R10$ 的圆角。单击功能提示框中的【倒圆边】按钮，进入【倒圆或倒边功能】，用鼠标拾取需要倒圆的尖点，按提示输入圆角的半径“10”即可，如图 4－38 所示。返回到全绘式编程主界面。

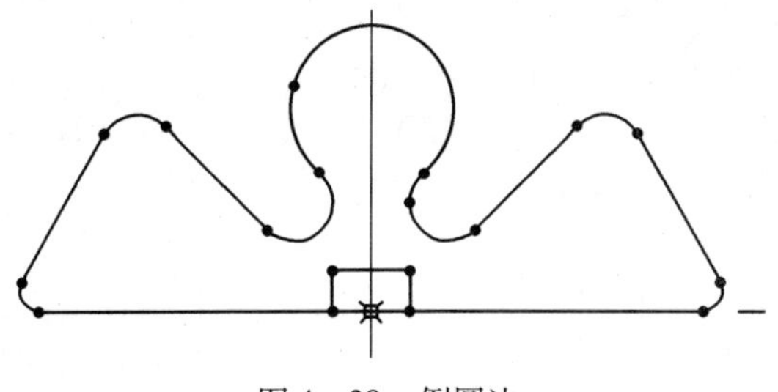

图 4－38　倒圆边

到此，就完成了图示零件的绘图过程。在完成的图中，有些轨迹线若共线或同心并且相连，在编程前可以对其进行合并轨迹线操作。

单击功能选择框 1 中的【排序】按钮，再单击【合并同类线段】按钮，进入合并轨迹线子功能。此时，对话提示框中显示"要合并吗？(y)或(n)"，如图 4－39 所示，输入"y"后回车，系统自动进行合并处理，合并完成的轨迹图如图 4－40 所示。合并完成后，返回"全绘式编程"界面。

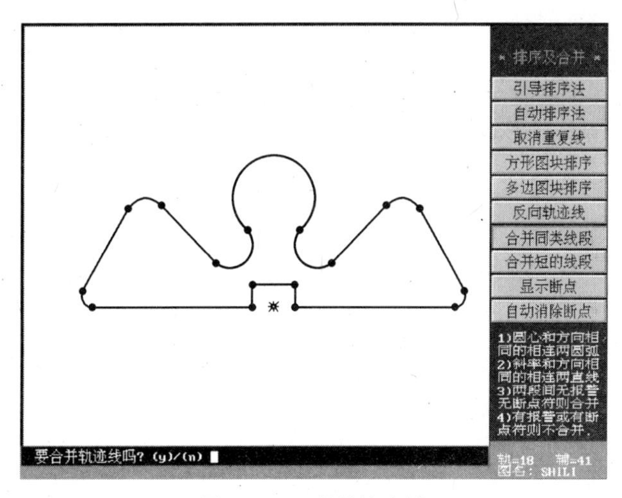

图 4－39　合并轨迹线

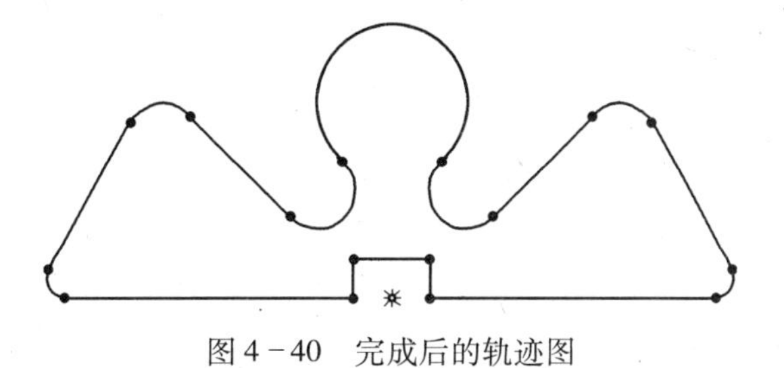

图 4－40　完成后的轨迹图

2. 引入线和引出线

当完成了上步操作后，零件的理论轮廓线的切割轨迹线已经形成。在实际加工中，需要考虑从哪一点切入加工。

单击功能选择框 1 中的【引入线/引出线】按钮，进入引入线引出线定义子功能。再单击【作引线(端点法)】按钮，对话提示框中显示"引入线的起点(Ax，Ay)?"，此时输入引入线起点的坐标或用鼠标拾取一点；对话提示框中显示“引入线的终点(Bx,By)?”，此时输入轨迹上第一点要切割的点的坐标或用鼠标拾取该点；对话提示框中显示“引线括号内自动进行尖角修圆的半径 sr=？(不修圆回车)”，按照提示输入修圆半径或回车后，对话提示框中显示“指定补偿方向：确定该方向(鼠右键)/另换方向(鼠左键)”，如图 4-41 所示。

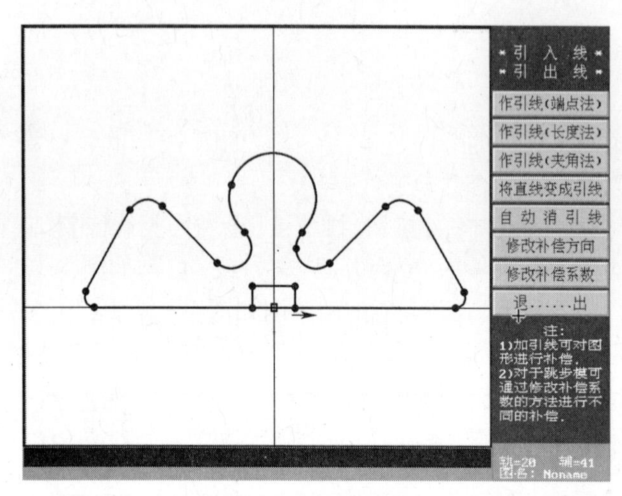

图 4-41 作引线

图中箭头是我们希望的方向，点鼠标右键完成引线的操作。返回【全绘式编程】界面。

单击功能选择框 2 中的【显向】按钮，图中显示一白色移动的图标，表示钼丝行走的方向和钼丝偏离理论轨迹线的方向。

3. 存图

在完成以上操作后，可以将所做的工作进行保存，以便以后调用。单击功能选择框 1 中的【存图】按钮，右侧出现【存轨迹线图】、【存辅助线图】、【存 DXF 文件】、【存 AUTOP 文件】等子功能，按照提示进行存图操作即可。

4. 执行

该系统的执行部分有两个，即【执行 1】和【执行 2】。这两个的区别是：【执行 1】对所做的所有轨迹线进行执行和后处理；而【执行 2】只对含有引入线和引出线的轨迹进行执行和后置处理。本例单击【执行 1】，屏幕显示为：“执行全部轨迹(ESC：退出本步)，文件名：* * *，间隙补偿值 f=(单边，通常>=0，也可<0)”，输入要补偿的 f 值后回车后，界面如图 4-42 所示。

5. 后置处理

确认图形完全正确后，单击【后置】按钮进入后置处理功能，界面如图 4-43 所示。

单击【(1)生成 G 代码加工单】后，单击【显示 G 代码加工单】即可显示生成的 G 代码加工单；或单击“G 代码加工单存盘”，提示输入 G 代码加工单文件名，此时输入“* * * .2nc”，(* * * 为用户自己定义的文件名)，回车后，G 代码加工文件便存入指定位置。

在【加工】子界面下，单击【读盘】按钮，读出上一步生成的 G 代码加工文件，显示区即显示要加工的图形，如图 4-44 所示，检查正确后即可开始自动加工。

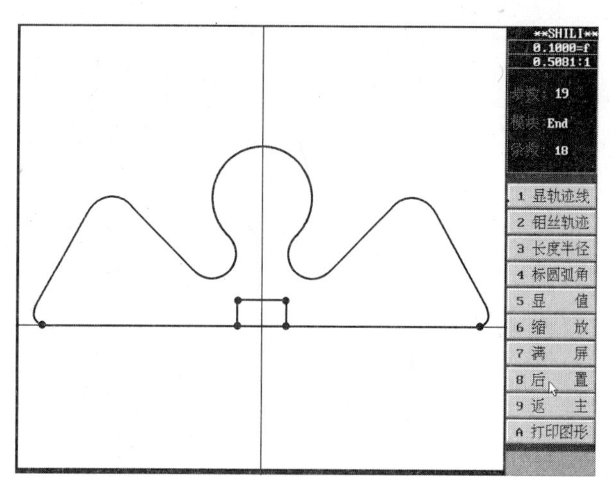

图 4-42 执行 1

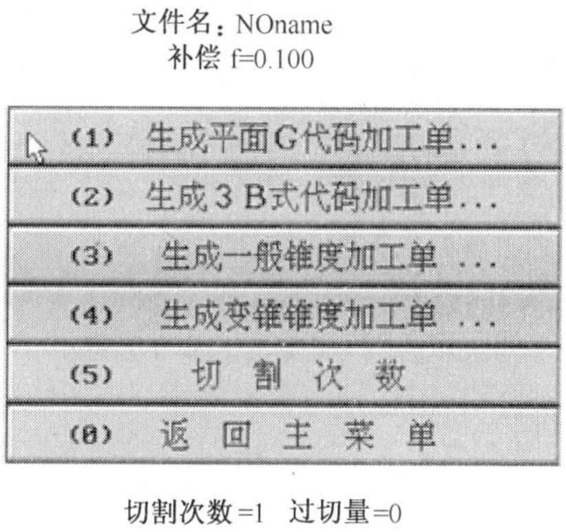

文件名：NOname
补偿 f=0.100

(1) 生成平面G代码加工单...
(2) 生成3B式代码加工单...
(3) 生成一般锥度加工单 ...
(4) 生成变锥锥度加工单 ...
(5) 切 割 次 数
(0) 返 回 主 菜 单

切割次数=1 过切量=0

图 4-43 【后置】界面

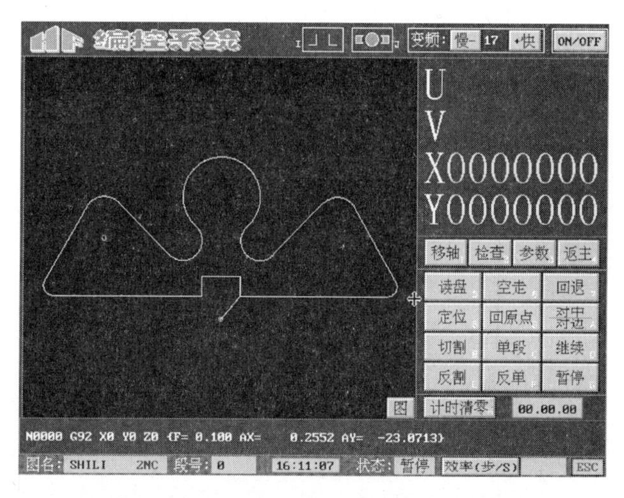

图 4-44 全绘编程完成后的零件加工图

4.4.3 锥度及异面合成零件的编程

1. 锥度丝架结构

BDK7740 机床除 X、Y 轴以外，还配备了 U、V 轴，具有精密的机械结构，采用计算机四轴联动控制系统软件，可以实现直面、斜面、锥度面及上下异形面零件的切割。U、V 轴十字托板采用精密直线滚动导轨副，采用精密丝杠、双丝母弹簧消间隙装置。U、V 轴十字拖板移动，带动上丝臂移动，上丝臂带动伸缩摆杆摇动，使上导轮以下导轮为中心，前后移动、左右摇动进行四个方向的运动，达到切割锥度的目的。其结构示意图如图 4 - 45 所示。

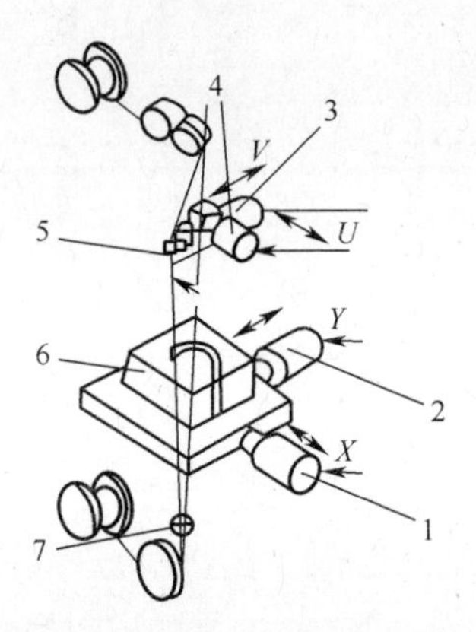

图 4 - 45　四轴联动数控电火花线切割机床示意图

1—X 轴伺服电动机；2—Y 轴伺服电动机；3—V 轴伺服电动机；
4—U 轴伺服电动机；5—上导向器；6—工件；7—下导向器。

2. 一般锥度

一般锥体如图 4 - 46 所示。其编程的步骤如下：

(1) 在全绘编程中绘制基面图形，要求有引入、引出线。绘制边长为 20mm×20mm 的矩形轨迹，并绘制引入、引出线，如图 4 - 47 所示。将轨迹保存为“fangzhui. HGT”。

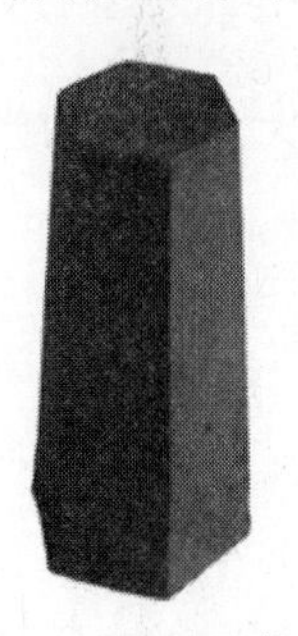

图 4 - 46　锥体

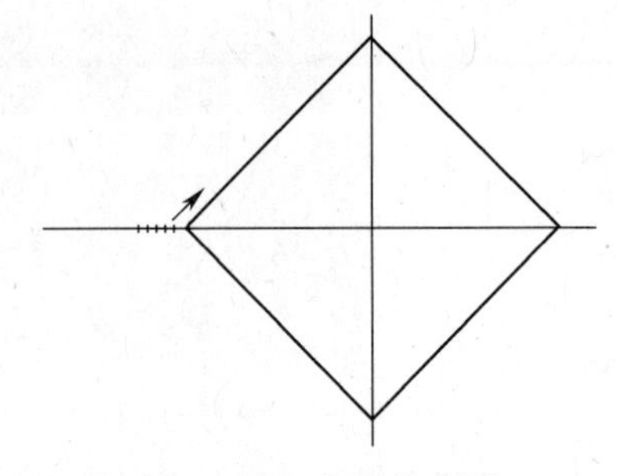

图 4 - 47　方形轨迹图

(2) 单击【执行 1】，进入后置处理界面，单击【(3) 生成一般锥度加工单】，进入“生成锥体”功能，如图 4 - 48 所示。

(3) 单击【(1) 基准图形的位置】使基准图形的位置在“基准图形在上面”和“基准图形在下面”之间进行切换。

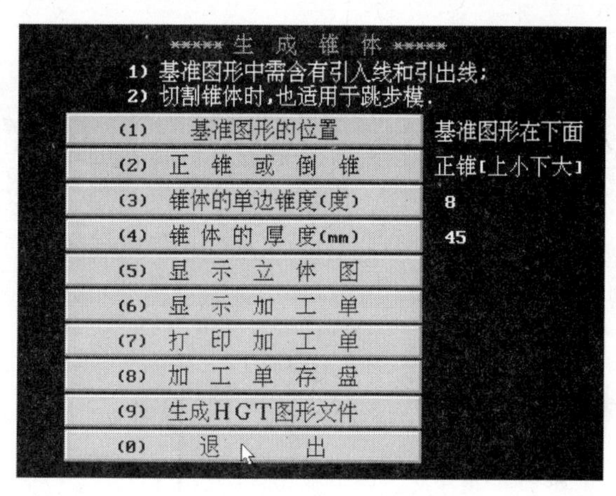

图 4-48 一般锥体功能

(4)单击【(2)正锥或倒锥】可以在“倒锥(上大下小)”和“正锥(上小下大)”之间进行切换。

(5)单击【(3)锥体的单边锥度(度)】,输入锥体的单边锥度,如“8”(DK7740 的加工范围为±15°)。

(6)单击【(4)锥体的厚度(mm)】,输入锥体的厚度,如“45”。

(7)单击【(6)显示加工单】、【(7)打印加工单】、【(8)加工单存盘】可以分别进行锥体加工单的显示、打印和存盘。一般锥体加工单保存为“*.3NC”。

HF 系统还可以在执行 1 时,单击【生成变锥锥度加工单】进入【处理变锥】功能,如图 4-49 所示,来生成不同表面具有区间不同锥度的表面。

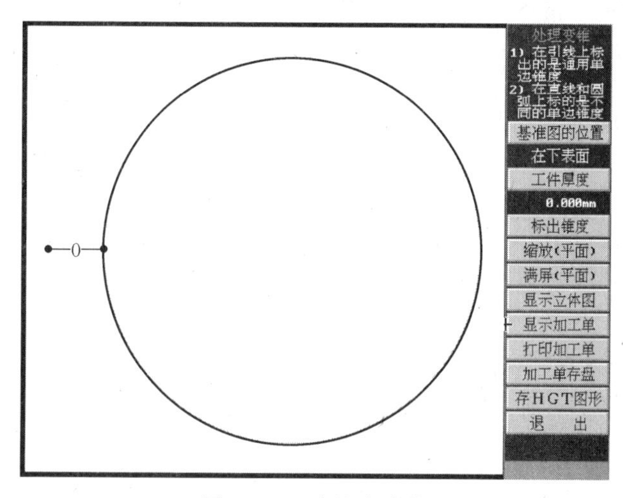

图 4-49 变锥度功能

3. 异面合成零件程序编制

四轴的数控电火花线切割机床除了可以实现锥度切割外,还可以实现上下不同表面的异面合成体的切割,如图 4-50 所示。其编程首先需要在全绘编程界面下分别绘制上、下表面的轨迹图,然后在参数中输入导轮的相关参数以及零件的厚度即可。注意,在绘制上、下表面的轨迹图时,要求两个轨迹图的段数相等,两个图的引入线起点要重合。

(a)

(b)

图 4-50　异面合成体零件示意图

例 4-4　编制如图 4-50(a)所示零件(上表面为 20mm×20mm 的矩形,下表面为 ϕ20 的圆,高度为 45mm)的线切割加工程序。

编程的步骤如下:

(1) 在【全绘编程】界面绘制下底面圆的轨迹。首先用【作圆】命令绘制一个半径为 10 的圆;为了使圆与上面的矩形轨迹有相同的段数,将圆分成四等份。采用【取交点】命令,取圆与 X、Y 轴的四个交点;其次用【取轨迹】功能将圆取为四段圆弧组成的轨迹;然后用【引入线和引出线】功能作引入、引出线,为了便于统一与即将要作的矩形轨迹的引入线起点重合,在这里可以输入精确的引入线起点的坐标来完成,结果如图 4-51 所示;最后将完成的轨迹线图保存为“yuan. HGT”文件。

(2) 在【全绘编程】界面绘制上表面矩形的轨迹。首先用【作线】命令绘制四条直线,交点分别为上一步绘制圆时所取交点;采用【取交点】命令,取四条线的四个交点;其次后用【取轨迹】功能,将辅助线取为四段直线组成的矩形轨迹;然后用【引入线和引出线】功能作引入、引出线,在绘制时输入精确的引入线起点的坐标来完成,结果如图 4-52 所示;最后将完成的轨迹线图保存为“fang. HGT”文件,返回 HF 主界面。

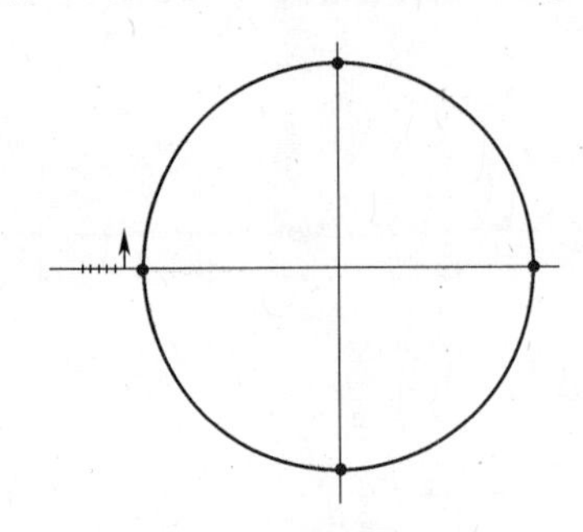
图 4-51　下表面圆轨迹图

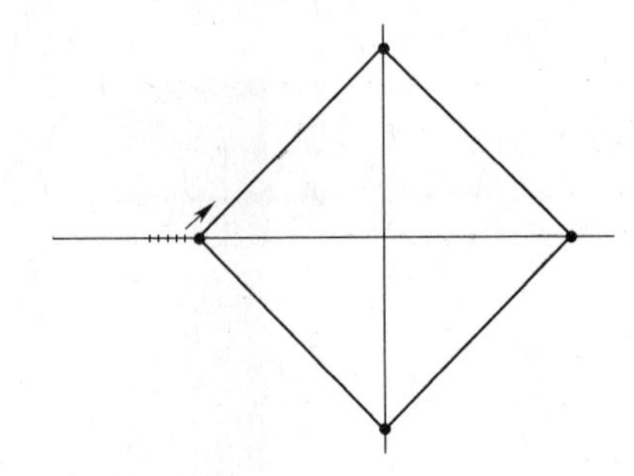
图 4-52　上表面方形轨迹图

(3) 在主界面单击【异面合成】进入“合成异面体”功能,如图 4-53 所示。

单击【(1)给出上表面图形名】,输入上表面轨迹图文件名“fang. HGT”,提示区会给出上表面的区间数和线段数(包括引入线、引出线),如图 4-53 所示,核对无误即可。

单击【(2)给出下表面图形名】,输入下表面轨迹图文件名“yuan. HGT”,提示区会给出下表面的区间数和线段数(包括引入线、引出线),如图 4-53 所示,核对无误即可。

单击【(3)给出工件厚度(mm)】,输入工件厚度“45”。

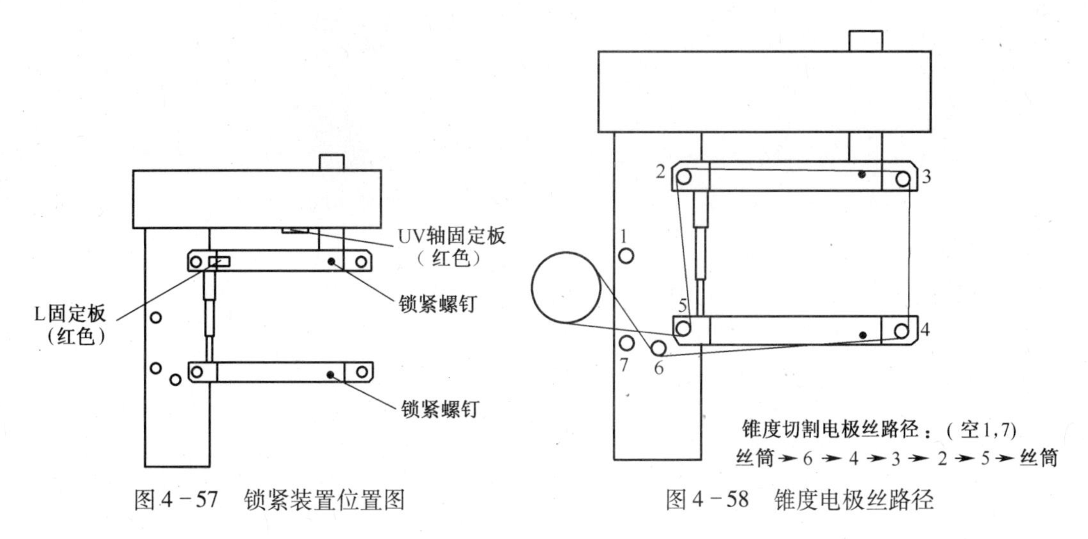

图4－57　锁紧装置位置图　　　图4－58　锥度电极丝路径

（2）待运丝稳定后将直角尺放在小工作台面上，校正电极丝并调整U、V步进电动机上的手钮，使电极丝与工作台面垂直。

6. 零件的加工

装夹并调整工件，调整好电极丝起点位置，启动电源进行切割。

4.5 常见问题分析及解决方法

1. U盘无法识别

原因：可能未安装相应驱动程序。

解决方法：先按Esc键，进入系统桌面，通过“我的电脑”，查看有无U盘。若提示有新硬件，请按向导安装驱动程序，安装后再检查；若没有，可能是无法兼容。

2. 程序读取时死机

原因：读盘时，需选择文件路径，若在输入盘符时用鼠标点击或应通过单击鼠标选择时按键盘，可能会出现死机。

解决方法：按键盘上的Ctrl+Alt+Del，结束HF控制程序；然后回到桌面，双击“FHGD”图标，重新启动控制软件。

3. 程序读取时执行到＊＊%时，无法继续执行

原因：程序中存在严重错误。

解决方法：返回文本文档，检查并修改程序。如指令字母输入错误，或圆弧指令中的坐标不可能构成圆弧（如圆弧终点坐标与圆心坐标一样等）。修改后，存盘并重新读盘。

4. 程序读取时，提示“执行有错”

原因：程序中未输入程序结束指令“M02”。

解决方法：返回文本文档，修改程序并保存，然后重新读盘。

5. 程序读出后，显示图形凌乱，尤其是圆弧分散显示等

原因：程序中坐标正负号输错、圆弧指令顺时针与逆时针写反、坐标错误，不满足构成圆的条件。即圆弧的起点（上一段轨迹的终点）与圆弧的终点到圆心距离不相等，不能构成一个圆弧。

解决方法:通过直角三角形原理或数学计算,验算圆弧起点与终点到圆心的距离是否相等,若不相等,改正即可。

6. 只显示出一部分图形

原因:程序中有多余程序段,使得某段程序的起点与终点重合(除整圆外),后续图形则无法显示。

解决方法:回到文本文档,找到多余的程序,删除,存盘并重新读盘即可。

7. 系统提示"短路回退"

原因:钼丝与工件直接接触。

解决方法:按下【急停】,按 F5 停止回退,待加工停止后,查看工件是否有切下的材料与钼丝支架搭接上造成短路:若有,按下急停按钮,拿开即可;若未找到,回退后单击【切割】继续进行切割。

8. 断丝

原因:工件变形、钼丝过松或过紧、磨损等原因造成断丝。

解决方法:按下急停,然后将工件松开,将丝沿已切路径慢慢退出工件。

9. 读盘时找不到文件

原因:程序名中扩展名不是". 2nc",或者程序存储的路径不对。

解决方法:若用 U 盘复制的程序,应确认程序存储的路径以及扩展名是否已经改为". 2nc";

若在现场输入的程序,应确认输入是否在文件名前输入"#",若未输入,应用 Windows 系统的搜索功能,输入文件名,在整个计算机上查找。查找到后,将其剪切粘贴至"C:\1\";确认是否未输入扩展名". 2nc",若未输入,应到"C:\1\"下找到文件,修改文件名,加入扩展名。

10. 出现死机

关闭计算机,关闭控制柜侧面的电源开关。5min 后,重新开机。

思 考 题

1. 简述电火花线切割机床的加工原理。

2. 简述电火花线切割加工的加工特点及加工工艺范围。

3. 电火花线切割时如何调整电极丝与工件相对位置?

4. 简述影响电火花线切割加工速度、精度及表面粗糙度的电参数有哪些,应如何选择?

5. 简述数控电火花线切割加工时所使用的切削液及其作用。

6. 采用 ISO 标准 G 代码,编制如图 4-59 所示零件的数控电火花线切割加工程序。

7. 采用 ISO 标准 G 代码,分别编制如图 4-60 所示零件凸模凹模的的数控电火花线切割加工程序(电极丝采用 0.18mm 的钼丝,放电间隙为 0.01mm)。

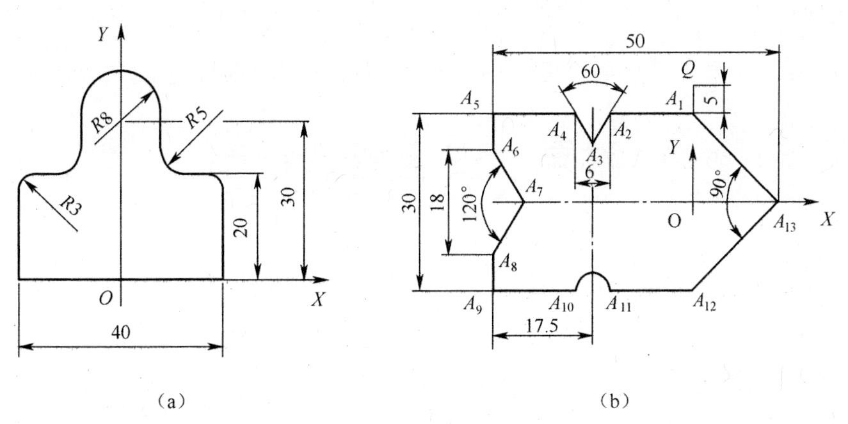

图4－59　数控电火花线切割编程练习

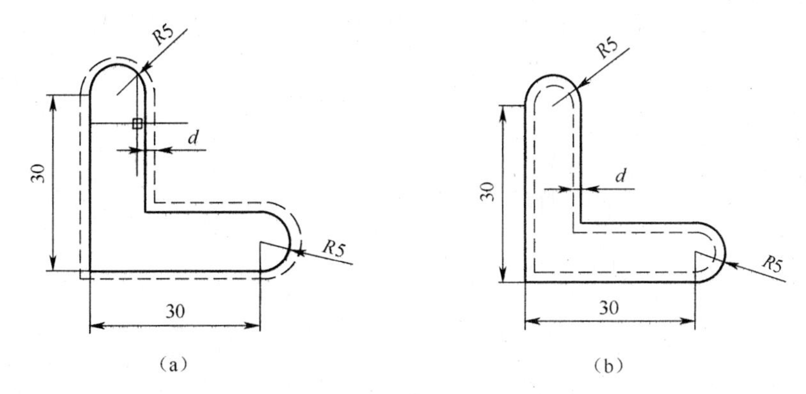

图4－60　数控电火花线切割编程练习

(a)凸模;(b)凹模。

附录　安全操作规程

1. 数控车床实习安全操作规程

（1）禁止随意更改机床内部参数设置。机床上不得放置杂物；手潮湿或沾有油污时不可触摸机床操作面板上的开关或按钮。

（2）开机后，必须先执行回参考点操作，以免发生错误导致撞机。

（3）在加工前，首先确认工件、刀具是否锁紧，卡盘扳手是否拿下；操控控制面板上的各种功能按钮时，一定要辨别清楚并确认无误后，才能进行操控，不得盲目操作。

（4）第一次运行程序时，必须在老师指导下单段试运行；程序未经指导老师确认正确前，不得擅自进行自动加工。

（5）学生必须按照规定步骤操作机床，禁止进行尝试性操作，遇到问题及时向指导教师询问。

（6）操作时密切注意刀架的移动情况，发现异常现象或故障时，迅速按下急停按钮，并请示指导老师，消除故障后方能重新开机操作，勿带故障操作和擅自处理。

（7）机床工作时，操作者不得离岗；单台机床只允许单人操作，其他人应离开机床工作区；同组同学要注意工作场所的环境，互相关照，互相提醒，防止发生人员或设备的安全事故。

（8）装夹、测量工件必须在停机后进行；主轴未完全停止前，禁止触摸工件、刀具或主轴；刚加工完时工件烫手，需防灼伤。

（9）实习结束完后先关闭操作面板，再关闭机床电源，最后清理铁屑，打扫卫生。

2. 加工中心实习安全操作规程

（1）禁止多人同时同机操作机床，以杜绝因混乱而引发的事故。

（2）严禁改动机床的原始设置，禁止一切“尝试性”的机床操作。

（3）操作须在教师的指导下进行，发现异常立即按下“急停”按钮。

（4）严格执行开机、关机的操作顺序，保障机床的安全。

（5）准确完成下述操作后，方可开机：

① 按下现有的“急停”按钮；

② 置“MODE”旋钮于“JOG”位置；

③ 置“进给倍率”旋钮于“0”位置；

④ 置“程式保护”于 “I” 位置；

⑤ 检查切削液、气压、油量的数值，以便适时添加。

(6) 禁止录入未经教师验证的程序,未经单段验证的程序不得运行。

(7) 录入程序后,须逐字、逐段、全程认真检查,及时纠正错误。

(8) 运行任何一个程序必须征得教师的同意,否则不得运行。

(9) 运转前检查面板设置、安全平面、工况、防护门,并做急停准备。

(10) 严禁在机床运转、暂停时装卸工件及测量工件。

(11) 机床正常运行时,触碰任何按钮一定要小心,以免误动作。

(12) 严禁使用气动喷枪对人,持握时应喷嘴朝下。

(13) 气动喷枪须直臂持握,禁止曲臂使用,以免异物伤害眼睛。

(14) 实习结束后按关机顺序正常关机,关闭空压机电源及电闸,并将机床及工作场地打扫干净。

(15) 如发生事故,救人优先,并做好相应的处置及现场保护。

3. 数控电火花线切割安全操作规程

(1) 数控电火花线切割机床切割工件时,钼丝和工件之间有 90 ~ 110V 的脉冲电压,切勿双手同时触及,谨防触电。

(2) 被加工工件边缘毛刺锋利,需小心拿取,防止划伤。

(3) 控制计算机上除程序编写、复制和加工工件外,不允许进行其他操作。不得擅自更改机床与计算机参数,如加大机床的工作电流与跟进速度等,不准违规、超负荷使用机床。

(4) 加工程序需经指导教师验证后方可加工。加工前,用扳手装牢工件,不准用加长扳手紧固工件。装夹扳手使用后放回原位。同时需确认钼丝放置正确,避免丝臂碰撞损坏装夹台。摇动工作台手柄时,需避免将钼丝撞断。

(5) 切割过程中,严禁离开工作岗位。禁止在工作框架范围内放置杂物,若要装夹、调整工件与擦拭机床,须先停止切割。

(6) 启动储丝筒前,需将丝筒盖板盖上;使用手轮转动储丝筒后,需拔出手轮,避免发生抛射伤害。

(7) 密切注意机床运转情况,如发现动作失灵、震动、发热、噪声、异味、断丝、短路等异常现象,应立即按急停按钮停止切割,并向指导教师汇报,排除故障后,方可继续工作。

(8) 完成加工任务后,先关闭计算机,再关闭电源开关。最后清理、擦拭机床,打扫卫生。

参 考 文 献

[1] 余英良．数控加工编程及操作．北京:高等教育出版社,2005.
[2] 赵长旭．数控加工工艺．西安:西安电子科技大学出版社,2006.
[3] 林宋,田建军．现代数控机床．北京:化学工业出版社,2003.
[4] 王丽洁,吴明友,方长福,等．数控加工工艺与装备．北京:清华大学出版社,2006.
[5] 夏友芳．数控机床．北京:高等教育出版社,2005.
[6] 关颖．数控车床．北京:化学工业出版社,2005.
[7] 杨峻峰．机床及夹具．北京:清华大学出版社,2005.
[8] 邢琳,张秀芳．机械设计基础课程设计．北京:机械工业出版社,2008.
[9] 顾京．数控机床编程及应用．北京:高等教育出版社,2003.
[10] 张超英．数控机床加工工艺、编程及操作实训．北京:北京教育出版社,2003.
[11] 蒋建强．数控加工技术与实训．北京:电子工业出版社,2004.
[12] 叶玉驹,焦永和,张彤．机械制图手册．北京:机械工业出版社,2012.
[13] 吴宗泽,卢颂峰,冼健生．建明机械零件设计手册．北京:中国电力出版社,2010.
[14] 赵长明．数控加工工艺及设备．北京:高等教育出版社,2003.
[15] 徐宏海．数控加工工艺．北京:化学工业出版社,2004.